气象观测质量管理体系信息系统业务使用问答

主 编 李 雁   张建磊
副主编 温壮凤

内容简介

本书为气象观测质量管理体系信息系统业务使用问答，收集了气象观测质量管理体系信息系统概况、信息系统的定位、基本功能、各级用户的主要任务，以及信息系统在计划、执行、检查、处置和综合管理各功能模块使用方面的问题，采用问答的形式，给出简要解答，并总结出了各功能模块使用中的注意要点和关键知识点。

本书内容丰富，具有较强的实用性，可以作为气象观测质量管理体系信息系统工作人员的工具书，也可供从事质量管理体系工作相关人员学习参考。

图书在版编目（CIP）数据

气象观测质量管理体系信息系统业务使用问答 ／ 李雁，张建磊主编. -- 北京：气象出版社，2023.8
ISBN 978-7-5029-8021-4

Ⅰ．①气… Ⅱ．①李… ②张… Ⅲ．①气象观测－质量管理体系－管理信息系统－问题解答 Ⅳ．①P41-44

中国国家版本馆CIP数据核字(2023)第156677号

气象观测质量管理体系信息系统业务使用问答
QIXIANG GUANCE ZHILIANG GUANLI TIXI XINXI XITONG YEWU SHIYONG WENDA

出版发行：气象出版社	
地　　址：北京市海淀区中关村南大街46号	邮政编码：100081
电　　话：010-68407112（总编室）　010-68408042（发行部）	
网　　址：http://www.qxcbs.com	E-mail：qxcbs@cma.gov.cn
责任编辑：蔺学东　王　聪	终　　审：张　斌
责任校对：张硕杰	责任技编：赵相宁
封面设计：楠竹文化	
印　　刷：三河市百盛印装有限公司	
开　　本：787 mm×1092 mm　1/16	印　　张：10.25
字　　数：268千字	
版　　次：2023年8月第1版	印　　次：2023年8月第1次印刷
定　　价：80.00元	

本书如存在文字不清、漏印以及缺页、倒页、脱页等，请与本社发行部联系调换。

《气象观测质量管理体系信息系统业务使用问答》编委会

主　　编：李　雁　张建磊

副 主 编：温壮凤

编写人员：于永涛　张　鹏　张　宇　葛　翔　陈汝龙

　　　　　李　季　南雪景　崔　萍　李颖冲　刘卫平

　　　　　蔡洪梅　李　磊　袁启情

前　言

中国气象局自 2017 年起建设气象观测质量管理体系，2020 年年底全面建成并实现业务运行，标志着中国气象观测质量管理符合国际通用标准，实现了与国际接轨，中国气象观测数据质量在国际上的信任度和认可度将得到进一步提升。中国气象局自 2018 年起谋划气象观测质量管理体系信息系统（简称信息系统）建设，2019 年信息系统 1.0 版在全国气象部门观测领域业务化运行，2022 年完成了信息系统升级并同步推广应用。信息系统平台是质量管理体系工作有效开展的重要支撑。

气象观测质量管理体系信息系统以过程方法为根本出发点，以观测质量管理体系文件为载体，基于信息化手段实现对观测各业务环节的管理。信息系统的基本功能包括 ISO 9001 质量管理体系计划—执行—检查—处置四个环节的各个方面。信息化手段的应用促进了观测质量管理体系工作的规范化，提高了质量管理体系业务的效率，尤其在质量管理体系的文件管理、质量方针和目标管理、审核管理、评价管理、用户满意度和外供方评价管理、第三方绩效评价管理等方面发挥了较大的促进作用。

为进一步加强信息系统使用度，发挥信息系统的更大作用，本书总结了气象观测质量管理体系信息系统概况以及信息系统在计划、执行、检查、处置和综合管理各功能模块使用中，各级用户的疑问、日常使用中的问题，进行归纳整理，采用问答的形式，给出简要解答，并总结出了各功能模块使用中的注意要点和关键知识点。

本书共 7 章 80 个问题，主要内容有：气象观测质量管理体系信息系统概况、系统管理和综合管理，以及在计划管理、执行管理、检查管理和处置管理四个方面的使用问题。本书编写依据中国气象局办公室关于印发《中国气象局气象观测质量管理体系质量手册（2023 版）》的通知（气办发〔2023〕22 号）。本书内容丰富，具有较强的实用性，可以作为气象观测质量管理体系信息系统工作人员的工具书，也可供从事质量管理体系工作相关人员学习参考。

本书在编写过程中得到了中国气象局观测业务主管职能司、中国气象局气象探测中心相关领导的悉心指导，得到了从事气象观测质量管理体系工作各级业务和技术人员的大力支持和帮助，在此表示衷心感谢！

本书在编写过程中力求内容系统、全面，由于作者水平有限，加之时间仓促，书中难免存在不足和疏漏之处，敬请广大读者批评指正！

编者
2023 年 6 月

目 录

前言

第1章 气象观测质量管理体系信息系统概况 1
  1. 信息系统的定位是什么？ 1
  2. 信息系统的用户对象是谁？ 2
  3. 信息系统的基本功能有哪些？ 2
  4. 国、省、地、县四级的主要任务分别有哪些？ 3
  5. 信息系统的访问模式是什么？ 6

第2章 系统管理 7
  6. 系统中的用户角色及相应的权限有哪些？ 7
  7. 系统中的用户如何管理？ 9
  8. 系统中的机构如何管理？ 11
  9. 质量管理员的职责权限有哪些？ 12
  10. 如何实施内审员管理？ 14
  11. 如何查询内审员的统计信息？ 15

第3章 计划管理 18
  3.1 体系文件 18
    12. 体系文件管理的业务流程是什么？ 18
    13. 如何配置体系过程？ 20
    14. 如何新增体系文件？ 21
    15. 如何管理体系文件？ 29
    16. 如何查询体系文件？ 32
    17. 如何统计体系文件？ 33
  3.2 质量目标 35
    18. 质量目标管理的业务流程是什么？ 35
    19. 如何添加单位质量方针和质量目标？ 36
    20. 如何分解质量目标（过程绩效指标）？ 38
    21. 如何录入过程绩效？ 41
    22. 如何统计过程绩效指标完成情况？ 42

第 4 章　执行管理 ·· 45

 23. 执行监控的业务流程是什么？ ··· 45
 24. 执行监控的定位和主要工作是什么？ ································· 46
 25. 如何获取执行监控留痕信息？ ··· 46
 26. 如何判定业务过程留痕信息的有效性？ ····························· 47
 27. 如何判定管理过程留痕信息的有效性？ ····························· 58
 28. 如何查询执行监控留痕统计信息？ ····································· 66

第 5 章　检查管理 ·· 71

5.1　内部审核 ·· 71

 29. 气象观测质量管理体系内部审核类别有哪些？ ················· 71
 30. 各单位自审的业务流程是什么？ ··· 71
 31. 全国内审抽查的业务流程是什么？ ····································· 73
 32. 如何录入内部审核计划及分组实施内审？ ························· 74
 33. 如何录入审核记录和审核发现？ ··· 76
 34. 如何实施审核问题整改及跟踪验证？ ································· 77
 35. 如何生成和发布内审报告？ ··· 78
 36. 如何统计内审结果？ ··· 79

5.2　外部审核 ·· 86

 37. 外部审核业务流程是什么？ ··· 86
 38. 如何录入审核计划、审核发现及实施问题整改？ ············· 87
 39. 如何填写不符合项清单和改进建议项清单？ ····················· 89
 40. 如何开展审核发现整改结果的跟踪验证？ ························· 90
 41. 如何上传外审报告？ ··· 91

5.3　管理评审 ·· 91

 42. 管理评审的业务流程是什么？ ··· 91
 43. 如何上传管理评审输入材料？ ··· 92
 44. 如何生成、发布管理评审报告？ ··· 95
 45. 如何实施管理评审改进事项整改验证？ ····························· 96
 46. 如何查询管理评审的改进事项整改完成情况？ ················· 97

5.4　全国内审检查表库管理 ·· 98

 47. 如何生成检查表？ ··· 98
 48. 如何维护检查表？ ··· 99

第 6 章　处置管理 ·· 101

6.1　风险管理 ·· 101

 49. 如何增加风险点？ ··· 101
 50. 如何开展风险评价？ ··· 102
 51. 如何配置风险管理过程？ ··· 105

52. 如何维护部门风险库? ……………………………………………………… 106
53. 如何管理全国风险库? ……………………………………………………… 107

6.2 满意度调查 ……………………………………………………………… 108

54. 满意度调查的业务流程是什么? …………………………………………… 108
55. 如何管理满意度调查问卷题库? …………………………………………… 109
56. 如何启动满意度调查? ……………………………………………………… 110
57. 如何填写满意度调查问卷? ………………………………………………… 113
58. 如何生成、发布满意度调查报告? ………………………………………… 115
59. 如何查询满意度调查结果统计? …………………………………………… 116

6.3 外供方评价 ……………………………………………………………… 120

60. 外供方评价的业务流程是什么? …………………………………………… 120
61. 如何维护外供方评价问卷题库? …………………………………………… 121
62. 如何维护外供方名录? ……………………………………………………… 122
63. 如何启动外供方评价? ……………………………………………………… 124
64. 如何填写外供方调查问卷? ………………………………………………… 126
65. 如何生成、发布外供方评价报告? ………………………………………… 129
66. 如何查询及统计外供方评价结果? ………………………………………… 130

6.4 体系运行绩效评价 ……………………………………………………… 134

67. 体系运行绩效评价业务流程是什么? ……………………………………… 134
68. 如何开展体系运行绩效评价基础配置? …………………………………… 135
69. 如何编制下发全国体系运行绩效评价方案? ……………………………… 136
70. 如何报送体系运行绩效评价材料? ………………………………………… 137
71. 如何依托信息平台进行绩效评价考核评分? ……………………………… 139
72. 如何查询体系运行绩效评价结果? ………………………………………… 141

第 7 章 综合管理 ……………………………………………………………… 143

73. 如何发布通知公告? ………………………………………………………… 143
74. 如何实施培训管理? ………………………………………………………… 144
75. 如何实施知识管理? ………………………………………………………… 146
76. 如何实施经验分享? ………………………………………………………… 146
77. 如何实施负面清单管理? …………………………………………………… 147
78. 如何实施模板管理? ………………………………………………………… 149
79. 如何开展制度树管理? ……………………………………………………… 149
80. 如何提交制度文件"废改立"清单? ……………………………………… 152

第 1 章　气象观测质量管理体系信息系统概况

1. 信息系统的定位是什么？

"没有信息化就没有气象业务现代化"。加快推进气象信息化,提高气象业务集约化和标准化水平,已成为当前气象业务现代化建设中重要与迫切的核心任务之一。

气象部门深入推进信息化的过程,就是运用先进的理念和技术手段不断分析和解决气象事业发展所面临的突出和核心问题的过程。

中国气象局自 2017 年启动全国气象观测领域 ISO 9001 质量管理体系建设,至 2020 年 12 月,全国气象部门国家、省(区、市)、地(市、盟)、州)、县四级一体的气象观测质量管理体系全面建成,顺利通过第三方审核,取得了 ISO 9001 质量管理体系认证,并实现了业务化运行,这标志着中国的气象观测质量管理符合国际通用标准,实现了与国际水平接轨,中国气象观测数据质量在国际上的信任度和认可度将得到进一步提升。

气象观测质量管理体系呈现如下特征:①涉及气象观测全业务类别的全过程,即地基、空基和天基观测的技术装备业务、数据获取业务、数据处理业务和运行保障业务四大业务范畴和气象观测所有业务管理内容,四大业务范畴中涵盖从规划设计、站网管理、研发试验、装备许可、质量监督、数据采集、数据接收、数据传输、运行监控、维护保障、装备供应、计量检定、质量控制、分析评估、产品开发、产品检验到产品共享等全业务流程;②包含从国家、省(区、市)、地(市、盟、州)和县四个层级;③除气象观测自身业务和管理过程外,还包含质量管理体系建设所涉及的"人、机、料、法、环、测"等内容,主要有人事管理、设备设施管理、观测数据和产品管理、标准规范和法律法规、各类气象观测的环境设施和计量等。

气象观测质量管理体系表现出的上述三方面特征,导致体系在业务运行过程中普遍存在如下几方面问题:①无法共享质量管理信息资源。各层级气象观测质量管理体系中形成了与各自过程匹配的包括质量手册、程序文件、作业指导文件和记录表单的四级体系文件,数量庞大,而且已经固化的体系文件以纸质版或在公文系统中的电子文档为主,此种形式的文件一方面查询利用效率低,另一方面对体系文件的修订不便捷;除此之外,质量管理文件、作业指导书、过程监控及各种质量工作记录信息无法及时共享,给质量管理体系各级的一体化运行带来障碍。②质量管理体系业务化运行后,管理单位无法及时监控各体系执行单位的体系运行情况。由于缺乏有效的监控平台和工具,要想准确掌控各单位质量管理工作的实施和进展,必须按照传统方式实地检查或者开展内审,工作繁重,执行效率低。③无法有效体现质量管理体系基于事实的决策优势。缺乏有效质量信息采集和数据分析工具,无法对质量管理体系运行中的大量事实数据进行处理,以支撑持续改进质量管理体系。④大量的质量管理工作都是人工进行处理,效率低下,问题发现与响应滞后。

因此,气象观测质量管理体系信息系统的根本定位,即为解决上述支撑质量管理体系业务化运行中的种种问题,通过对业务、支撑、管理三大过程数据信息采集及质量目标执行情况监控,实现质量工作状况的"可知";通过对三大业务过程流程标准化梳理,并实现质量过程管理的"可控";通过对质量管理计划、质量目标的层层分解、达成率统计,重大质量问题整改的监控管理等,实现质量管理工作的全面"可管";通过对质量目标各级绩效指标的量化,为管理层决策提供量化的数据支持,实现质量管理"可谋",最终达到"有流程走、按流程办、绕开流程行不通""程序管人、制度管事"的管理效果。

2. 信息系统的用户对象是谁?

气象观测质量管理体系是气象观测组织为确保气象观测数据代表性、准确性、比较性、完整性和连续性等方面的固有特性持续满足要求,实现所制定的质量目标,策划和确定的组织架构、岗位职责和权限、工作流程、制度规范、资源等一系列相互关联、相互作用的一组要素。气象观测质量管理体系信息系统是实现这一系列要素的信息化工具。此处所说的用户对象主要是指信息系统的使用人员。

气象观测质量管理体系包括国家、省(区、市)、地(市、盟、州)、县四级;质量管理体系是"一把手"工程,信息系统中有大量业务信息需要各体系持证单位的最高管理者、管理者代表以及各单位的体系负责人审核、批准,即中国气象局观测业务分管局领导、综合观测司司长和副司长、国家级直属业务单位和各省(区、市)气象局局长和分管副局长、各地(市、盟、州)、县气象局局长或分管局长,以及各处级、科级单位的领导;体系文件的修订、审核问题项的整改等需要四级各单位的部门质量员参与;内审工作需要各级各单位的内审员参与。

此外,信息系统中涉及对气象观测业务外部用户和外供方的调查,所以这些接收或获取气象观测数据集和产品的相关单位以及为气象部门提供软件、硬件和服务的外供方也是气象观测质量管理体系信息系统的潜在用户。

3. 信息系统的基本功能有哪些?

气象观测质量管理体系建设的依据为《质量管理体系 要求》(GB/T 19001—2016),该标准核心按照质量管理体系的 P-D-C-A(P 是英文单词"Plan"的简写,指计划,包括设定目标、流程等活动;D 是英文单词"Do"的简写,指执行,依照策划的内容实施;C 是英文单词"Check"的简写,指检查,检查实施的情况;A 是英文单词"Act"的简写,指处置,针对检查的结果采取适宜的措施)循环过程,包括从组织环境、领导力、策划、支持、运行、绩效评价和改进共 7 章 27 个方面的内容,载体为体系文件。从可实现信息化的角度出发,气象观测质量管理体系涉及的基本内容有:体系文件管理、质量目标管理、体系过程执行监控管理、过程绩效管理、内审管理、外审管理、管理评审管理、风险管理、用户满意度评价、内审员管理、培训管理;还包括统计评估、系统基础配置管理等内容。

气象观测质量管理体系的理念是通过对观测业务各流程节点的管控,最终实现总体战略目标,即基于过程,自上而下逐级分级质量目标,并逐级控制;实质是管理理念和管理方式的转变,是职能式管理的人治向法治的转变;核心是基于 P-D-C-A 的过程方法管理,以事实为依据,循证决策。因此,气象观测质量管理体系实行闭环管理,采用寻根溯源手段,实现持续改进,此三项也是气象观测质量管理体系的精髓所在。

根据系统信息化的内容,信息系统的基本功能包括计划管理、执行管理、检查管理、处置管理四大子系统,统计评估、综合管理、基础配置和系统管理四个功能模块,具体功能结构如图 1.1 所示。

气象观测质量管理体系信息系统以过程方法为根本出发点,以体系文件管理为载体,基于信息化手段实现对观测各业务环节的"留痕"管理、过程风险管理、过程绩效评价管理以及内部审核、管理评审等环节的管理，各功能模块之间关系见图1.2。

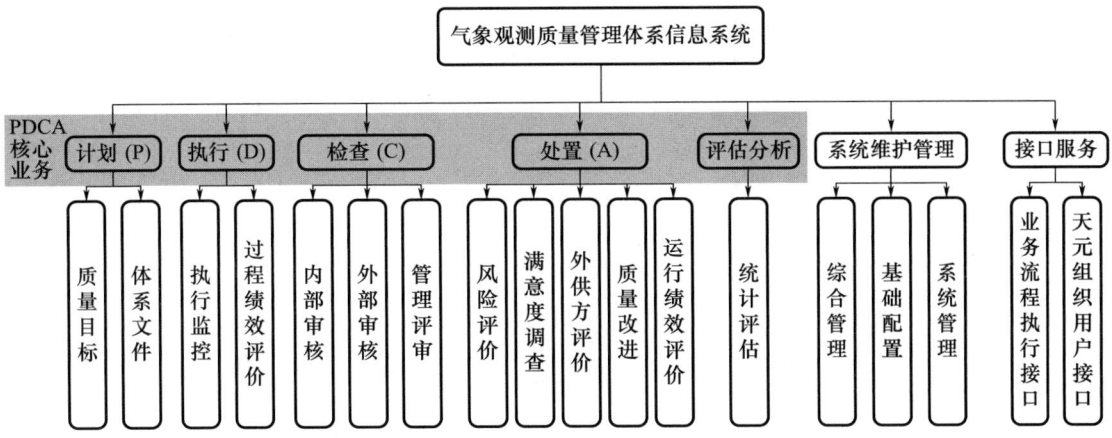

图 1.1　气象观测质量管理体系信息系统功能结构图

质量目标管理中的质量目标及质量方针来源于体系文件的质量手册。体系文件主要为输出信息，如过程绩效为绩效考核和指标库提供信息。

基础配置中的本单位体系文件清单等来源于体系文件。执行任务及状态汇集了质量目标、绩效指标、内审和外审的不符合项和改进建议项、管理评审改进事项、风险清单及整改措施等。业务运行同步引用业务过程及体系文件信息。体系管理中的贯标情况来源于培训管理中的全员培训状态。

内审管理引用标准条款和业务过程。内部审核为内审员管理、负面清单提供信息，如不符合项等。绩效考核通过体系文件提供的过程绩效创建考核指标等，绩效考核的结果在执行任务及状态中也可查询。外部审核为执行任务及状态、负面清单提供不符合项等信息。

管理评审引用风险管理的信息，为负面清单、任务单等提供管理评审完成状态等信息。风险管理从体系文件引用风险识别等信息，从风险业务过程中引用风险相关业务过程。满意度评价和外供方评价引用问卷调查题库的问卷信息，外供方评价引用外供方管理的外供方信息。

培训管理为内审员管理提供内审员培训信息，为体系管理中的贯标情况提供全员培训信息。负面清单从内审、外审及管理评审获取业务流程完成时间、不符合项问题逾期未整改等信息，从培训管理中获取培训开展情况。任务单中的综合观测司年度工作任务从内审、外审和管理评审中获取业务流程完成时间等信息。

指标库中的绩效指标来源于体系文件的过程绩效的监视和考核。标准条款为内审、外审提供不符合项及改进建议项的标准信息。业务过程为内审和外审提供业务流程信息。风险体系过程为风险管理提供风险相关业务过程。问卷调查题库为满意度评价和外供方评价提供问卷题目。外供方管理为外供方评价提供国家级和省级外供方名录。

4. 国、省、地、县四级的主要任务分别有哪些？

气象观测质量管理体系业务工作中包含若干工作环节，这些环节由不同角色配合完成。气象观测质量管理体系信息系统的主要任务是基于信息化手段实现角色和工作类别的一一对应。

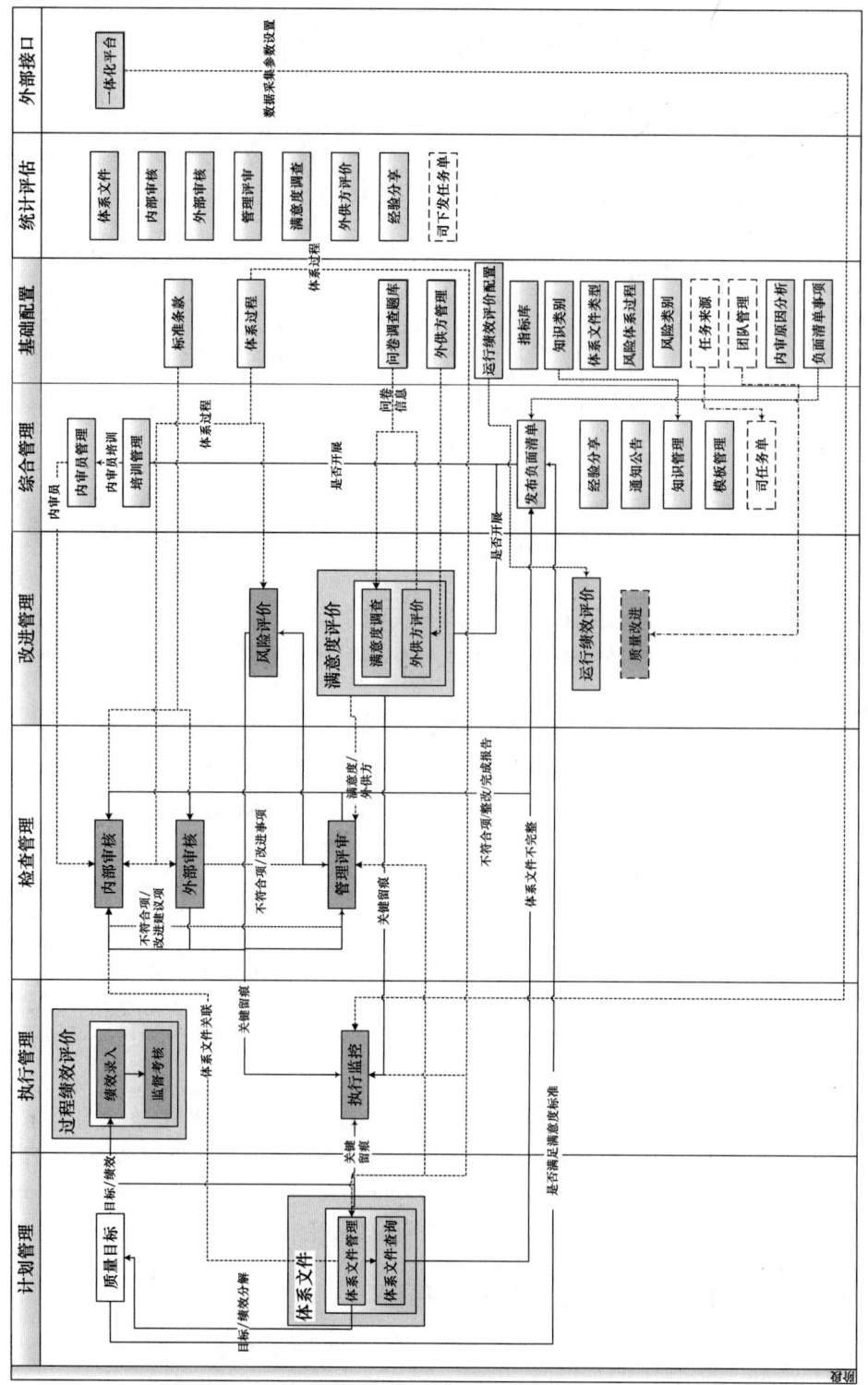

图1.2 气象观测质量管理体系信息系统各功能模块之间关系图

气象观测质量管理体系的基本任务有：发布审核计划，发布体系文件，向上级反馈"留废改立"清单，制定本单位年度质量目标，开展本单位审核（内审、管理评审、外审）工作，识别和评价本单位风险，开展本单位用户满意度和外供方评价，管理本单位内审员，评价本单位体系运行情况，管理国家级内审员、国家级风险库、国家级知识库和评价体系运行等。

按照气象观测质量管理体系"两级管理、四级运行"的运行模式，基于信息系统，国家、省（区、市）、地（市、盟、州）、县四级的工作任务存在一定的差别，具体见图1.3。

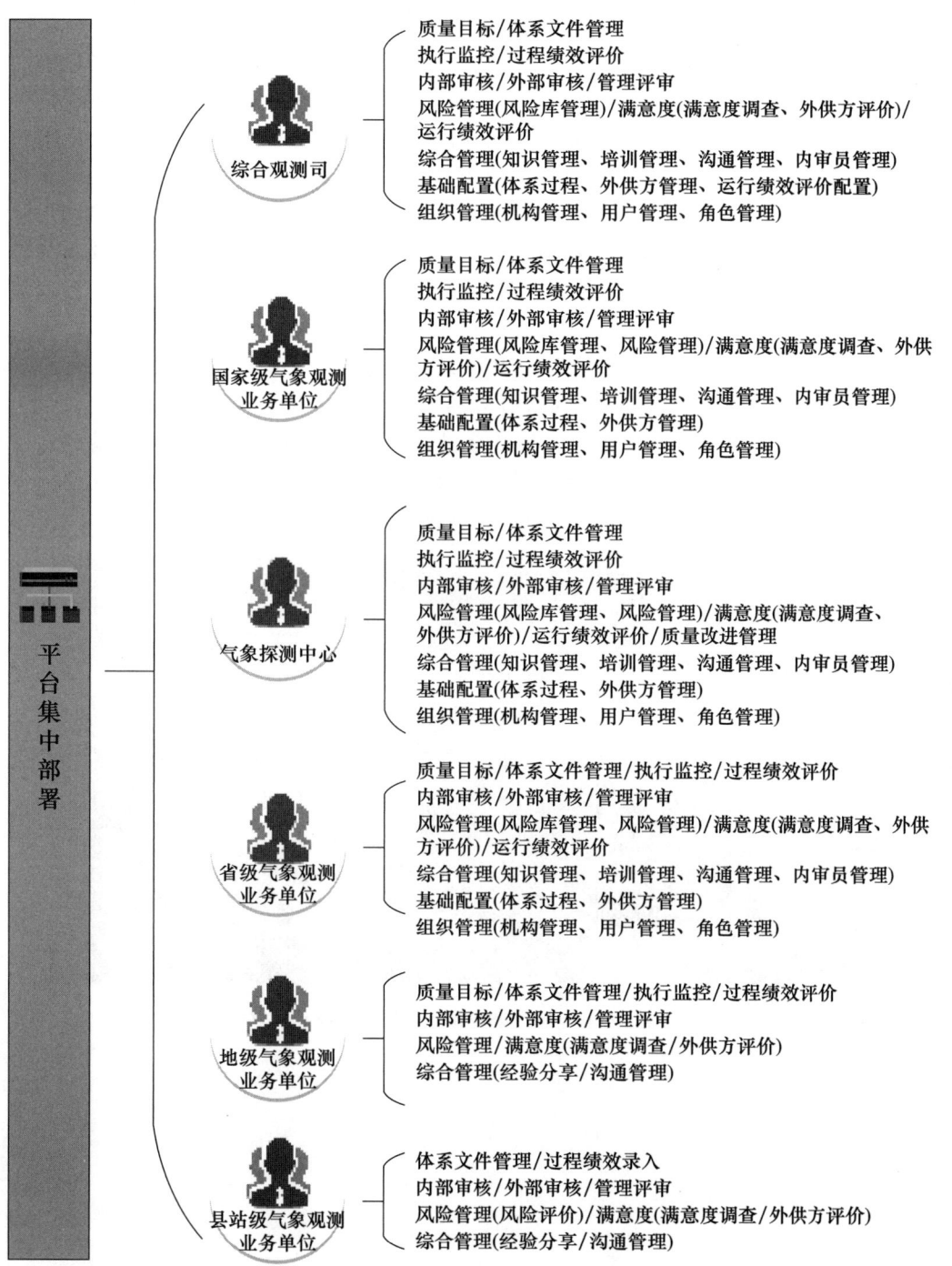

图1.3　国、省、地、县四级单位质量管理体系主要任务分解图

5. 信息系统的访问模式是什么?

气象观测质量管理体系的总体管理职能在中国气象局综合观测司,各省级单位作为 ISO 9001 子证书的持有单位,辖属管理本级及以下各级质量管理体系。因此,气象观测质量管理体系采取国家级和省级两级管理模式。此处的省级包含国家级直属业务单位,有国家卫星气象中心、国家气象信息中心、中国气象局气象探测中心及全国 31 个省(区、市)气象局。

气象观测质量管理体系总体布局为国家、省(区、市)、地(市、盟、州)、县四级。

按照气象数据管理办法相关要求,气象观测业务信息必须基于气象业务内网传输、分发,相应的业务系统也必须在气象业务内网部署运行。气象观测质量管理体系信息系统由中国气象局气象探测中心牵头开发和维护,信息系统中除质量管理体系特有的业务数据外,如内审与外审、管理评审、体系文件、用户满意度和外供方评价等,其余部分业务信息需要取自综合气象观测业务运行信息化平台(以下简称一体化平台)。一体化平台是综合气象观测领域的综合业务系统,包含观测网的运行监控子系统、维护保障子系统、物资供应储备子系统、质量控制子系统、观测产品子系统、观测试验子系统和计量检定子系统,作为气象观测领域质量管理体系方面的业务信息平台,气象观测质量管理体系也是一体化平台中的子系统之一。

气象观测质量管理体系信息系统采用 B/S 结构,在中国气象局气象探测中心一级部署,各级用户通过浏览器方式访问。一方面,可以通过登录一体化平台后(目前网址为:http://10.40.26.162/login.html),在该系统中跳转登录;另一方面,作为质量管理体系信息系统具有独立的访问网址,气象系统内部用户可以基于内部网络环境独立登录,网址为:http://10.1.64.51:81/。系统的独立登录界面如图 1.4 所示。

图 1.4 气象观测质量管理体系信息系统登录界面

第 2 章 系统管理

6. 系统中的用户角色及相应的权限有哪些?

信息系统中功能模块的操作权限通过系统的用户角色和相应权限进行控制。当前系统中的用户角色分为系统管理员、质量管理员、最高管理者、管理者代表、体系负责人、内审员、质量员和游客共八类,国、省、地、县四个层级的用户角色存在差异,各角色对应的权限也不尽相同,具体如下。

【系统管理员】

系统管理员分为国家级系统管理员、省级系统管理员、地级系统管理员三类。

系统管理员是系统的信息技术负责人,在系统中主要负责组织机构的同步和系统用户和角色的增、删、改、查等管理工作。

国家级系统管理员负责全国(国、省、地、县)各级组织机构、系统用户和角色的管理。

省级系统管理员分配给国家级直属业务单位和31个省(区、市)气象局的气象观测质量管理体系的技术人员,如各省(区、市)气象局观测处(观网处)和各国家级直属业务单位业务处的相应人员,负责本单位及辖属单位(部门)的组织机构、用户和角色的管理。

地级系统管理员分配给各地(市、盟、州)气象局、省级业务处室、省级直属业务单位的气象观测质量管理体系的技术人员,如各省(区、市)气象局气象探测中心和各地(市、盟、州)气象局业务科的相应人员,负责本单位及辖属单位(部门)的组织机构、用户和角色的管理。

【质量管理员】

质量管理员按层级分为国家级质量管理员、省级质量管理员和地(市、盟、州)级质量管理员三类。

国家级质量管理员通常由中国气象局综合观测司质量管理体系分管处室相关人员担任。省级质量管理员通常由国家级直属业务单位、31个省(区、市)气象局的观测处或业务处具体承担体系的管理人员担任。地级质量管理员一般由各地(市、盟、州)气象局业务科具体承担体系的人员担任。质量管理员全面负责本级单位的体系相关工作,包括体系相关业务流程及支持业务流程的基础配置管理等。

国家级质量管理员负责系统中国家级 P-D-C-A 业务流程的发起和信息录入,负责中国气象局体系文件编制发布、国家级内审员管理,负责基础配置中的体系过程、体系文件类型、外供方管理、运行绩效评价库、内审原因分类、知识类别、风险类别、风险体系过程、负面清单事项、任务来源、专业方向等配置。

省级质量管理员负责系统中本级 P-D-C-A 业务流程的发起和信息录入,负责本单位体系文件的编制发布、本省省级内审员的管理,负责本单位体系过程配置和外供方管理。

国家级业务单位(如气象探测中心)的业务处室、省级直属业务单位均相当于地级,和各地(市、盟、州)气象局一样均需要设置1名地级质量管理员。地级质量管理员主要负责本级质量目标的分解、上级(省级)管理评审输入材料的录入、满意度评价和外供方评价的问卷分发、地县级内审流程的发起、本级内审员基本信息的管理。

【最高管理者】

最高管理者分为国家级最高管理者和省级最高管理者两类。

国家级最高管理者通常为中国气象局分管质量管理体系工作的副局长;省级最高管理者通常为国家级直属业务单位及31个省(区、市)气象局的主要负责人。

国家级最高管理者可浏览系统中全国管理体系各业务模块的信息;省级最高管理者可浏览系统中本单位各业务模块的信息。

【管理者代表】

管理者代表分为国家级管理者代表和省级管理者代表两类。

国家级管理者代表一般为综合观测司分管体系工作的副司长;省级管理者代表一般为国家级直属业务单位和31个省(区、市)气象局分管体系工作的副主任和副局长。

管理者代表在系统中负责本级体系相关P-D-C-A业务流程的审批,包括体系文件的审批、质量目标分解的审批、管理评审计划和管理评审报告的审批、满意度评价和外供方评价方案的审批等。

【体系负责人】

体系负责人是各层级气象观测组织开展气象观测质量管理体系策划、实施、检查和改进的管理人员,一般由气象观测组织负责人担任。此处的负责人的机构层级包含各管理职能层级,如司局级、处级、科级等,即某某处室的体系负责人为该处的处长或分管副处长、某某市(县)气象局的体系负责人为该市(县)气象局的局长或分管副局长、某某科室的体系负责人为该科室的科长或副科长。

体系负责人主要负责本单位体系相关业务的审核,包括本单位体系文件初审、质量目标分解审核、审核发现(内审和外审)整改审核、管理评审改进事项整改审核等。国家级直属单位的各处室、省级各内设机构的体系负责人还负责过程绩效录入的审核。

【内审员】

内审员分为国家级内审员和省级内审员两类。

国家级内审员由国家级质量管理员负责管理;省级内审员由省级质量管理员负责管理。

国家级内审员可参加全国内审和任意省级单位组织的内审工作;省级内审员只可参加本省或本单位的内审工作。

内审员的主要职责为:在参加内审工作时,负责在系统中录入审核记录、审核发现以及审核发现的跟踪验证等。

内审组组长的主要职责为:负责录入和发布内审计划,组织实施内审,审核发现及其整改验证的确认,生成和发布内审报告等。

【质量员】

质量员通常为国、省、地、县各级单位具体从事质量管理体系的工作人员。

质量员的主要职责为:负责本部门体系相关工作,包括体系文件编制、过程绩效的录入、审核发现(内审和外审)整改情况的录入、满意度/外供方评价问卷填写及导入等。

【游客】

游客主要是指无系统账号,通过一体化平台中的"质量管理体系信息系统"链接登录信息系统的用户。

游客的权限有:可查看本部门的各相关业务模块中已办结的数据,如首页统计信息、体系文件管理、执行监控统计信息、统计评估中的统计信息等。

【知识点】

(1)《质量管理体系 要求》(GB/T 19001—2016)中已经去除了管理者代表的角色,气象观测质量管理体系的国家级和省级分别重新增加了管理者代表这个角色,根本目的是契合我国气象观测业务运行管理及气象观测质量管理体系管理工作分工的实际现状。

(2)体系负责人的角色是气象观测质量管理体系特有的角色,主要目的是强化ISO质量管理体系七大原则中的"领导者作用",让各级体系运行单位的领导者切实发挥领导的作用。

【注意事项】

(1)此处的国家级机构特指全国气象观测质量管理体系主管机构——中国气象局综合观测司。

(2)此处的省级机构包括国家级直属业务单位和全国各省(区、市)气象局。国家级直属业务单位包括:中国气象局气象探测中心、国家卫星气象中心和国家气象信息中心。

(3)此处的地级机构包括国家级直属业务单位的处级机构、全国各地(市、盟、州)气象局,即全国各气象部门的处级机构。

(4)国家级和省级气象观测组织最高层级的体系负责人也就是各单位的最高管理者,两个角色重叠。

(5)此处的国家级内审员不是指中国气象局业务管理部门或中国气象局直属业务单位内部培养的内审员,省级内审员也不是指由各省(区、市)气象局培养的内审员。国家级内审员特指经中国气象局直属单位和各省(区、市)气象局推荐,参加由中国气象局综合观测司组织的培训,考试合格后获得资格的人员。国家级内审员由中国气象局综合观测司在省级内审员骨干中遴选获得。

(6)此处的省级内审员是指由中国气象局直属单位或各省(区、市)气象局在气象观测相关业务技术骨干和管理骨干中选取、参加组织的培训,考试合格后获得内审员资格的人员。

7. 系统中的用户如何管理?

质量管理体系信息系统的用户管理包含用户的增、删、改、查及各用户的角色和权限分配等。信息系统中的用户均来自综合气象观测业务运行信息化平台(以下简称一体化平台),与一体化平台的用户同步,因此,信息系统用户的增、删、改等均需由一体化平台的系统管理员通过一体化平台的用户管理功能对用户进行增、删、改维护后,实时同步到本系统。

中国气象局综合观测司的用户由一体化平台的国家级系统管理员进行维护,国家级直属业务单位和各省(区、市)气象局的用户均由一体化平台中相应单位的系统管理员进行维护;信息系统中用户的查询、重置密码及分配角色等由质量管理体系信息系统的系统管理员负责完成。具体操作方法如下。

【用户的增、删、改】

当发现信息系统中缺少用户或有用户调整工作单位时,由一体化平台系统管理员登录进行维护。

增加用户：若一体化平台中无该用户，则在一体化平台中增加用户，具体操作为：登录一体化平台→点击左侧菜单栏"系统管理"→进入"组织管理"→选择用户所在组织名称→选择用户所在部门→在"人员管理"选择"新增"→录入登录名、用户姓名、移动电话等信息→保存（图2.1）。保存成功后，该用户信息实时同步到信息系统。

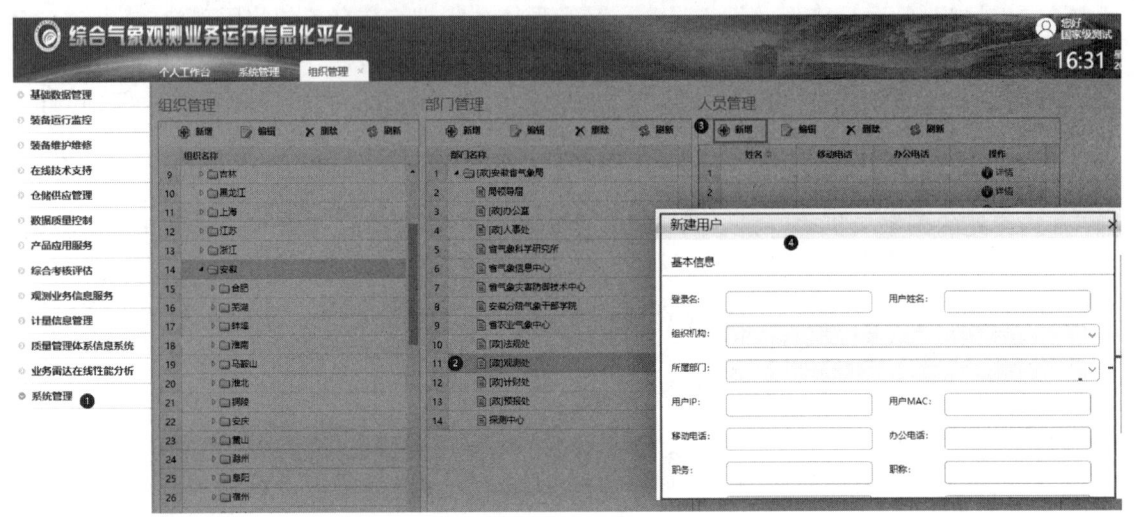

图2.1　一体化平台新增用户流程界面

若一体化平台已有该用户，则直接进行用户同步，具体操作为：登录一体化平台→点击左侧菜单栏"系统管理"→进入"组织管理"→选择用户所在组织名称→选择用户所在部门→在"人员管理"列表选择需同步的用户→点击"编辑"→无须修改内容直接点击"保存"即可。保存成功后，该用户信息实时同步到信息系统。

删除用户：当系统存在多余的用户名时，则在一体化平台上删除该用户，具体操作为：登录一体化平台→点击左侧菜单栏"系统管理"→进入"组织管理"→选择用户所在组织名称→选择用户所在部门→在"人员管理"列表选择需删除的用户→点击"删除"即可。删除成功后，信息系统中该用户同步删除。

调整用户机构或部门：当用户部门调整时，则在一体化平台中修改用户的组织机构或所属部门，具体操作为：登录一体化平台→点击左侧菜单栏"系统管理"→进入"组织管理"→选择用户所在组织名称→选择用户所在部门→在"人员管理"列表选择需调整机构或部门的用户→点击"编辑"进入基本信息页→修改用户的组织机构或所属部门→点击"保存"即可。保存成功后，该用户信息实时同步到信息系统。

【配置用户的角色】

信息系统用户的角色由信息系统的系统管理员负责配置，国家级系统管理员可配置全国用户的角色，省级系统管理员可配置本省/本单位全部用户的角色。具体操作为：系统管理员通过系统左侧菜单栏"系统管理—用户管理"进入用户列表→在左侧列表中选择用户所在单位→双击需配置角色的用户→进入用户管理页面→点击"所属角色"标签页→通过"增加角色"或"删除"可给当前用户分配角色权限，用户角色配置流程界面见图2.2。系统管理员还可批量为用户配置角色，具体操作为："系统管理—角色管理"进入角色管理页面→双击需批量配置的角色→进入"角色用户表"标签页→通过"添加用户"或"删除"可批量为用户分配某角色。

图 2.2　用户角色配置流程界面

【重置用户密码、屏蔽用户】

本项工作由系统管理员负责。系统管理员通过系统左侧菜单栏"系统管理－用户管理"进入用户列表→在左侧列表中选择用户所在单位→双击需重置密码的用户名→进入用户管理基本信息页→点击"重置密码"可重置当前用户密码为初始密码→勾选启用标志的"是"或"否"可从系统中屏蔽或重新启用该用户。同时还可在基本信息页修改该用户的职务、联系方式等基本信息。

8. 系统中的机构如何管理？

信息系统中机构的管理包括同步和查看两部分，没有对组织机构的变更权限，管理的角色主要为系统管理员。

【机构同步】

信息系统中的组织机构来源于一体化平台，若信息系统中缺少机构或机构名称有误，要由一体化平台的系统管理员通过一体化平台对机构进行管理维护，维护后的机构名实时同步到信息系统。具体操作如下：登录一体化平台→点击左侧菜单栏"系统管理"→进入"组织管理"→在组织管理或部门管理列表中选择需维护的组织或部门→点击"编辑"→修改相关内容→点击"保存"即可。保存后，修改后的组织或部门信息实时同步到信息系统，见图 2.3。

【机构查看】

信息系统的系统管理员可在信息系统中查看已同步的组织机构：通过信息系统的左侧菜单栏"系统管理－组织管理"进入机构列表，双击要查看的机构名称，进入"部门管理"基本信息页，可查看本机构的部门名称、上级部门、部门类型等信息。若发现机构信息有误，则需通知一体化平台的系统管理员通过一体化平台进行机构信息修改。

【注意事项】

（1）气象观测质量管理体系信息系统中各单位的组织机构信息统一来自综合气象观测业务运行信息化平台（简称一体化平台），一体化平台中的组织机构信息来自气象政务管理信息系统。

（2）气象观测质量管理体系信息系统中没有对系统中组织机构进行操作的权限，只能采取定期被动从一体化平台信息同步的方式，以确保两个系统中组织机构信息的一致性。

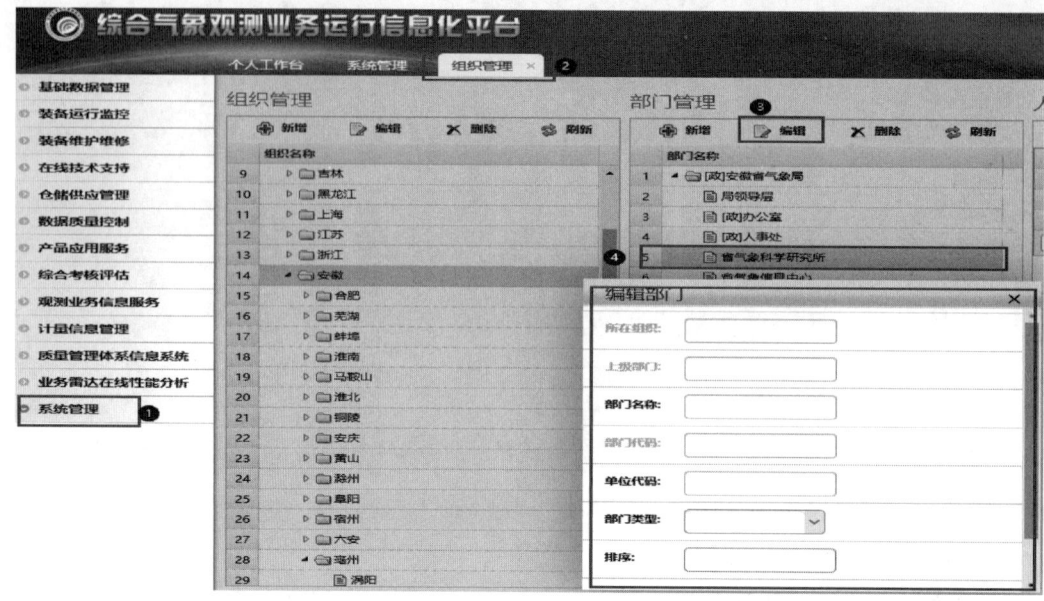

图 2.3　一体化平台的机构管理维护流程界面

9. 质量管理员的职责权限有哪些？

质量管理员分为国家级质量管理员、省级质量管理员、地级质量管理员。质量管理员通常为中国气象局综合观测司、国家级直属业务单位业务处、各省（区、市）气象局观测处、各地级气象局业务科等具体承担体系工作管理的人员，质量管理员全面负责本单位体系相关的管理工作。综合观测司应配置1名国家级质量管理员；国家级直属业务单位和各省（区、市）气象局应配置1名省级质量管理员；国家级直属业务单位的各处室、省局直属业务单位相当于地级，和各地级气象局一样均要配置1名地级质量管理员，承担本部门相关的体系管理工作。

【国家级质量管理员的职责权限】

（1）计划管理模块

① 负责分解下发国家级质量目标。

② 负责编制和管理中国气象局体系文件（质量手册、程序文件、工作指导文件）。

③ 可查阅和下载全国各级气象部门的体系文件。

（2）执行管理模块

① 查阅全国体系管理过程、各业务过程的执行统计信息。

② 查阅全国质量目标、过程绩效完成情况统计信息。

（3）检查管理模块

① 发起全国内部审核流程，添加全国内部审核方案。

② 录入综合观测司外部审核材料，含外部审核计划、首末次会议材料、审核记录、审核发现、审核报告等，负责下载不符合项整改材料提交给外审组进行验证，代外审组录入不符合项的验证结论，负责外部审核改进建议项整改的跟踪验证。

③ 启动全国管理评审流程，录入管理评审计划，汇总管理评审输入材料，下发管理评审会议通知，生成和发布全国管理评审报告，录入管理评审改进事项，监督改进事项整改验证等。

（4）处置管理模块

① 启动全国满意度调查流程，下发全国满意度调查方案，生成和发布全国满意度调查报告。

② 启动全国外供方评价流程，下发全国外供方评价方案，生成和发布全国外供方评价报告。

③ 启动全国体系运行绩效评价，下发全国绩效评价方案，组织第三方机构进行绩效评价考核评分，发布绩效评价报告。

（5）综合管理模块

① 给全国的各级气象部门或用户发布通知通告。

② 负责全国内审检查表库的管理维护。

③ 负责添加和发布负面事项清单。

④ 负责审批各单位提交的经验分享。

⑤ 给全国用户下发通知公告。

⑥ 负责全国范围内的知识管理。

⑦ 添加全国体系或观测业务培训记录信息。

⑧ 负责国家级内审员和综合观测司内审员的管理维护。

（6）基础配置模块

① 负责中国气象局体系过程的维护。

② 负责全国外供方的管理。

③ 负责全国体系运行绩效评价指标库的维护。

④ 负责体系文件类型、内审原因分类、知识类别、风险类别的维护。

【省级质量管理员的职责权限】

（1）计划管理模块

① 负责分解和下发省级质量目标。

② 负责编制和管理本省/本单位的体系文件。

③ 可查阅和下载本单位体系文件、中国气象局和4个国家级直属单位的体系文件。

（2）执行管理模块

① 可查阅本省/本单位的体系管理过程、各业务过程的留痕统计信息。

② 可查阅本省/本单位的质量目标、过程绩效完成情况统计。

（3）检查管理模块

① 启动本省/本单位的内部审核流程，下发本省/本单位的内部审核方案。

② 录入本单位外审材料，含外审计划、首末次会议材料、审核记录、审核发现等，负责下载不符合项整改材料提交给外审组进行验证，代外审组录入不符合项的验证结论，负责改进建议项整改的跟踪验证。

③ 负责上报全国管理评审输入材料；负责启动本省/本单位的管理评审流程，录入管理评审计划，汇总管理评审输入材料，下发管理评审会议通知，生成和发布管理评审报告，录入管理评审改进事项，监督改进事项的整改验证等。

（4）处置管理模块

① 转发全国满意度调查方案，汇总提交满意度评价问卷；启动本省/本单位的满意度调查流程，下发本省/本单位组织的满意度调查方案，生成和发布本省/本单位的满意度调查报告。

② 转发全国外供方评价方案,汇总提交外供方评价问卷;启动本省/本单位的外供方评价流程,下发本省/本单位组织的外供方评价方案,生成和发布本省/本单位的外供方评价报告。

③ 上报本单位体系运行绩效评价指标的自评情况、佐证材料。

(5)综合管理模块

① 给本省或本单位的用户下发通知公告。

② 查看或下载全国内审检查表。

③ 负责编制和发布本省或本单位的负面清单。

④ 负责本省或本单位的部门质量员提交的经验分享的初审。

⑤ 负责本省或本单位范围内的知识管理。

⑥ 负责录入本省或本单位的体系或观测业务的培训记录。

⑦ 负责本省或本单位的省级内审员的管理维护。

(6)基础配置模块

① 负责本单位体系过程的维护。

② 负责本单位外供方的管理。

【地级质量管理员的职责权限】

(1)计划管理模块

① 负责分解下发地级质量目标。

② 可查阅和下载本省体系文件、中国气象局和4个国家级直属单位的体系文件。

(2)执行管理模块

① 可查阅本地(市、盟、州)的体系管理过程、各业务过程的执行统计信息。

② 可查阅本地(市、盟、州)的质量目标、过程绩效完成情况统计。

(3)检查管理模块

① 负责上报本省管理评审相关输入材料。

② 负责地县内部审核流程的发起。

(4)处置管理模块

① 负责分发全国/本省组织的满意度调查问卷,负责汇总提交本地(市、盟、州)满意度问卷。

② 负责分发全国/本省组织的外供方评价问卷,负责汇总提交本地(市、盟、州)外供方评价问卷。

(5)综合管理模块

① 负责录入本地(市、盟、州)的体系或观测业务培训记录。

② 负责本级内审员基本信息的管理。

10. 如何实施内审员管理?

内审员管理主要是对内审员的添加、删除、查询以及内审员基本信息等实施统一管理的功能。

内审员分为国家级内审员和省级内审员两类,国家级内审员由国家级质量管理员管理维护,省级内审员由省级质量管理员管理维护。内审员管理维护的方法如下。

第一步:添加内审员(配置内审员角色)。国家级质量管理员添加的是国家级内审员,省级质量管理员添加的是省级内审员。

批量添加内审员:通过内审员管理模块可批量添加内审员,国家级质量管理员/省级质量管理员通过系统左侧菜单栏"综合管理－内审员管理"进入内审员列表,点击"添加国家级内审员"或"添加省级内审员",在弹出选择项中可一次性勾选需添加的内审员(可多选),点击"确定"提交,即完成内审员的添加,所勾选的用户的角色直接配置为"国家级/省级内审员"。添加国家级内审员时,选择框中展示的是省级内审员名单。国家级内审员添加界面见图2.4。

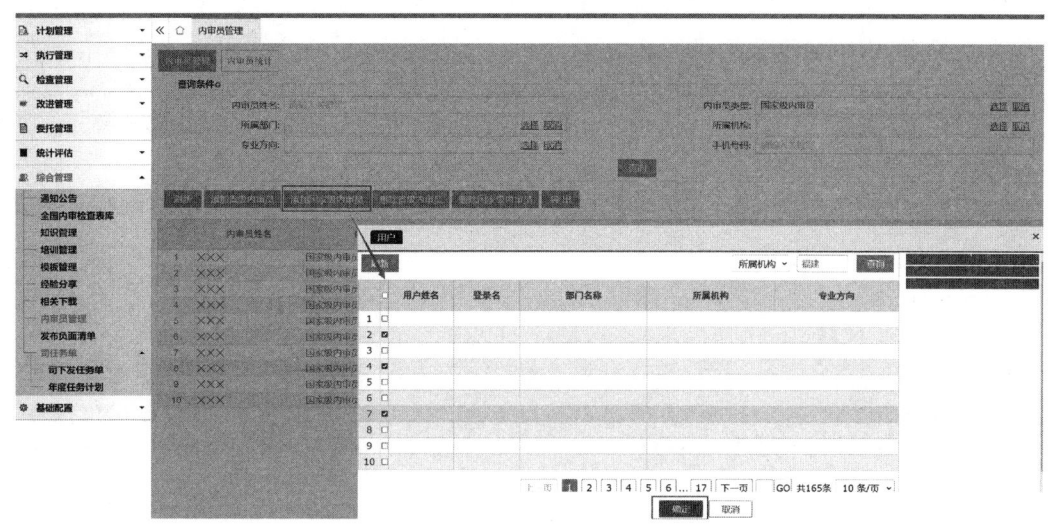

图 2.4　国家级内审员添加界面

为单个用户配置内审员角色:除通过内审员管理模块添加内审员外,还可由系统管理员通过"系统管理－用户管理"模块为用户配置内审员角色,在用户管理列表,双击用户名进入用户管理详细页,在"所属角色"标签页通过"增加角色"来配置内审员角色。

第二步:录入内审员基本信息。内审员添加成功后,国家级质量管理员/省级质量管理员在内审员列表,双击内审员姓名,进入内审员管理详细页,在基本信息页可录入"内审员证书编号""专业方向(可多选)""手机号码"等,在"内审员资质管理"标签页,添加内审员获得资质的开始时间。

第三步:删除内审员。国家级质量管理员/省级质量管理员通过系统左侧菜单栏"综合管理－内审员管理"进入内审员列表,点击"删除国家级内审员"或"删除省级内审员",可批量删除内审员。

第四步:查询、批量导出内审员名单。国家级质量管理员/省级质量管理员通过系统左侧菜单栏"综合管理－内审员管理"进入内审员列表,可根据内审员姓名、内审员类型、所属部门、专业方向等进行筛选查询,筛选查询后,点击列表页中的"导出"按钮,即可批量导出所需的内审员名单。

11. 如何查询内审员的统计信息?

内审员参加内审活动、内审培训记录是内审员持证、考核的重要依据。内审员管理模块通过与系统中的培训管理模块、内部审核模块进行关联,实现对内审员所参加内审活动、内审员培训记录进行自动获取、统计。

【查看内审员的内审活动、培训记录】

国家级质量管理员/省级质量管理员通过"综合管理－内审员管理"进入内审员列表,双击所需查询的内审员姓名,在内审员管理详细页面中的"内审活动"标签页,可查看该内审员历次参加内审活动的记录信息,包含该内审员参加内审活动名称、内审角色(是内审组组长还是内审员)、录入的审核记录和审核发现数量等,内审活动留痕记录界面见图2.5。在内审员管理详细页面中的"内审培训"标签页,可查看该内审员历次参加内审培训的记录,含内审培训名称、培训类型、内审培训开始时间、考核分数等,双击记录信息可进入查看该内审员在本次内审培训的详细信息,内审培训界面见图2.6。

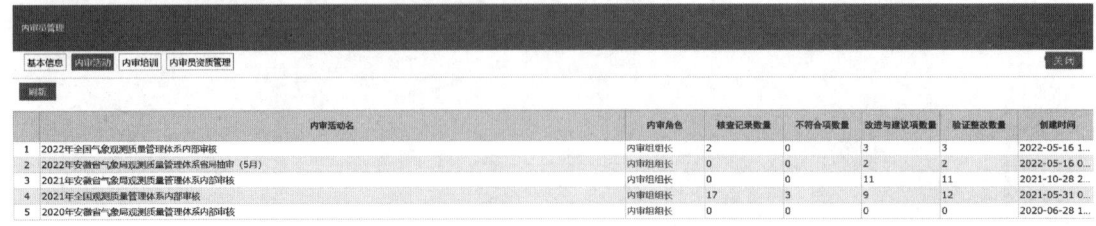

图 2.5　内审活动留痕记录界面

图 2.6　内审培训界面

【查看内审员的统计信息】

内审员统计是对本单位下辖的所有部门的内审员总数、年度内参加内审活动人数、年度内参加内审培训人数的统计,为体系运行绩效评价提供考核依据。国家级质量管理员可查看全国各级气象部门的内审员统计信息,省级质量管理员可查看本省/本单位下辖各级气象部门的内审员统计信息。还可通过查询项按年度范围、内审员类型、所属部门查询具体部门的内审员参加内审活动和内审员培训的统计数据,统计结果列表形式展示,见图2.7。

图 2.7　内审员统计信息界面

【注意事项】

（1）国家级质量管理员添加国家级内审员时，添加的内审员的角色必须已经是省级内审员角色才能添加成功，否则无法添加。

（2）删除省级内审员时，若该内审员同时是国家级内审员和省级内审员，则无法直接删除省级内审员角色。需先由国家级质量管理员通过"删除国家级内审员"来删除该内审员的国家级内审员角色，再由单位质量管理员通过"删除省级内审员"来删除省级内审员角色。

（3）国家级质量管理员进入内审员管理列表中，有添加/删除省级内审员的权限，此权限仅限于为综合观测司的用户配置省级内审员角色，而不能用于管理国家级直属单位和各省（区、市）气象部门的省级内审员角色。

（4）若培训模块中未录入相关的内审员培训记录，内审员管理模块则无法获取相关培训记录。

第3章 计划管理

3.1 体系文件

12. 体系文件管理的业务流程是什么？

体系文件是描述质量管理体系的一整套文件，是气象观测组织开展ISO 9001标准宣贯，建立并保持质量管理体系的重要基础，同时也是体系审核和认证的主要依据。建立和完善体系文件是为了进一步理顺关系，明确职责和权限，协调各部门之间的关系，使各项质量活动能够顺利、有效地实施。

气象观测质量管理体系文件按架构分为质量手册、程序文件/工作指导文件。体系文件管理是对各级气象部门的体系文件进行控制的描述，包括体系文件的编写、审核、批准、发布、修订、作废等，以确保各级气象部门使用的文件为有效版本。各单位体系建设之初均应开展体系文件编制，经审核批准后发布。体系运行阶段各体系建设单位可根据本单位工作实际（如内外审发现问题、管理评审改进事项、业务改革等），适时开展体系文件修订并发布，原则上每年至少修订一次。

综合观测司负责中国气象局涉及全国范围气象观测的体系文件的编制、审核、批准、发布和修订；国家级直属业务单位和31个省（区、市）气象局负责本单位体系文件的编制、审核、批准、发布和修订；各省（区、市）气象局相关内设机构、直属单位以及市县（区）气象局负责各自职责、权限范围的体系文件管理。

体系文件的编制/修订可以通过三种方式实施：一是国家级质量管理员或省级质量管理员负责编制和修订体系文件；二是由国家级质量管理员或省级质量管理员给下辖部门的用户下发体系文件编制/修订任务单，由相关用户负责编制/修订体系文件；三是体系文件使用用户向国家级质量管理员或省级质量管理员提出编制和修订文件的申请，经国家级质量管理员或省级质量管理员批准后启动体系文件编制和修订。具体流程如下。

（1）国家级质量管理员/省级质量管理员编制/修订体系文件：国家级/省级质量管理员编制或修订体系文件→由国家级/省级质量管理员所在部门的体系负责人初审→由管理者代表审批→审批通过后由国家级/省级质量管理员发布，流程见图3.1。

（2）下发体系文件编制/修订任务单：国家级/省级质量管理员下发体系文件编制/修订任务单→用户启动体系文件编制/修订→用户所在部门的体系负责人初审→管理者代表审批→审批通过后由国家级/省级质量管理员发布，流程见图3.2。

（3）由体系文件使用用户提出体系文件编制/修订申请：由用户自下而上提出体系文件编制/修订申请→国家级/省级质量管理员审核→审核通过后启动体系文件编制/修订任务→用户编制/修订体系文件→用户所在部门的体系负责人初审→管理者代表审批→审批通过后由国家级/省级质量管理员发布，流程见图3.3。

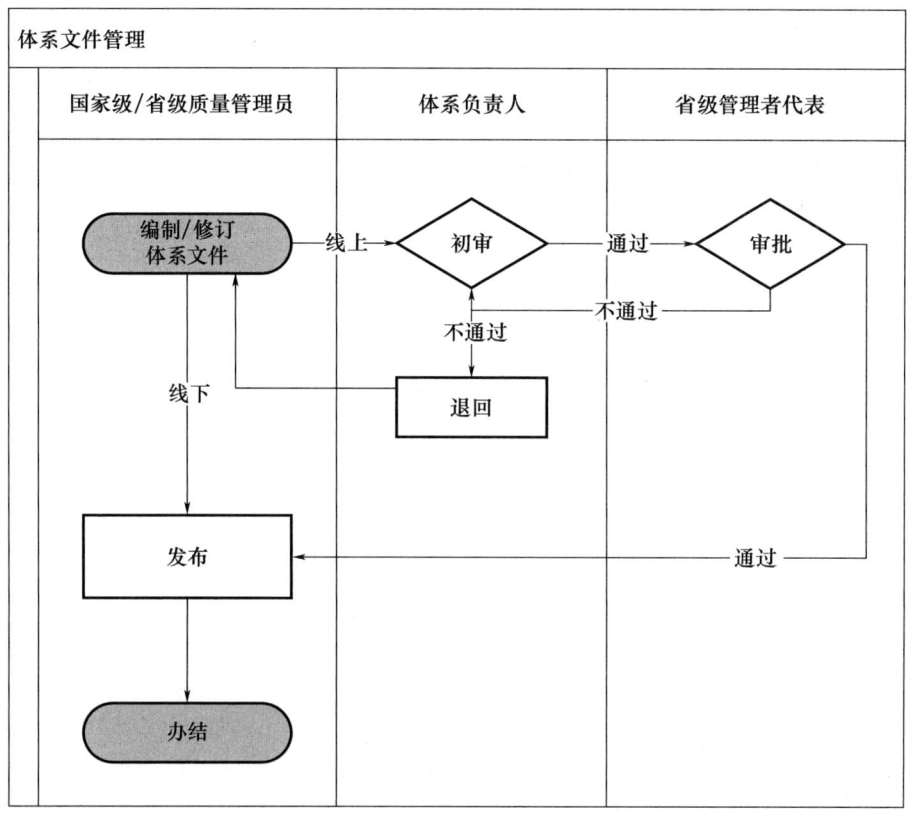

图 3.1　体系文件管理(省级质量管理员编制/修订)业务流程图

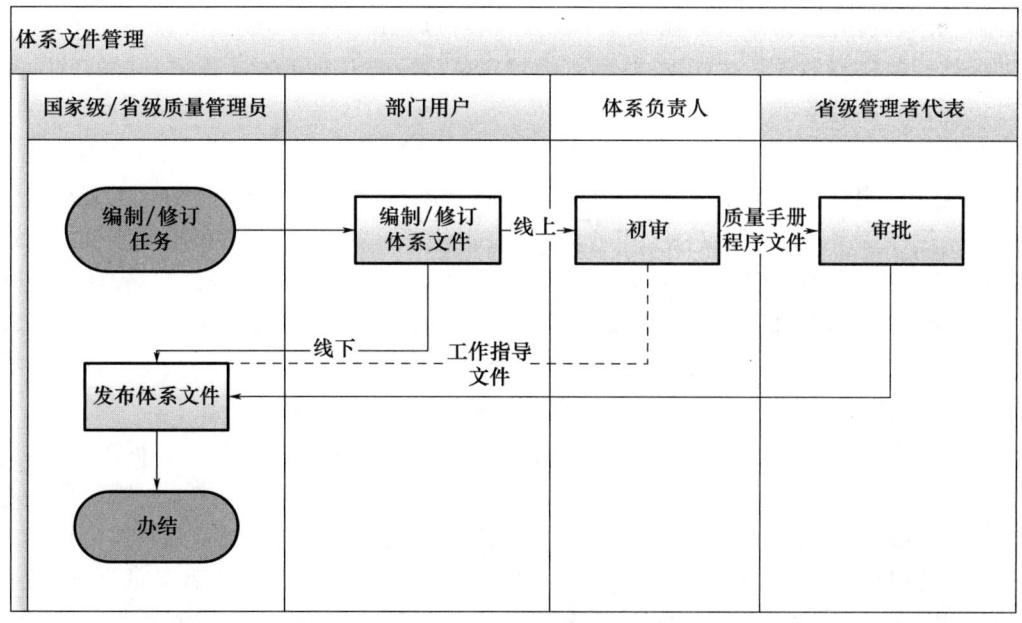

图 3.2　体系文件管理(下发编制/修订任务单)业务流程图

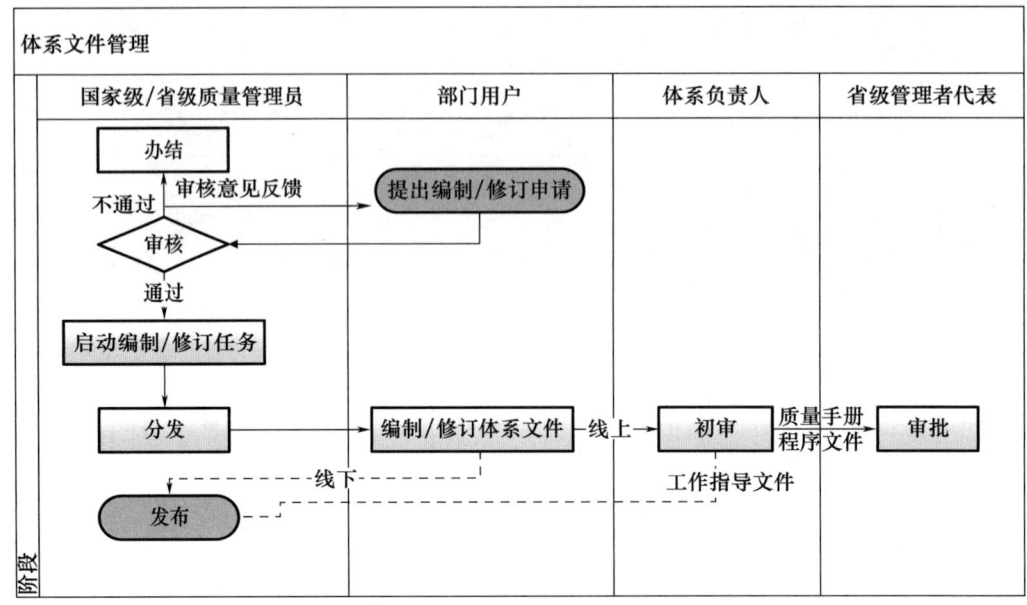

图 3.3 体系文件管理（用户体系编制/修订申请）业务流程图

13. 如何配置体系过程？

根据综合气象观测标准规范总体业务框架，观测业务总体可分为技术保障、数据业务和装备业务组成的业务过程，标准规范为代表的支撑过程，业务管理过程三大过程。另外，按照ISO 9001质量管理体系过程方法理念，依照过程在体系中的作用，气象观测质量管理体系的过程分为业务过程、支撑过程和管理过程三大基本类别，三大过程包含若干子过程，各子过程包含若干工作事项。三大体系过程覆盖全工作流程，过程接口清晰，职责明确，形成闭环，其中业务过程是气象观测质量管理体系的核心，支撑过程为业务过程的实施提供必要的软性支撑，管理过程统领业务过程和支撑过程。

体系过程的配置工作在信息系统的基础配置模块中完成。系统中体系过程的配置至关重要，该体系过程是体系文件管理、内部审核、外部审核模块中涉及的体系过程的数据来源，是完成体系文件管理、内部审核、外部审核工作的基础，因此，体系过程配置需要在开展体系文件编制、内部审核、外部审核工作前完成。在体系持续运行过程中，需根据实际业务适时修改体系过程。

中国气象局的体系过程由国家级质量管理员负责配置；国家级直属单位和各省（区、市）气象局的体系过程由省级质量管理员负责配置，地、县级使用本省的体系过程，无须单独配置。中国气象局的体系过程配置和省级体系过程的配置流程一致，具体流程如下。

第一步：配置一级过程。初次配置体系过程时，务必配置管理过程、业务过程和支撑过程三大过程，配置完成后再进行子过程的配置。国家级/省级质量管理员通过首页左侧菜单栏"基础配置—体系过程"进入体系过程列表。点击"添加体系过程"进入配置界面，录入体系过程编号、体系过程名称、过程描述，选择该体系过程的主责部门、过程所属业务类别（此处的业务类别是管理过程、业务过程、支撑过程三大类别），录入完成，点击"保存"即可。一级过程配置时，上级过程无须选择；配置管理过程时"业务类别"选择"管理过程"，配置业务过程时"业务类别"选择"业务过程"，配置支撑过程时"业务类别"选择"支撑过程"。一级过程配置界面见图3.4。

图 3.4　一级过程配置界面

第二步：配置子过程。子过程包含二级过程、三级过程、四级过程……国家级/省级质量管理员在完成一级过程配置后，才能配置二级过程。点击"添加体系过程"进入配置界面，录入体系过程编号、体系过程名称、过程描述，选择该体系过程的上级过程、主责部门，业务类别会根据所选的上级过程自动带入，无须再选择。录入完成后，点击"保存"即完成二级过程添加。配置子过程时，务必选择上级过程，否则系统会将该过程默认是一级过程，如添加二级过程时，上级过程应选择相应的一级过程；添加三级过程时，上级过程应选择相应的二级过程，以此类推。子过程配置界面见图 3.5。

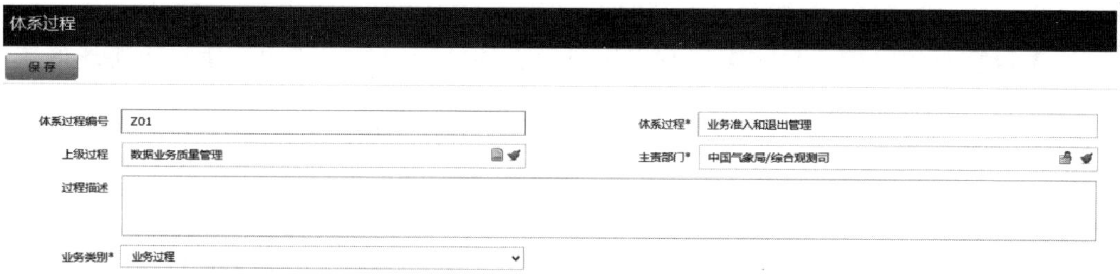

图 3.5　子过程配置界面

第三步：体系过程查询。体系过程配置完成后，国家级/省级质量管理员在体系过程列表中可通过查询项的体系过程编号、体系过程名称、主责部门、创建时间等查询已配置的体系过程，通过查询项的"体系过程清单"可查询已配置的体系过程清单，见图 3.6。国家级质量管理员可查看中国气象局体系过程和 4 个国家级直属单位、31 个省（区、市）气象局已配置的体系过程，省级质量管理员可查询本单位已配置的体系过程。

14. 如何新增体系文件？

新增体系文件是各单位在体系建设之初通过系统编制发布体系文件，或在体系运行阶段，体系建设单位根据业务调整新增个别的程序文件或工作指导文件。体系文件包含质量手册、程序文件、工作指导文件。

新增体系文件可通过以下三种方式进行：一是由国家级/省级质量管理员负责新增体系文件；二是由国家级/省级质量管理员给下辖部门用户下发体系文件编制任务单；三是由下辖部门用户向国家级/省级质量管理员提出体系文件编制申请，经国家级/省级质量管理员审核通过后启动。

中国气象局的体系文件由国家级质量管理员负责管理，国家级直属单位和 31 个省（区、市）气象局的体系文件由省级质量管理员负责管理。

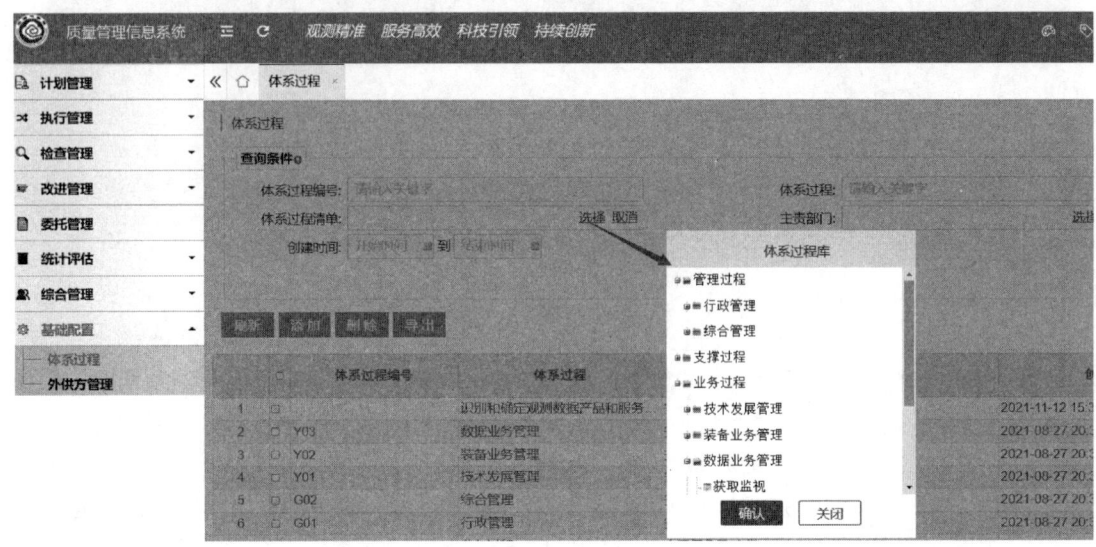

图 3.6 查询已配置的体系过程清单界面

(1)第一种方式:国家级/省级质量管理员新增体系文件

新增质量手册的流程与程序文件及工作指导文件的流程稍有不同。质量手册新增流程见图 3.7,程序文件及工作指导文件的新增流程见图 3.8。

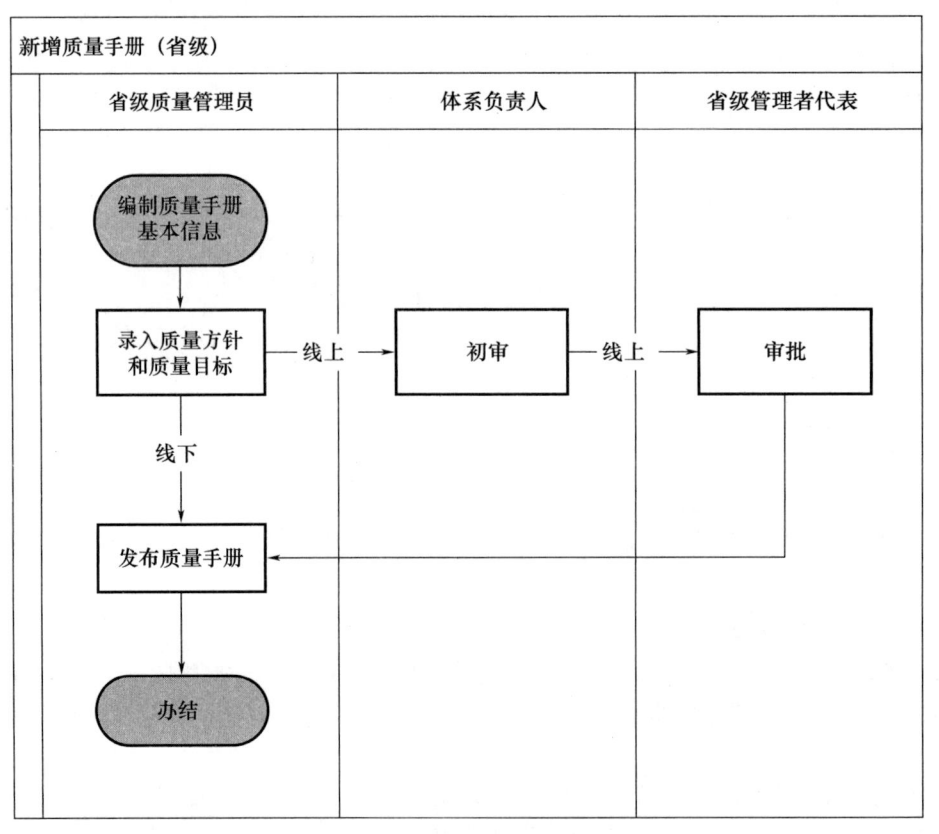

图 3.7 质量手册的新增流程图

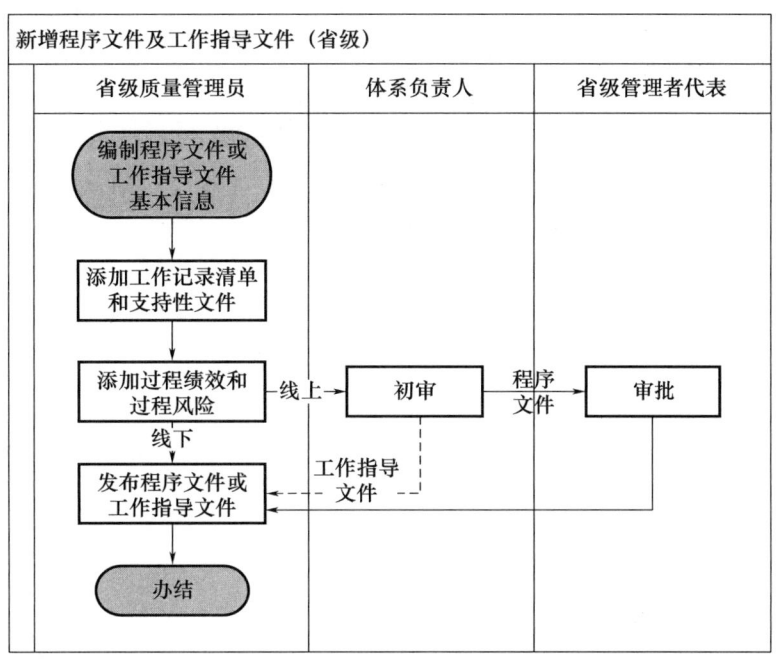

图 3.8　程序文件及工作指导文件的新增流程图

以省级质量手册为例,质量手册新增流程如下。

第一步:编制质量手册。省级质量手册由省级质量管理员编制。通过系统左侧菜单栏"计划管理－体系文件管理"进入本省体系文件列表,通过"添加发布体系文件"进入体系文件添加页面。

一是录入基本信息。体系文件类型选择"质量手册"后,体系文件编号按编号规则自动生成,版本号默认当年版本,发布单位默认为省级质量管理员所在省级单位的全称,编制人默认为当前单位质量管理员,审核人默认为省级质量管理员所在部门的体系负责人,批准人默认为管理者代表,版本号、发布单位、编制人、审核人、批准人等均可修改;录入体系文件名称、发布日期、实施日期,选择审批流程(线上或线下审批),上传质量手册文档(Word 或 PDF 格式);录入识别环境和相关方需求和期望、颁布令、管理者代表任命书、观测业务简介、覆盖的业务/活动范围、组织结构图等内容。以上信息均录入完成后,点击"保存待发"可进入质量方针和质量目标录入页面。

二是录入质量方针和质量目标。在"质量方针"标签页,通过"添加"按钮逐条录入质量方针和释义;在"质量目标"标签页,逐条添加质量目标,质量方针和质量目标添加流程见 3.2 节中第 19 个问题解答。因省级添加质量目标时需关联相应的程序文件及过程绩效,建议在质量目标添加前完成本单位程序文件的添加工作。质量手册基本信息、质量方针和质量目标均录入完成后,通过"办理菜单－发送"提交给体系负责人初审。

中国气象局的质量手册由国家级质量管理员负责编制,新增流程与省级质量手册基本一致,仅在质量目标添加时稍有不同,国家级质量目标添加时不关联相关的体系文件和过程绩效。

第二步:质量手册初审。体系负责人通过首页"待办"进入体系文件管理页面,对省级质量管理员录入的质量手册的内容进行初审,质量手册的所有内容均可修改。初审通过后,通过

"办理菜单－发送"将质量手册提交至省级管理者代表审批。若审核不通过,则通过"办理菜单－退回"将质量手册退回省级质量管理员重新编制,见图3.9。

图 3.9 质量手册基本信息页

中国气象局的质量手册的初审流程与省级质量手册的初审流程一致。

第三步:质量手册审批。省级管理者代表通过首页"待办"进入体系文件管理页面,对体系负责人提交的质量手册进行审批,若发现内容有误时,本环节不能修改,只能逐级退回由体系负责人或省级质量管理员修改。审批通过后,通过"办理菜单－发送"将质量手册提交至省级质量管理员进行发布。

中国气象局的质量手册的审批流程与省级质量手册的审批流程一致。

第四步:质量手册发布。省级管理者代表审批通过后,省级质量管理员通过首页"待办"进入体系文件管理页面,通过"办理菜单－发送"发布质量手册。

中国气象局的质量手册的发布流程与省级质量手册的发布流程一致。

以省级程序文件/工作指导文件为例,程序文件/工作指导文件新增流程如下。

第一步:编制程序文件/工作指导文件。省级程序文件/工作指导文件由省级质量管理员编制。通过系统左侧菜单栏"计划管理－体系文件管理"进入本省体系文件列表,点击"添加发布体系文件"进入体系文件管理页面。

一是录入基本信息。体系文件类型选择"程序文件"或"工作指导文件",再选择程序文件类型(管理过程、业务过程、支撑过程),版本号默认为当年版本、发布单位默认为省级质量管理员所在的省级单位全称、编制人默认为当前省级质量管理员、审核人默认为省级质量管理员所在部门的体系负责人、批准人默认为管理者代表,版本号、发布单位、编制人、审核人、批准人等均可修改;录入体系文件编号、体系文件名称、发布日期、实施日期,选择审批流程(线上或线下审批),上传程序文件文档(Word 或 PDF 格式);选择程序文件对应的体系过程,体系过程与所选的程序文件类型关联,如程序文件类型选"管理过程",体系过程选项框显示的则是管理过程下的子体系过程,此处的体系过程与基础配置中的体系过程关联,若体系过程选项框中无体系过程,则代表基础配置中的体系过程未按要求完成配置;录入部门职责、目的、范围、术语、工作程序和流程图。以上内容均录入完成后,点击"保存待发"则自动显示"作业指导书清单""工作记录表单""相关支持性文件""过程绩效""过程风险"5个标签页,见图3.10。

图 3.10　程序文件基本信息页

添加工作指导文件时,体系文件类型选"工作指导文件",无"程序文件类型"选项,增加了"关联体系文件"项,需选择所关联的程序文件,工作指导文件的相关体系过程选项框显示的是关联的程序文件所属业务类别下的子过程;增加了所属部门选项,默认显示编制人所在部门,可根据实际修改;工作指导文件的其他内容与程序文件的录入要求基本一致,见图3.11。

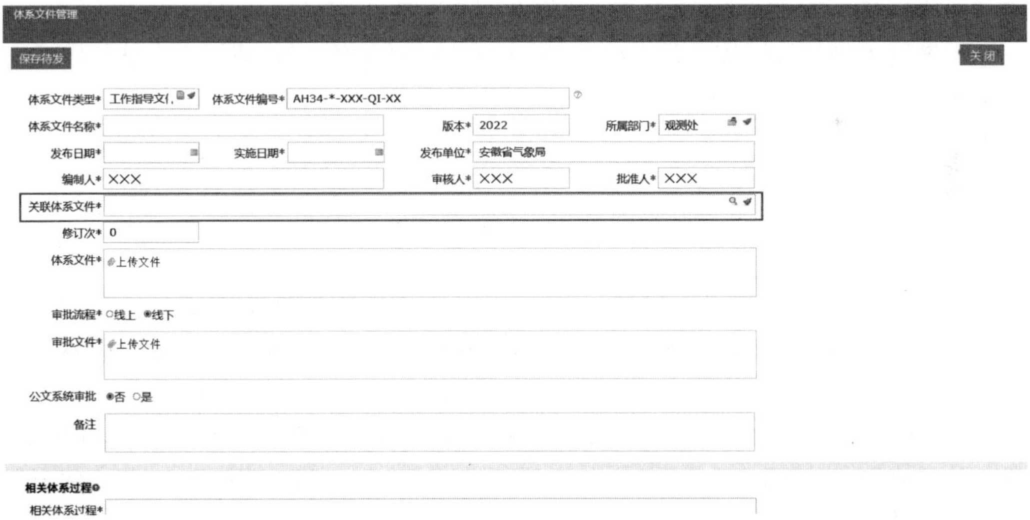

图 3.11　工作指导文件基本信息页

二是添加作业指导书清单。此项无须录入,编制工作指导文件时,工作指导文件与程序文件进行关联后,自动将工作指导文件名称带入本清单。

作业指导文件无此标签页。

三是添加工作记录表单(选填项)。逐条添加工作记录表单,录入表单编号、记录表名称,上传工作记录表单附件。

工作指导文件工作记录表单添加的流程与程序文件一致。

四是添加相关支持性文件(选填项)。录入文件名称、文件号,上传支持性文件附件,或通过链接进行关联获取。

工作指导文件的相关支持性文件添加流程与程序文件一致。

五是录入过程绩效。逐条添加过程绩效,录入绩效名称、计算公式或方法、目标值、考核频次等。系统中对本单位录入的过程绩效名称进行唯一性验证,当录入相同的过程绩效名称时,则无法保存。

工作指导文件的过程绩效录入流程与程序文件基本一致,不同之处是:程序文件的过程绩效是必填项,工作指导文件的过程绩效是选填项。

六是录入过程风险。逐条添加过程风险,录入风险名称、执行时间、负责部门/人、监视方法、应对措施。

工作指导文件的过程风险录入流程和程序文件基本一致,不同之处是:程序文件的过程风险是必填项,工作指导文件的过程风险是选填项。

以上信息都录入完成后,通过"办理菜单—发送"提交给体系负责人初审。

第二步:程序文件/工作指导文件初审。体系负责人通过首页"待办"进入体系文件管理页面,对省级质量管理员提交的程序文件进行初审,初审环节程序文件中的所有内容均可修改。初审通过后通过"办理菜单—发送"将程序文件提交省级管理者代表审批。初审不通过,可通过"办理菜单—退回"省级质量管理员重新修改。

工作指导文件的初审流程与程序文件的流程基本一致,不同之处是:工作指导文件经体系负责人初审后直接发给省级质量管理员进行发布,无文件审批流程。

第三步:程序文件的审批。省级管理者代表通过首页"待办"进入体系文件管理页面,对体系负责人提交的程序文件进行审批,本环节不能修改文件内容,若发现内容有误时,只能逐级退回由体系负责人或省级质量管理员修改。审批通过后,通过"办理菜单—发送"将程序文件提交至省级质量管理员进行发布。

工作指导文件无审批环节。

第四步:程序文件/工作指导文件发布。省级质量管理员通过首页"待办"进入体系文件管理页面,通过"办理菜单—发送"发布程序文件/工作指导文件。

(2)第二种方式:下发体系文件编制任务单

这是一个自上而下分派文件编制任务的过程,由国家级/省级质量管理员分派编制任务给下级用户,下级用户编制体系文件后经本部门的体系负责人初审,初审后提交国家级/省级管理者代表进行审批,审批通过后由国家级/省级质量管理员发布。具体流程如下。

第一步:下发编制任务单。国家级/单位质量管理员通过系统左侧菜单栏"计划管理—体系文件—体系文件管理"进入文件列表,在"下发编制/修订任务"标签页,点击"下发编制任务"进入编制任务页面,录入任务名称、任务描述、截止日期,选择体系文件编制任务单位和编制人,编制人可选所选任务单位下的所有用户,录入完成后点击"发送",即可将任务单下发到所选的编制人。体系文件编制任务单界面见图3.12。

第二步:编制人启动体系文件编制。编制人通过首页"待办"进入任务单页面,查看具体任务要求后,点击"启动"即可进入体系文件编制页面。体系文件编制流程同第一种方式"国家级/省级质量管理员新增体系文件"的流程一致。

第三步:体系文件初审。由编制人所在部门的体系负责人进行体系文件的初审,初审流程同第一种方式"国家级/省级质量管理员新增体系文件"的流程一致。

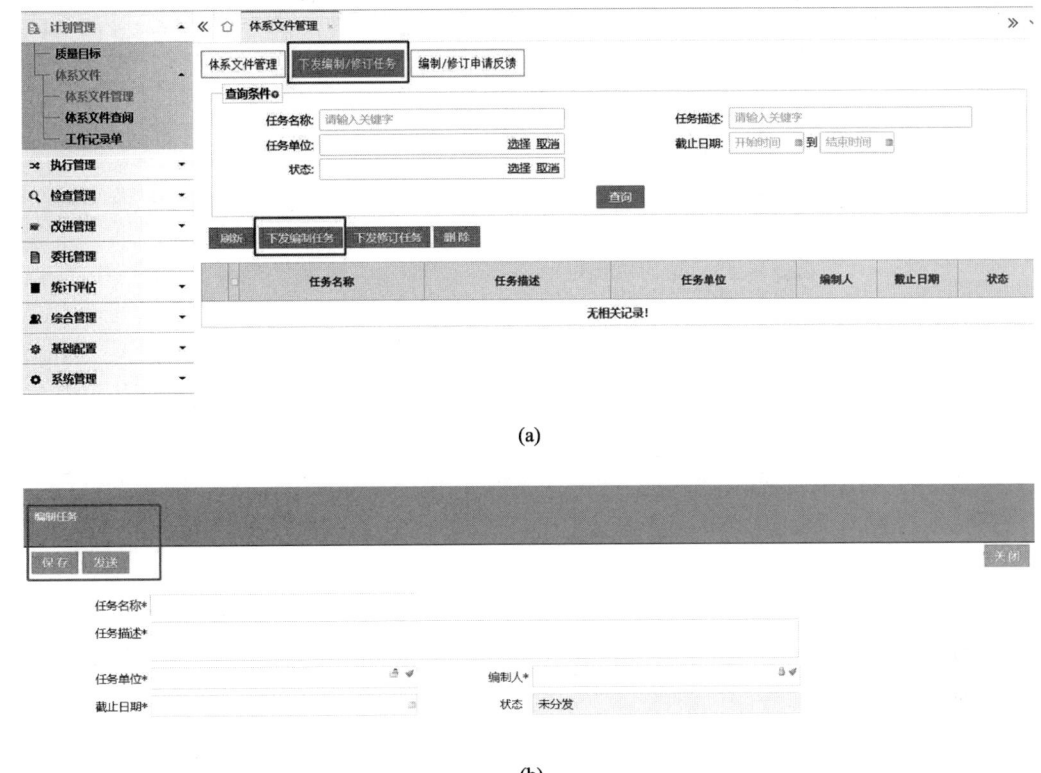

图 3.12 体系文件编制任务单界面

第四步：体系文件审批。由管理者代表进行体系文件的审批，工作指导文件无管理者代表审批环节。程序文件审批流程同第一种方式"国家级/省级质量管理员新增体系文件"的流程一致。

第五步：体系文件发布。由国家级/省级质量管理员负责发布体系文件，发布流程同第一种方式"国家级/省级质量管理员新增体系文件"的流程一致。

(3) 第三种方式：下级用户提出体系文件编制申请

这是一个自下而上提出体系文件编制需求的过程。由下级用户提出体系文件编制申请；再由国家级/省级质量管理员对申请进行审批，审批通过则启动编制任务并指定编制人，审批未通过则将审批意见以待阅事项反馈给申请人；最后由指定的编制人完成体系文件编制，由编制人所在部门的体系负责人进行体系文件初审，初审后由管理者代表进行审批，经审批通过后由国家级/省级质量管理员发布。具体操作流程如下。

第一步：提出体系文件编制申请。体系运行过程中，若现有体系文件已无法满足当前业务运行需要，体系文件使用用户可根据实际需求提出体系文件编制申请。通过左侧菜单栏"计划管理—体系文件—体系文件管理"进入体系文件列表，在"编制/修订申请"标签页点击"添加"进入编制/修订申请页面，录入申请名称、申请类型、申请描述，最后通过"办理菜单—发送"提交至国家级/省级质量管理员。体系文件编制申请单填写页面见图 3.13。

综合观测司用户则可对中国气象局体系文件提出编制申请，申请提交给国家级质量管理员审批。

第二步：体系文件编制申请的审批。国家级/省级质量管理员通过首页"待办"进入编制申请页面进行审批，录入审批结果、审批意见。若同意申请，审核结果选择"采纳"，则直接进入编制任务单页面,编制页面中的编制人默认是申请人,可进行修改。国家级/省级质量管理员录入体系文件编制截止日期,通过"办理菜单－发送"将编制任务下发至编制人,体系文件编制申请的审批页面见图3.14。

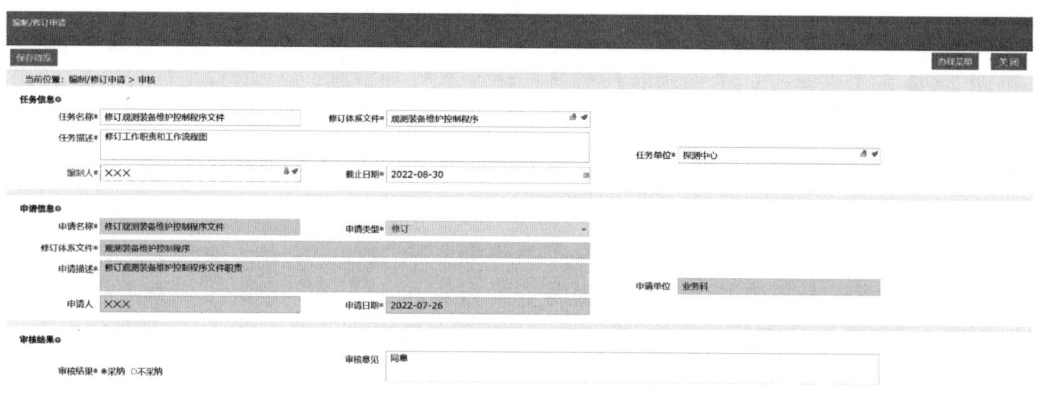

图3.13　体系文件编制申请单填写页面

图3.14　体系文件编制申请的审批页面

第三步:编制人启动体系文件编制。编制人通过首页"待办"进入任务单页面,查看具体任务要求后,点击"启动"即可进入体系文件编制页面。体系文件编制、初审、审批、发布流程同第一种方式"国家级/省级质量管理员新增体系文件"的流程一致。

【注意事项】
(1)信息系统对质量手册进行唯一性验证,同一单位只允许发布一个质量手册,在新增质量手册时,若系统中已发布有质量手册,录入基本信息后点击"保存待发"时无法保存,提示"一个单位只能存在一个质量手册"。

(2)体系文件发布后,若发现录入系统的体系文件内容与实际发布的体系文件不符时,国家级质量管理员/省级质量管理员可通过体系文件"详情"进入体系文件管理页面,点击"编辑"对体系文件进行修改。国家级质量管理员只能修改中国气象局体系文件,省级质量管理员只能修改本单位发布的体系文件。

(3)因省级质量手册中的质量目标需关联程序文件中的过程绩效,建议在添加省级质量手册中的质量目标前,先完成省级程序文件的过程绩效的录入。

(4)因系统中添加工作指导文件时需关联相关的程序文件,建议在添加工作指导文件前先完成程序文件的添加。

(5)通过下发"体系文件编制/修订任务单"的方式来修订体系文件时,指定的编制人务必在任务单中明确的截止日期前启动体系文件编制/修订,否则超过截止日期后,该任务单自动关闭,系统自动收回该待办,编制人无法再启动该体系文件编制/修订任务。

15. 如何管理体系文件?

管理体系文件是各体系建设单位在体系运行阶段,当已发布的体系文件与现行业务不符时,对本单位已发布的体系文件进行修订或作废的活动过程。中国气象局体系文件由国家级质量管理员牵头负责管理,国家级直属单位和31个(区、市)气象局的体系文件由省级质量管理员牵头负责管理。

体系建设单位可依托信息系统对已发布的体系文件进行修订和作废管理。管理方式有四种:一是由国家级/省级质量管理员修订体系文件;二是由国家级/省级质量管理员给下辖所属部门的用户下发体系文件修订任务单;三是由下级部门的用户向国家级/省级质量管理员提出体系文件修订申请;四是体系文件的作废。

(1)第一种方式:国家级/省级质量管理员修订体系文件

国家级/省级质量管理员通过"计划管理—体系文件—体系文件管理"进入体系文件列表。

第一步:修改体系文件内容。点击已发布的体系文件右侧的"修订"按钮,直接进入体系文件修订页面。

一是修改体系文件基本信息。在基本信息页,文件类型、文件编号、文件名称、版本号、发布日期、实施日期、发布单位、编制人、审核人、批准人、体系过程、部门职责等均从原体系文件获取,修订时根据实际调整进行修改;修订次数默认为自动累计,如体系文件第1次修订,修订次数则显示1;录入体系文件修订日期、修订说明、修订内容,上传修订后的体系文件文档(Word或PDF格式),选择线上或线下审批方式。以上内容修改完成后,点击"保存待发"。体系文件修订界面见图3.15。

二是修改质量方针、质量目标、记录表单、过程绩效、过程风险等。质量手册修订时,质量方针和质量目标内容从原质量手册中获取,可逐条增、删、改,操作流程与添加质量方针和质量目标一致;程序文件/工作指导文件修订时,记录表单、支持性文件、过程绩效、过程风险的内容均从原体系文件获取,修订时根据实际逐条修改。

修改完成后,通过"办理菜单—发送"提交至国家级/省级质量管理员所在部门的体系负责人进行初审。

第二步:体系文件初审。体系负责人通过首页"待办"进入体系文件修订页面,对国家级/省级质量管理员提交的程序文件进行初审,初审环节体系文件的所有内容均可修改。初审通

图 3.15　体系文件修订界面

过后,通过"办理菜单－发送"将体系文件提交管理者代表审批,初审不通过则通过"办理菜单－退回"将体系文件退回国家级/省级质量管理员重新修改。

质量手册和程序文件修订经体系负责人初审后提交给管理者代表审批,工作指导文件修订经体系负责人初审后直接发给国家级/省级质量管理员发布,无文件审批环节。

第三步:质量手册/程序文件审批。管理者代表通过首页"待办"进入体系文件修订页面,对体系负责人提交的体系文件进行审批,本环节体系文件中的所有内容不能修改,若发现内容有误,只能通过"办理菜单－退回"逐级退回,由体系负责人或国家级/省级质量管理员重新修改。审批通过后,通过"办理菜单－发送"将体系文件提交至国家级/省级质量管理员进行发布。

工作指导文件无审批环节。

第四步:体系文件发布。体系文件审批通过后,国家级/省级质量管理员通过首页"待办"进入体系文件修订页面,在发布环节体系文件中的内容也不可修改。通过"办理菜单－发送"发布文件。

(2)第二种方式:下发体系文件修订任务单

由国家级/省级质量管理员通过下发体系文件修订任务单指定相关人员修订体系文件。

第一步:下发修订任务单。国家级/省级质量管理员通过系统左侧菜单栏"计划管理－体系文件－体系文件管理"进入文件列表,在"下发编制/修订任务"标签页,点击"下发修订任务"进入修订任务页面,录入任务名称、任务描述、截止日期,选择需要修订的体系文件、任务单位和编制人,体系文件只能选择本单位已发布的体系文件,编制人可选所选任务单位下的所有用户。录入完成后点击"发送",即可将任务单下发到编制人。

第二步:启动体系文件修订。编制人通过首页"待办"进入体系文件修订任务单,查看具体任务要求后,需在任务单的截止日期前点击"启动"进入体系文件修订环节,截止日期后该任务单自动关闭,首页待办自动收回,编制人则无法启动体系文件修订。体系文件修订、初审、审批、发布流程同第一种方式"国家级/省级质量管理员修订体系文件"的流程一致。

(3)第三种方式:用户提出体系文件修订申请

由体系文件使用用户向国家级/省级质量管理员提出体系文件修订申请,再由国家级/省级质量管理员对修订申请进行审批,审批通过则启动修订任务并指定体系文件修订人,最后由指定的体系文件修订人启动体系文件修订。具体流程如下。

第一步:提出体系文件修订申请。体系文件应用部门的用户可根据业务变更提出体系文件修订申请。通过左侧菜单栏"计划管理－体系文件－体系文件管理"进入体系文件列表,在"编制/修订申请"标签页点击"添加"进入修订申请页面,申请类型选择"修订",录入申请事项名称、申请事项描述,选择拟修订的体系文件,录入完成后,通过"办理菜单－发送"提交至国家级/省级质量管理员。

第二步:体系文件修订申请的审批。国家级/省级质量管理员通过首页"待办"进入修订申请页面进行审批,录入审批结果、审批意见。若同意申请,审核结果选择"采纳",则直接进入体系文件修订任务单页面,任务单位、修订人默认是申请人(可修改),录入任务描述、体系文件修订截止日期,通过"办理菜单－发送"将修订任务下发至指定的修订人;若不同意体系文件申请,审核结果选择"不采纳",再通过"办理菜单－发送"办结本次申请,系统会同时将本次申请审批结果以待阅的形式推送给申请人。

第三步:修订人启动体系文件修订。指定的体系文件修订人通过首页"待办"进入体系文件修订任务单,需在任务单的截止日期前点击"启动"进入体系文件修订环节,若截止日期后未启动则该任务单自动关闭,首页待办自动收回,编制人则无法启动体系文件修订。体系文件修订、初审、审批、发布流程同第一种方式"国家级/省级质量管理员修订体系文件"的流程一致。

(4)第四种方式:体系文件的作废

当体系文件与现有业务不符时,质量手册、程序文件经管理者代表批准,工作指导文件经体系负责人批准后,由质量管理员负责对系统中的体系文件进行作废。中国气象局体系文件的作废由国家级质量管理员负责,国家级直属单位和31个省(区、市)气象局体系文件的作废由本单位的省级质量管理员负责。流程如下。

第一步:作废体系文件。由国家级/省级质量管理员通过"计划管理－体系文件－体系文件管理"进入体系文件列表中,勾选要作废的体系文件,点击"作废"按钮,弹出提示框"您是否要作废当前选择的体系文件?",点击"是"即可作废当前文件,见图3.16。

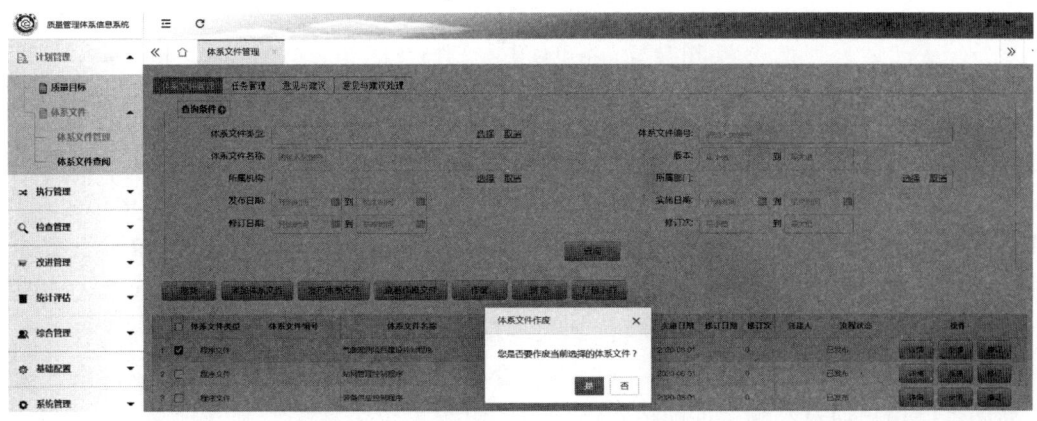

图3.16 体系文件作废流程界面

第二步：查看已作废的体系文件。国家级/省级质量管理员通过"计划管理－体系文件－体系文件管理"进入体系文件列表中，点击"查看作废文件"即可进入作废文件列表。针对某些误作废的体系文件，勾选该文件后点击"作废恢复"，可恢复已作废的文件。

16. 如何查询体系文件？

体系文件查询是各级用户在系统中对已发布的体系文件进行查阅和下载的功能。不同用户能查阅和下载的体系文件的范围不同，如综合观测司用户可查阅和下载全国各级气象部门的体系文件；4个国家级直属单位可查阅中国气象局及4个国家级直属单位的体系文件；31个省（区、市）气象局的所有用户可查阅中国气象局、4个国家级直属单位和本单位的体系文件。

第一步：本单位的体系文件查询。在"计划管理－体系文件－体系文件管理"页面，可查询本单位发布的体系文件。不同用户在该页面里可根据各自权限对体系文件进行编制、修订、作废等；还可通过查询项的文件类型、文件编号、文件名称、所属部门等查询体系文件；通过"打包下载"功能对勾选的体系文件文档进行打包下载，不勾选时直接点击"打包下载"则可以下载本单位的所有文件。国家级质量管理员和省级质量管理员还可通过"删除"功能对本单位正在编制但未发布的体系文件进行删除。本单位体系文件查阅界面见图3.17。

图3.17　本单位体系文件查阅界面

第二步：其他单位体系文件的查阅。在"计划管理－体系文件－体系文件查阅"页面，可查询本单位和其他单位的已发布的体系文件，如综合观测司用户和国家级内审员可查看全国的体系文件，国家级直属单位用户可查看中国气象局和4个国家级直属单位发布的体系文件；31个省（区、市）气象局的所有用户可查看中国气象局、4个国家级直属单位和本单位发布的体系文件。用户只能对本页面中的体系文件进行查看和下载，不能进行体系文件管理。查阅页面默认展示的是本单位已发布的体系文件，列表展示规则是：先按质量手册－程序文件－作业指导文件顺序排列，针对同类型的体系文件，再按管理过程－业务过程－支撑过程的编号顺序进行排列展示。用户通过左侧文件库树状结构中的组织单位名称来查看其他单位的体系文件，如勾选气象探测中心，列表中则展示气象探测中心已发布的体系文件；用户还可通过查询项文件类型、文件编号、文件名称、所属单位、所属部门、发布日期等查询其他单位的体系文件；通过"打包下载"功能对勾选的体系文件文档进行打包下载。全国各单位的体系文件查阅界面见图3.18。

图3.18 全国各单位的体系文件查阅界面

17. 如何统计体系文件？

体系文件统计是对已发布体系文件在各单位分布、不同文件类型的分布以及体系文件维护情况的统计。统计结果可在系统中的"统计评估－体系文件"模块中查询。

系统中所有用户均可通过"统计评估－体系文件"模块查看本单位的体系文件的分布及维护情况统计，不同权限的用户能查看的范围有所不同，如中国气象局综合观测司用户能查看全国各级气象部门体系文件的统计数据；国家级直属单位用户能查看本单位体系文件的统计数据；各省（区、市）气象局的所有用户能查看本省（区、市）体系文件的统计数据。

目前系统中体系文件按基本情况、分布情况、维护情况三类进行统计评估。具体查询方法如下。

第一类：按基本情况统计。此功能是统计各单位发布体系文件的数量。用户通过首页左侧菜单栏"统计评估－体系文件－基本情况"进入统计界面，该页面以柱状图和表格的方式展示质量手册、程序文件、工作指导文件在各单位分布的数量，表格内的数据还可以Excel方式导出。不同的用户能查看到各自权限范围内的体系文件的分布，如综合观测司用户默认展示的是综合观测司、4个国家级直属单位和31个省（区、市）气象局的分布的体系文件数量；国家级直属单位的用户默认展示的是本单位各处室发布的体系文件数量；省级用户默认展示的是省级内设机构、直属部门和各地（市、盟、州）气象局发布的体系文件数量。用户可通过"查询"项按所属部门查询某部门的体系文件数量，还可通过单击柱状图的方式到该部门的下一级部门查看体系文件的具体分布情况。体系文件基本情况统计界面见图3.19。

第二类：按分布情况查询。用户通过首页左侧菜单栏"统计评估－体系文件－分布情况"进入统计界面，该页面以柱状图和表格的方式展示各单位已发布的体系文件在管理过程、业务过程、支撑过程三大过程的分布数量。用户能查看到各自权限范围内的体系文件分布，可通过

"查询"项按所属部门查询某部门的体系文件数量,还可通过单击柱状图的方式到该部门的下一级部门查看体系文件在管理过程、业务过程、支撑过程的具体分布情况。体系文件分布情况统计界面见图3.20。

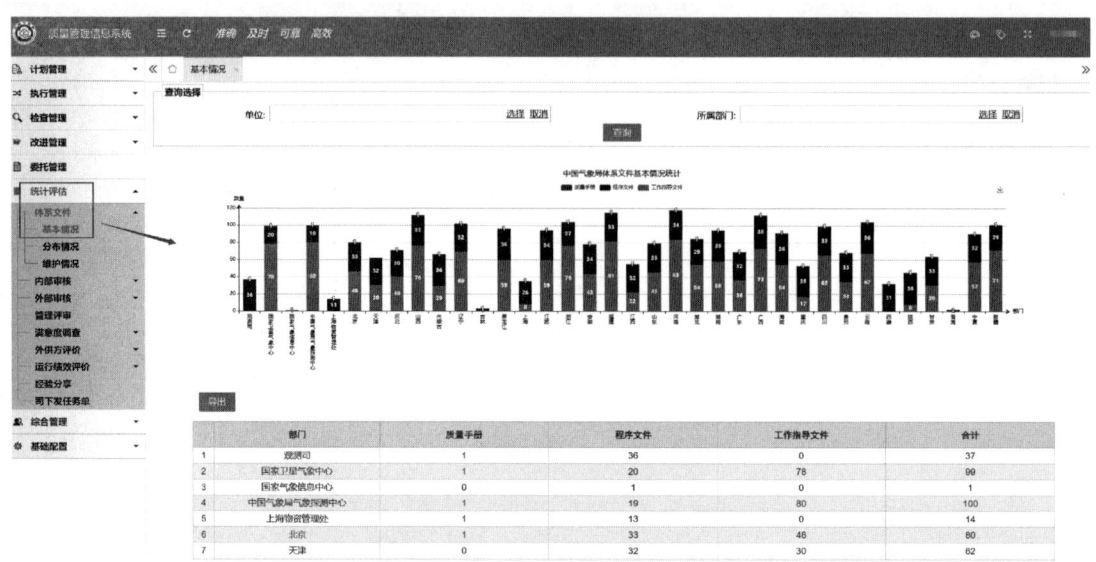

图3.19 体系文件基本情况统计界面

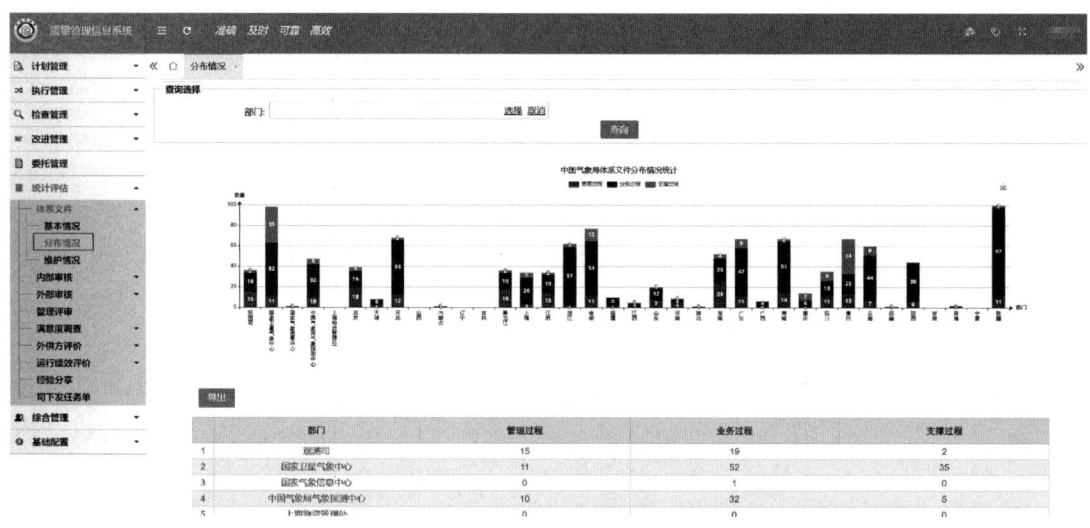

图3.20 体系文件分布情况统计界面

第三类:按维护情况查询。用户通过首页左侧菜单栏"统计评估－体系文件－维护情况"进入统计界面,该页面以柱状图和表格的方式展示各单位体系文件的新增、修订、作废数量。通过"查询"项按所属部门、时间查询某部门的体系文件维护情况,还可通过单击柱状图的方式到该部门的下一级部门查看体系文件的维护情况。体系文件维护情况统计界面见图3.21。

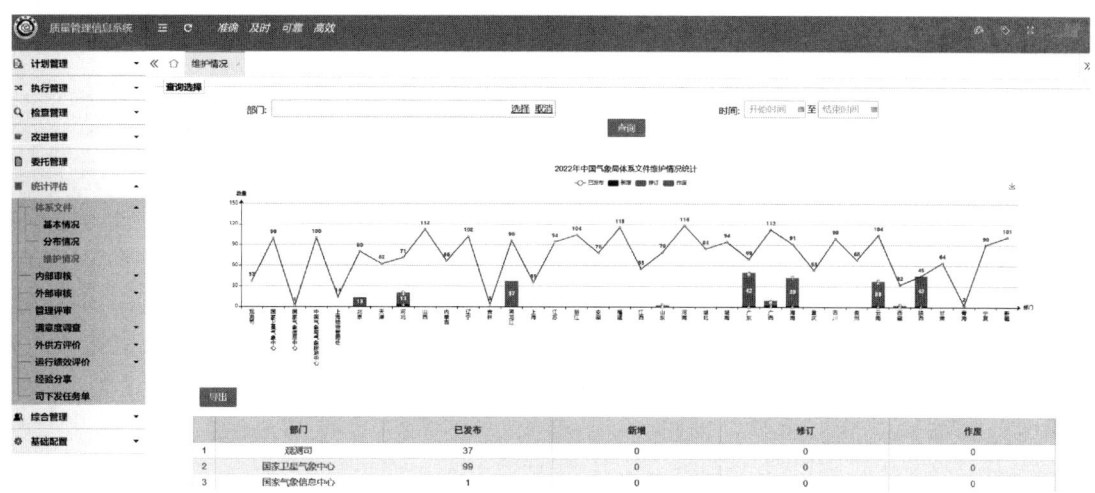

图 3.21　体系文件维护情况统计界面

【注意事项】

(1) 体系文件统计评估-分布情况统计中，仅统计程序文件、工作指导文件的数量，若分布情况和基本情况的统计数据不一致，一般是因为程序文件的基本信息中的程序文件类型未勾选，或是工作指导文件未关联程序文件。

(2) 体系文件统计评估-维护情况统计中，体系文件新增、修订数量均是根据体系文件的发布日期、修订日期进行判断统计，体系文件作废数量是根据体系文件作废时间来判断统计。

3.2　质量目标

18. 质量目标管理的业务流程是什么？

质量目标管理是以质量管理为基础，先由组织最高管理者提出组织在一定时期的总目标，然后由组织各部门根据总目标确定各自的分目标并采取相应措施实现各项质量目标的一个过程。质量目标管理是实行事前控制、事中控制和事后控制的一种全面的质量控制，主要包含质量目标制定、质量目标分解、质量目标实现、监督考核等过程。

质量目标应由气象观测质量管理体系的最高管理者主持制定，确保质量目标在质量方针所提供的框架内，并在组织的相关职能、层次和质量管理体系所需的过程中建立。

质量目标分解是实施质量目标的前提，其核心是将总质量目标自上而下层层分解到各部门、各基层单位以至具体责任人，形成质量目标体系的过程。气象观测质量管理体系的质量目标分解是按国家级、省级、地级、县级自上而下逐级进行分解，首先由综合观测司进行中国气象局质量目标的分解下发；省级接收到国家级分解的质量目标后，完成本级质量目标的分解下发；地级接收到省级分解的质量目标后，将质量目标分解下发到县级或地级各科室。通过自上而下逐级分解，将质量目标展开到各部门，实现质量目标纵向到底横向到边。质量目标分解流程见图 3.22。

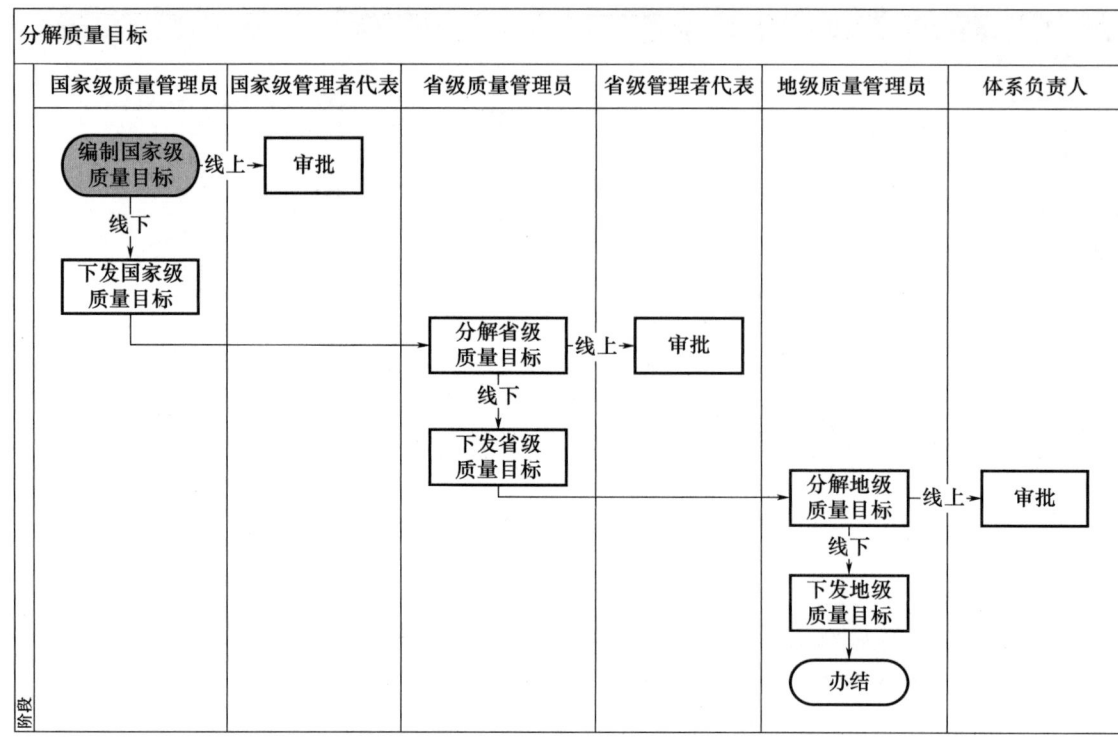

图 3.22 质量目标分解流程图

质量目标实现是国、省、地、县逐级完成质量目标分解后,由相关部门或人员采取一定措施完成本部门过程绩效目标的过程。过程绩效目标落实后,要通过信息系统进行过程绩效录入,实现过程绩效目标的可视化展示。过程绩效目标录入由过程绩效落实责任部门和责任人根据考核频次录入本部门过程绩效完成情况,并经相关人员审核后发布。过程绩效目标录入是自下而上发起,先由县级部门录入本部门的过程绩效目标完成情况,经地级管理员审核后发布;省级各职能处室录入本部门的过程绩效目标完成情况,经部门体系负责人审核后发布。

监督考核是对国、省、地、县四级各部门的过程绩效目标完成情况的统计分析,并以图表的形式展示统计分析结果。各部门在系统中录入过程绩效目标完成情况且经审核发布后,各级用户可通过监督考核模块查看本部门的质量目标完成情况。各级管理人员可通过此功能对各部门的质量目标完成情况进行统计分析,查找目标未完成的原因,督促各责任部门落实整改。

19. 如何添加单位质量方针和质量目标?

质量方针是体系认证单位的气象观测质量管理理念和展望的高度概括,与单位的总方针相一致,为整个质量管理体系的发展指明方向。质量目标是体系认证单位在质量方面为满足要求和持续改进质量管理体系有效性方面的承诺和追求的目标,通常对组织的相关职能、层次和质量管理体系所需的过程应分别建立质量目标,质量目标应包括总体质量目标、过程绩效目标两个层级,过程绩效目标是总体质量目标在过程中的展开,为实现总体质量目标提供支撑。

质量方针应由气象观测质量管理体系的最高管理者制定,质量目标应建立在质量方针的基础上,由最高管理者主持制定,每一级单位的质量目标要在上一级的质量目标的基础上建立。目前,全国各级气象部门将质量方针和总体质量目标整合到《质量手册》中,在《质量手册》

中进行描述，而过程绩效目标则在各程序文件或工作指导文件中体现。各单位在系统中录入质量手册时，需同时录入单位的质量方针和质量目标，在录入各过程的程序文件时，同时录入各过程绩效目标。质量方针和质量目标录入流程如下。

第一步：添加质量方针。在系统中添加质量手册，完成质量手册的基本信息录入并保存后，自动显示"质量方针""质量目标"标签页。进入"质量方针"标签页，通过"添加"按钮，逐条录入质量方针和释义，并明确质量方针先后排序号。本单位的质量方针存在唯一性，若系统中已录入了相同的质量方针，则该质量方针无法保存，提示"该质量方针已存在"。质量方针录入界面见图3.23。

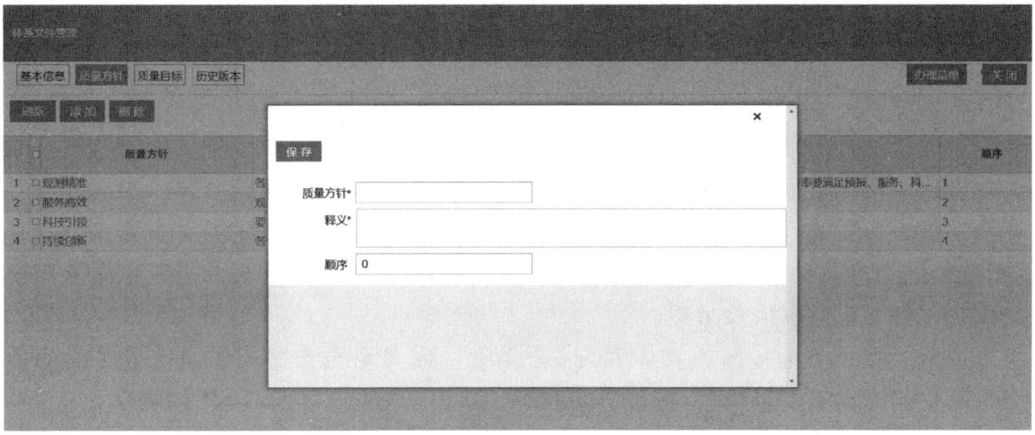

图 3.23　质量方针录入界面

第二步：添加质量目标。质量手册中的质量目标是单位的总体质量目标。质量方针录入完成后，进入"质量目标"标签页，逐条添加质量手册中的质量目标。质量目标添加时，选择目标类别、质量方针，录入目标名称、目标值、考核频次、主责部门等，在"关联体系文件""关联过程绩效"栏勾选支撑该质量目标的程序文件及相关过程绩效，程序文件和过程绩效均可多选。各省（区、市）气象局和国家级直属业务单位添加质量目标时，质量目标需关联相应的程序文件及程序文件中的过程绩效；综合观测司添加中国气象局质量目标时，无须关联相应的体系文件及过程绩效。质量目标添加界面见图3.24。

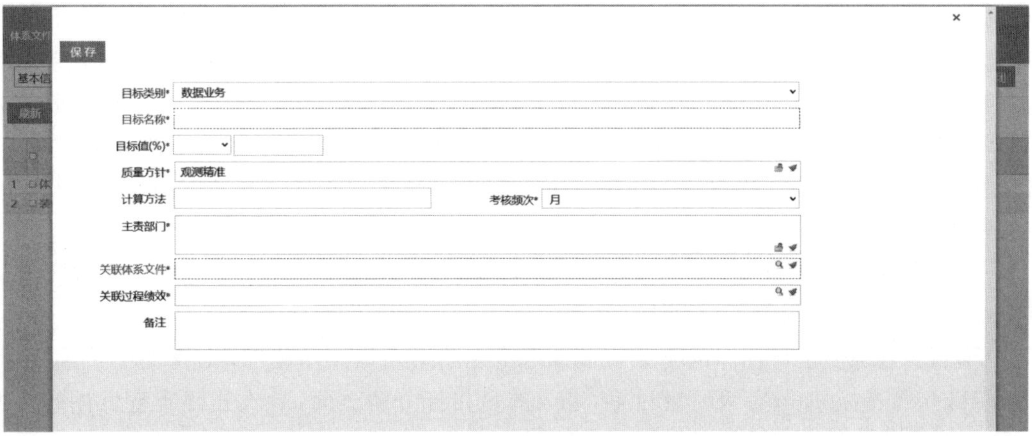

图 3.24　质量目标添加界面

第三步：质量目标生效。待质量手册发布后，质量手册中的质量目标才生效，质量管理员才可依托信息系统开展质量目标分解工作。若质量手册未发布，在"质量目标分解"环节无法获取本单位的质量目标。

> **【知识点】**
> （1）质量目标和质量方针的关系：质量方针与组织的总方针一致，为制定质量目标提供框架。质量目标通常依据组织的质量方针制定，是质量方针在各层级、职能部门以及业务过程上的具体反映。
> （2）国家级质量目标和省级质量目标的关系：每一级单位的质量目标要在上一级的质量目标的基础上建立，国家级质量目标是全国气象观测质量管理体系的具体方向和要求，各省级质量目标必须在国家级质量目标的基础上建立。
>
> **【注意事项】**
> （1）添加质量手册中的质量目标时，需关联已录入的质量方针，因此，在添加质量目标前，务必完成质量方针的录入。
> （2）省级添加质量目标时，质量目标需关联支撑该质量目标的程序文件及程序文件中的过程绩效，因此，在添加质量手册前，需完成程序文件的添加和发布。若关联的程序文件无过程绩效，则无法保存质量目标。
> （3）过程绩效是质量目标的具体表现，是质量目标实现的支撑。添加质量手册的质量目标时，所关联支撑该质量目标的过程绩效指标值需≥该质量目标值，否则提示无法关联。
> （4）质量手册中质量目标的考核频次与质量目标分解后绩效录入的频次息息相关，如质量目标的考核频次是月，在"绩效录入"环节该目标完成情况需每月录入。各单位在制定质量目标或过程绩效的考核频次时，务必要与实际工作要求相结合。

20. 如何分解质量目标（过程绩效指标）？

气象观测质量管理体系质量目标分为国家级质量目标、省级质量目标及过程绩效目标，质量目标体现在各单位的质量手册中，过程绩效目标体现在各过程程序文件或作业指导文件中。质量目标分解需按国家级、省级、地级、县级自上而下逐级进行分解，通过逐级分解，实现质量目标的横向和纵向展开。

质量目标的分解是一个自上而下逐级分解的过程，由国家级质量管理员、省级质量管理员、地级质量管理员共同完成。国家级质量管理员负责国家级质量目标的分解，待国家级质量目标分解下发后，各省级质量管理员才能启动本级质量目标的分解，同理，待省级质量目标分解下发后，各地级质量管理员才能分解本部门质量目标。质量目标分解通常在每年年初启动，由国家级质量管理员发起，逐级分解下发，地级质量管理员分解下发到责任部门后自动办结。具体流程如下。

第一步：分解国家级质量目标。分解质量目标前，要确定信息系统中已发布中国气象局质量手册，且质量手册中已添加了中国气象局质量方针和质量目标。

（1）编制国家级质量目标。国家级质量管理员在系统左侧菜单栏"计划管理—质量目标"中进入质量目标列表，添加国家级质量目标，进入质量目标分解页面，录入分解质量目标的年度和名称（每年度只能分解一次质量目标，否则提示"该质量目标存在重复数据"），保存后显示质量目标列表，在列表项逐条添加拟分解的中国气象局质量目标。国家级质量目标分解界面见图3.25。

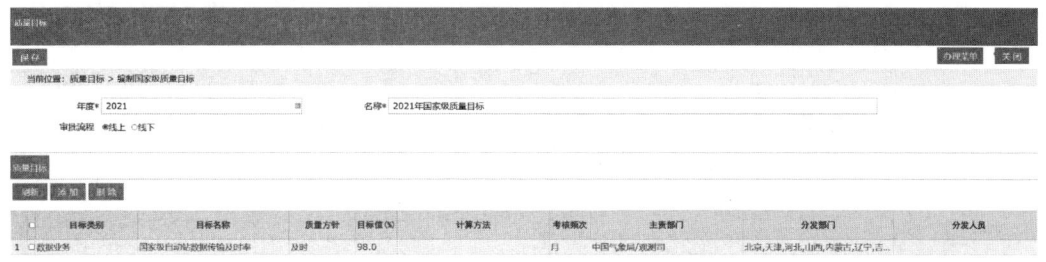

图 3.25　国家级质量目标分解界面

(2)添加需分解的质量目标。在质量目标列表,点击"添加"进入质量目标页面;选择目标类别、目标名称,目标名称是从已发布中国气象局质量手册中的质量目标获取,选择框只显示所选目标类别下的质量目标,若质量手册中未添加该类别的质量目标,选择框则无数据;勾选要添加的目标名称后,质量方针、目标值、考核频次、主责部门等信息会自动带入;选择分发部门、分发人员,分发人员默认为所选分发部门的省级质量管理员,可根据实际修改分发人员,此处的分发部门是指承担该项质量目标任务的单位。保存后该条质量目标即添加成功。质量目标需逐条添加,质量目标逐条录入完成后,通过"办理菜单－发送"提交国家级管理者代表审核(可线上或线下审核)。质量目标添加界面见图 3.26。

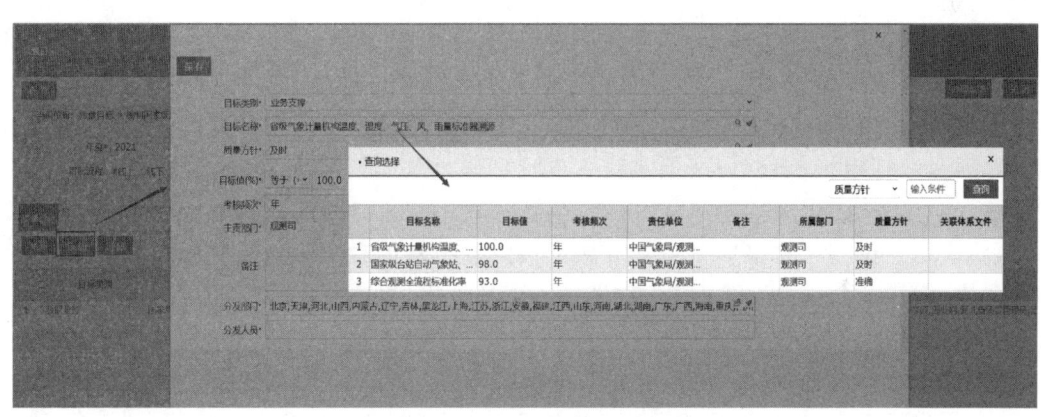

图 3.26　质量目标添加界面

(3)质量目标审核。质量目标审核由国家级管理者代表负责。线上审批时,由国家级管理者代表通过首页"待办"事项进入质量目标分解页面,对已添加的质量目标进行审核,内容可修改。审核通过后,通过"办理菜单－发送"将质量目标下发国家级质量管理员发布,审核不通过则通过"办理菜单－退回"将质量目标退回国家级质量管理员重新修改。

(4)质量目标下发。经国家级管理者代表审核通过后,国家级质量管理员从首页"待办"事项进入质量目标分解页面,通过"办理菜单－发送"下发国家级质量目标。

第二步:分解省级质量目标。国家级直属单位和 31 个省(区、市)气象局的质量目标分解均由各单位的省级质量管理员负责。待国家级质量目标分解下发后,省级质量管理员通过首页待办"质量目标分解"进入省级质量目标页面进行分解。

(1)分解质量目标。在"省级质量目标"基本信息页,质量目标列表可看到国家级分发到本单位的质量目标;选择要分解的国家级质量目标,点击"分解目标"即进入详情页,在"目标名称"栏则显示本单位质量手册中目标类别下的质量目标,勾选与国家级质量目标相关的质量目标,点击"确定"则显示本目标已分解;若需重新分解本条国家级质量目标,点击"清除"按钮即可删除已分解的质量目标,再通过"分解目标"重新分解。省级质量目标分解界面见图3.27。

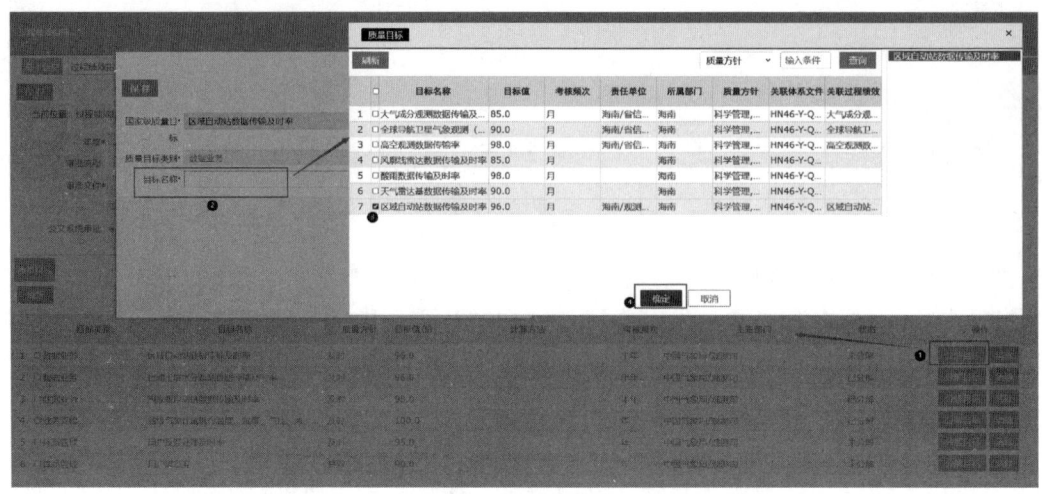

图3.27 省级质量目标分解界面

(2)选择分发部门、分发人员。逐条分解完国家级质量目标后,进入"过程绩效指标"标签页,列表中显示的是已分解的质量目标,双击质量目标名称,选择分发部门,分发人员默认为已选分发部门的地级质量管理员,点击"保存"即可。分发部门是指本省承担该项质量目标任务的省级内设机构、直属单位及各地级气象局。完成所有质量目标分发部门的录入后,在基本信息页选择质量目标审批流程(可线上或线下审批),通过"办理菜单—发送"提交至省级管理者代表审核。

(3)质量目标审核。省级质量目标分解审核由省级管理者代表负责。线上审批时,由省级管理者代表通过首页"待办"事项进入质量目标分解页面,对已分解的质量目标进行审核,内容可修改。审核通过后,通过"办理菜单—发送"将质量目标下发省级质量管理员发布,审核不通过则通过"办理菜单—退回"将质量目标退回省级质量管理员重新修改。

(4)质量目标下发。经省级管理者代表审核通过后,省级质量管理员从首页"待办"事项进入质量目标分解页面,通过"办理菜单—发送"将省级质量目标下发至分发部门。

第三步:分解地级过程绩效目标。省级内设机构、直属单位和各地级气象局的质量目标由各单位的地级质量管理员负责分解。待省级质量目标下发后,地级质量管理员可通过首页待办"分发过程绩效目标"进入过程绩效目标分发页面。

(1)分解质量目标。在"分发过程绩效目标"基本信息页,过程绩效目标列表中显示省级下发的质量目标,选择需分解的质量目标,点击"分解过程绩效"进入详情页,选择本单位的过程绩效目标,点击"保存"即分解完成。若需重新分解本条省级质量目标,点击"清除"按钮即可删除已分解的质量目标,再通过"分解目标"重新分解。

(2)选择分发部门、分发人员。逐条分解过程绩效目标后,进入"分发过程绩效目标"标签页,双击已分解的过程绩效目标栏进入详情页,选择分发部门,分发人员默认为所选分发部门的质量员,分发人员可修改。分发部门是指本单位承担该项过程绩效目标的责任部门,分发人员(部门质量员)是在"绩效录入"环节中负责录入过程绩效目标完成情况的责任人。完成所有过程绩效目标分发部门的录入后,在基本信息页选择审批流程(可线上或线下审批),通过"办理菜单—发送"将地级过程绩效提交给本单位的体系负责人审核。

（3）质量目标审核。地级过程绩效分解的审核由体系负责人负责。体系负责人通过首页"待办"事项进入过程绩效分解页面，对已分解的过程绩效进行审核，内容可修改。审核通过后，通过"办理菜单—发送"将过程绩效发给地级质量管理员发布，若审核不通过，则通过"办理菜单—退回"将过程绩效退回地级质量管理员重新修改。

（4）质量目标下发。经体系负责人审核通过后，地级质量管理员从首页"待办"事项进入，通过"办理菜单—发送"将地级过程绩效目标下发至各分发部门和分发人员。

地级过程绩效目标下发后，本年度质量目标/过程绩效目标分解完成，各责任部门可录入过程绩效目标完成情况。

【知识点】

（1）质量目标的目标类别按业务类型分为体系管理、技术发展、装备业务、数据业务、业务支撑共五大类。

（2）国家级质量目标和省级质量目标的关系是国家级质量目标必须有省级质量目标的支撑，省级质量目标必须有过程绩效作为支撑，且省级质量目标值必须大于等于中国气象局质量目标，否则质量目标无法逐级分解。

【注意事项】

（1）省级、地级分解上级质量目标时，只能关联与上级质量目标的目标类别相同的本级质量目标，且所关联的质量目标值必须大于等于上级质量目标值，否则无法分解。

（2）国家级和省级在分解质量目标前，必须在系统内完成中国气象局质量手册和本省质量手册的发布，否则分解质量目标时，目标名称选项为空白。

---

21. 如何录入过程绩效？

过程绩效目标是总体质量目标在过程中的展开，为实现总体质量目标提供支撑。系统中的过程绩效录入是指各责任部门在完成过程绩效指标后，按照过程绩效指标考核频次要求，在系统中录入本部门的过程绩效指标完成情况。

过程绩效录入是在国、省、地、县四级质量目标分解完成后，由相关责任部门自下而上按考核频次要求录入本部门过程绩效目标完成情况，录入工作由责任部门的质量员（地级质量目标分解时所选的分发人员）负责；经本部门的体系负责人审核后发布。过程绩效录入流程如下。

第一步：过程绩效责任部门录入过程绩效。过程绩效完成情况由地级过程绩效分解时所选的质量员进行录入。地级过程绩效指标分解下发后，责任部门的质量员即可通过系统左侧菜单栏"执行管理—过程绩效评价—绩效录入"进入绩效录入列表，列表中显示过程绩效录入的任务，点击"详情"进入绩效录入详情页面，双击需录入过程绩效指标，录入指标完成值、完成情况、佐证材料，审批流程选"线下"审批。本条过程绩效完成情况录入完成后，在录入页面的左上角有"发送"按钮，第一次点击"发送"启动审核流程，第二次点击"发送"则将该条过程绩效完成信息上报至体系负责人审核。

过程绩效录入的频次需按考核频次要求录入，如考核频次是半年，绩效录入界面则会出现上半年、下半年2条过程绩效录入任务，第1行录入截止时间是当年6月30日，第二行录入截止时间是当年12月31日。过程绩效完成情况录入界面见图3.28。

第二步：过程绩效录入的审核发布。质量员提交录入的过程绩效后，经体系负责人审核后

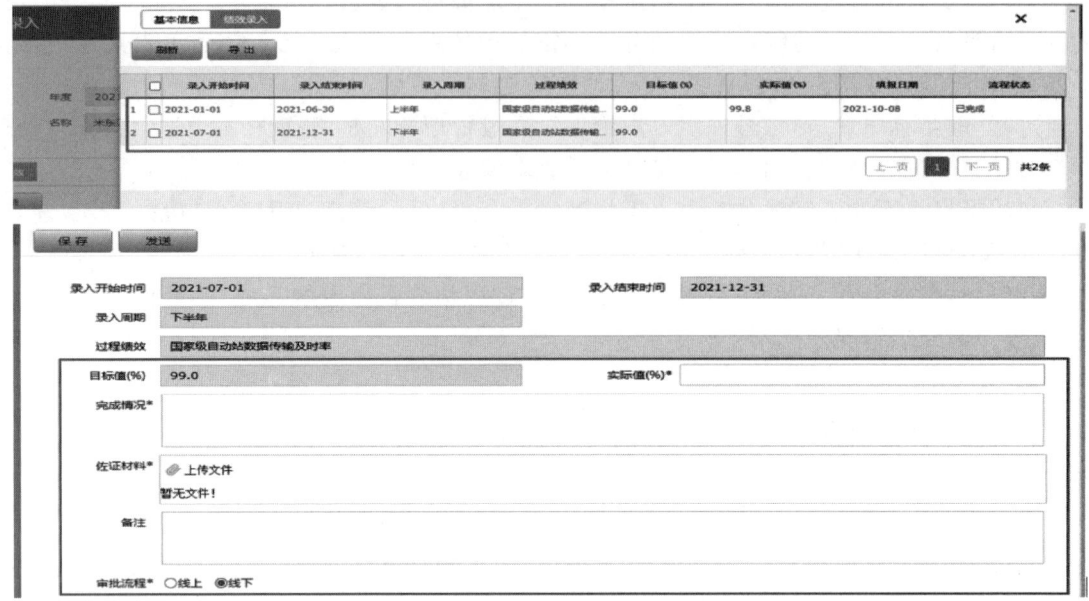

图 3.28　过程绩效完成情况录入界面

发布。体系负责人在本部门的质量员提交过程绩效信息后,通过首页的"绩效录入"待办事项进入绩效录入审核界面,审核修改质量员提交的过程绩效信息。审核无误后,通过"办理菜单－发送"进行办结,办结后即可在"监督考核"界面看到已完成的过程绩效。若审核不通过,可通过"办理菜单－退回"将过程绩效信息退回质量员重新修改。

【知识点】

过程绩效达成是质量目标分解的逆向过程,质量目标分解是自上而下逐级分解的过程,过程绩效录入是自下而上逐级录入的过程,下级过程绩效的达成是上级过程绩效达成的基础。

【注意事项】

过程绩效录入频次要求:过程绩效录入的频次和时效主要是根据质量手册中的质量目标分解时明确的目标考核频次来确定,如考核频次是年,年内过程绩效录入是 1 次,12 月 31 日前完成年度过程绩效信息录入;考核频次是半年,年内需录入过程绩效 2 次,其中 6 月 30 日前录入上半年过程绩效完成情况,12 月 31 日前录入下半年过程绩效完成情况;考核频次是月,年内需录入过程绩效 12 次,每月月底前录入本月的过程绩效完成情况。

22．如何统计过程绩效指标完成情况?

质量目标完成责任部门按考核频次在系统中录入过程绩效完成信息且审核通过后,过程绩效指标完成情况即可在监督考核模块以图表的形式进行展示。用户可通过系统左侧菜单栏"执行管理－过程绩效评价－监督考核"模块查看本单位的过程绩效指标/质量目标完成情况。

系统中所有用户均可查看本部门的过程绩效指标完成情况,不同用户的查看权限不同,综合观测司用户可查看全国的过程绩效指标完成情况,省级用户可查看全省的过程绩效指标完成情况，地级用户可查看本地（市、盟、州）的过程绩效指标完成情况，县级气象局的用户能查看本县气象局的过程绩效指标完成情况。

过程绩效指标完成情况录入且审核通过后，用户通过首页左侧菜单栏"执行管理－过程绩效评价－监督考核"进入过程绩效统计界面，过程绩效指标完成情况按历年趋势变化、组织机构、过程绩效三类进行统计展示，具体查询方法如下。

第一类：查询历年趋势变化。该页面以折线图和表格的方式展示各单位近10年来的过程绩效指标完成情况（趋势变化），默认展示质量目标总平均值。不同用户的查看权限不同，综合观测司用户默认展示全国质量目标总体完成情况，省级用户默认展示的是全省质量目标总体完成情况，地级用户默认展示的是本地（市、盟、州）质量目标总体完成情况，县级用户默认展示的是本县气象局质量目标总体完成情况。各用户还可根据本用户权限通过查询项按组织单位、年度、目标类别、目标名称查询具体的质量目标的历年趋势变化。统计结果还可以导出图片或按 Excel 文件形式导出统计报表。监督考核－历年趋势变化统计界面见图 3.29。

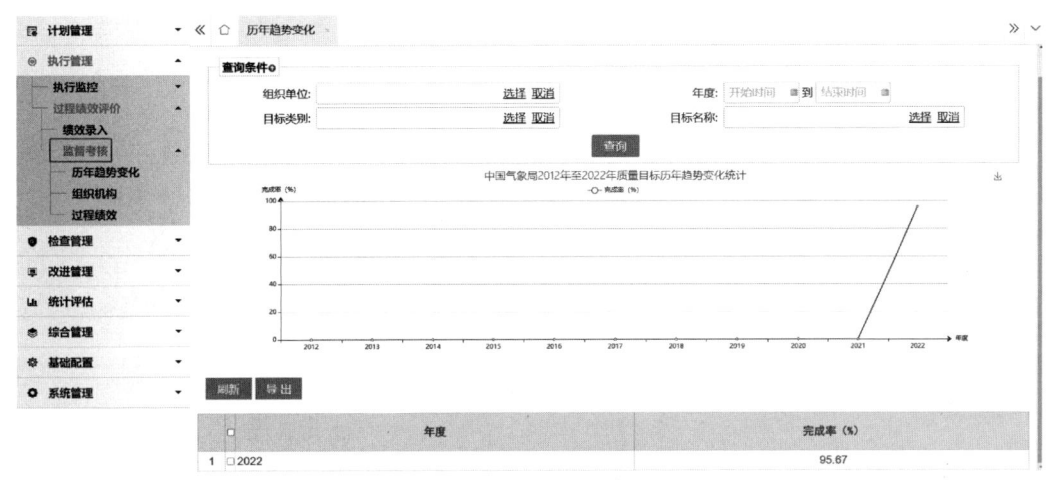

图 3.29　监督考核－历年趋势变化统计界面

第二类：按组织机构查询。该页面以柱状图和表格的方式展示各单位本年度截至当前的过程绩效指标完成情况，完成情况统计方式为汇总取平均值，取各单位的各项指标的平均值。综合观测司用户默认展示的是综合观测司、4个国家级直属单位、31个省（区、市）气象局的目标完成信息；省级用户默认展示的是本省内设机构、直属部门及所辖市气象局的目标完成信息；地级用户默认展示的是本地（市、盟、州）内设机构、直属部门及所辖县（区）气象局的目标完成信息；县级用户默认展示本县的各类目标完成信息。监督考核－组织机构统计界面见图 3.30。

国、省、地级用户还可通过单击柱状图的方式到该单位的下一级部门进行统计汇总；所有用户通过"查询"项按组织单位、时间、目标类别、目标名称对比下辖各部门的不同目标的完成情况。统计结果可以导出图片或按 Excel 文件形式导出统计报表。

第三类：按过程绩效查询。"过程绩效"查询是按目标类别、目标名称进行统计展示，以柱状图及表格的形式展示各目标的完成情况。目标完成情况是下辖所有单位的目标完成情况的汇总取平均值。用户可通过"查询"项按开始时间、结束时间、目标类别、目标名称来查询某一时段内的具体目标完成情况，统计结果可以导出图片或按 Excel 文件形式导出统计报表。

综合观测司用户默认展示中国气象局的各目标完成情况，国家级直属单位用户默认展示的是本单位的各目标完成情况,省级用户默认展示的是全省的各目标完成情况,地级用户默认展示的是本地(市、盟、州)的各目标值完成情况,县级用户默认展示的是本县的各目标完成情况。监督考核－过程绩效统计界面见图3.31。

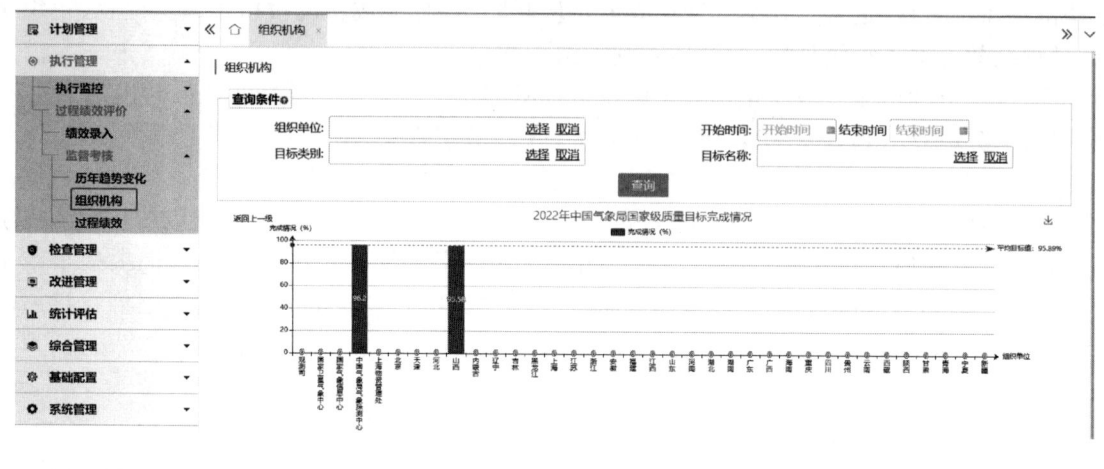

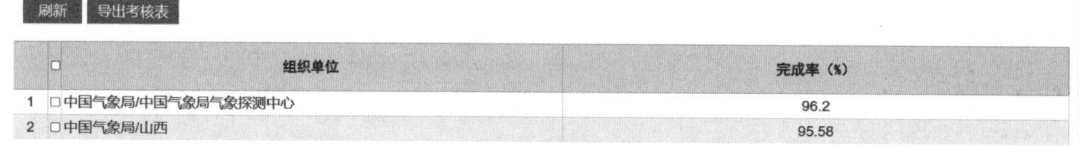

图3.30 监督考核－组织机构统计界面

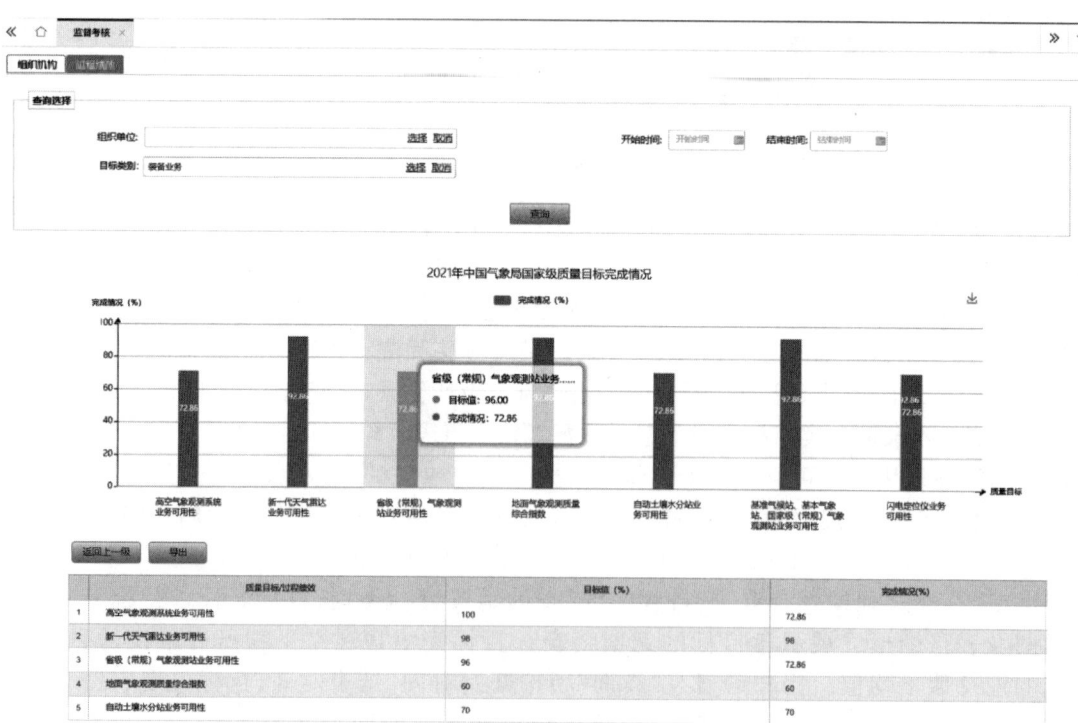

图3.31 监督考核－过程绩效统计界面

44

第 4 章 执行管理

23. 执行监控的业务流程是什么？

执行监控是依据程序文件或工作指导文件定义的业务流程，采用数据接口形式，采集业务系统中的数据结果，实现对业务过程、支撑过程、管理过程三大过程的工作流程进行有效的监控管理。执行监控工作包含过程监控配置、数据同步监控、过程留痕管理、体系执行评估。执行监控业务流程见图 4.1。

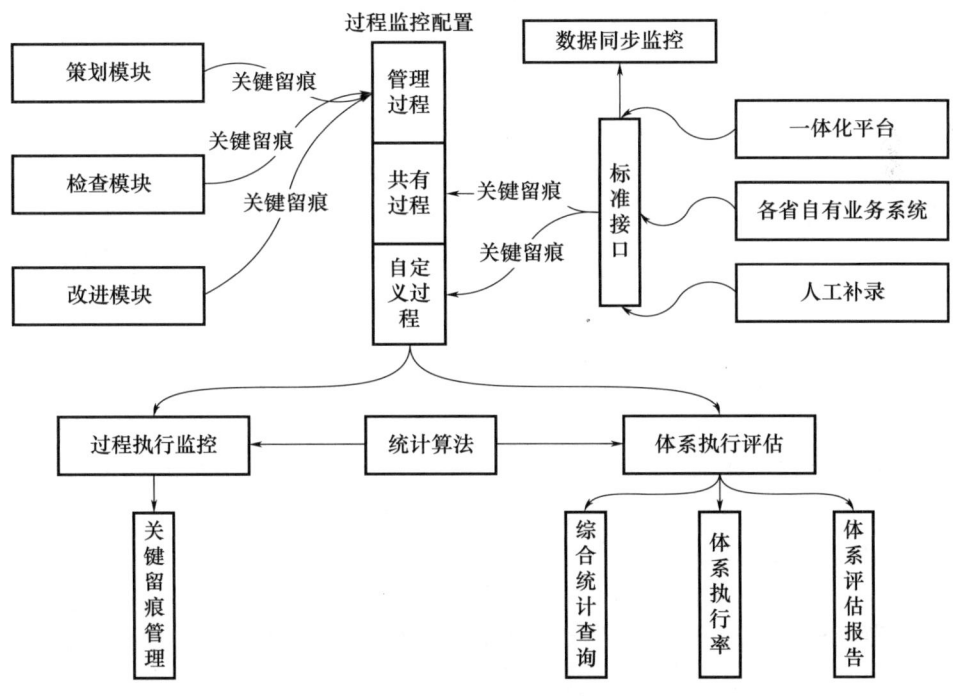

图 4.1 执行监控业务流程图
（图中的一体化平台是指综合气象观测业务运行信息化平台，下同）

过程监控配置是为实现过程活动数据采集和展现，设置过程参数、数据采集参数、展示监控参数、标准接口参数，包括业务模板管理、管理过程监控配置、共有过程配置、自定义过程配置。

数据同步监控是通过信息系统标准化接口，实现从一体化平台及各省自有业务系统体系集成，导入业务执行信息，包括信息系统管理过程数据同步监控、天元系统数据同步监控和其他平台数据同步监控。

过程留痕管理是用户按权限查询、统计本级及下级单位各个过程的留痕记录，功能包括留痕记录查询、留痕记录变更、留痕记录判定。

体系执行评估是使用统计算法，结合体系文件的工作流程对同步的过程数据进行评估分析，并以图表形式展示评估分析结果。执行评估内容包含过程是否执行、执行次数和时效是否符合要求，关键节点是否留痕、留痕是否正确等。

过程监控配置、数据同步监控、体系执行评估均由系统内置统计算法自动完成，无须人工干预。用户在执行监控模块可查询执行评估结果、过程关键留痕记录。

24. 执行监控的定位和主要工作是什么？

过程执行监控区别于业务监控系统，定位于管理、业务、支撑过程执行活动的监控，通过对管理、业务、支撑三大过程的工作流程进行有效的监控管理，对过程执行情况（含过程应执行次数、过程是否执行、执行次数和时效是否符合要求，关键节点是否留痕、留痕是否正确等）进行统计评估，并以图表形式展示评估结果。

执行监控的主要工作包括：一是从现有气象观测相关业务系统获取质量管理活动相关数据；二是依据程序文件的流程要求对获取的质量活动相关数据进行质量活动执行情况评估，并以图表形式展示评估结果；三是质量体系管理人员应用体系执行评估结果，分析体系运行中存在的问题并持续改进。

质量管理活动相关数据获取：一是建立体系执行信息采集功能，实现与一体化平台等业务系统对接，自动采集地面气象观测、天气雷达观测、风廓线雷达观测、高空气象观测、雷电观测、GNSS/MET 观测、土壤水分观测、大气成分观测的业务过程信息；二是从信息系统的计划管理、检查管理、处置管理模块获取体系管理过程信息；三是针对不同角色，依据结构化存储的体系文件，建立信息集成系统标准化接口，实现与各省自有业务系统的对接，从各省自有业务系统获取相关业务过程体系执行信息。

质量管理活动执行情况评估：依据程序文件确定的工作流程要求，建立体系执行评估统计算法，对获取的管理过程、业务过程相关数据进行分析，评估各过程是否执行、执行次数和时效是否符合要求，关键节点是否留痕、留痕是否正确等，并以图表形式展示体系执行率、应执行次数、实际执行数据等评估结果。体系执行评估结果在信息系统中的"执行管理—执行监控"模块展示，定期形成月报，将各单位的体系执行情况以待阅的方式提供给各部门的管理人员。

体系执行评估结果应用：体系管理人员通过"执行管理—执行监控"模块查看管理过程、业务过程的体系执行评估结果，对比分析各单位的体系执行率，对执行率偏低的单位或过程加强监督管理，规范过程执行。还可查看各过程的关键留痕信息，对留痕判定有误的还可提出留痕判定变更申请，经审批后系统会自动重新计算体系执行率。

25. 如何获取执行监控留痕信息？

获取执行监控留痕信息是建立体系执行信息采集功能，通过信息系统标准化接口，实现气象观测质量管理体系信息系统与现有气象观测相关业务系统的对接，自动调取对质量管理活动有关的数据、图表、文件等，并能够提供支持业务系统应用所需的相关质量管理信息。按业务类型分为管理过程留痕信息、业务过程留痕信息。

管理过程留痕信息是通过执行信息采集功能，从信息系统中计划管理、检查管理、处置管理模块自动采集文件控制、质量目标和过程绩效控制、内部审核、外部审核、不合格工作控制、管理评审、用户满意度调查、外供方评价等管理过程的关键留痕信息。

业务过程留痕信息是通过信息系统标准化接口，实现与一体化平台对接，从一体化平台自动采集地面气象观测、天气雷达观测、风廓线雷达观测、高空气象观测、雷电观测、GNSS/MET

观测、土壤水分观测、大气成分观测八大类装备的探测环境报告、站网元数据管理、装备维护、装备维修、计量检定等业务过程的关键留痕信息。

26. 如何判定业务过程留痕信息的有效性？

留痕信息的有效性是指根据程序文件的工作流程要求执行的有效的留痕记录信息。留痕信息的有效性判定是通过体系执行评估统计算法，对获取的业务过程是否执行、执行次数和时效是否符合要求、关键节点是否留痕、留痕是否正确等进行评估，并以体系执行率来表示留痕信息的判定结果。过程留痕信息有效性判定业务流程见图4.2。

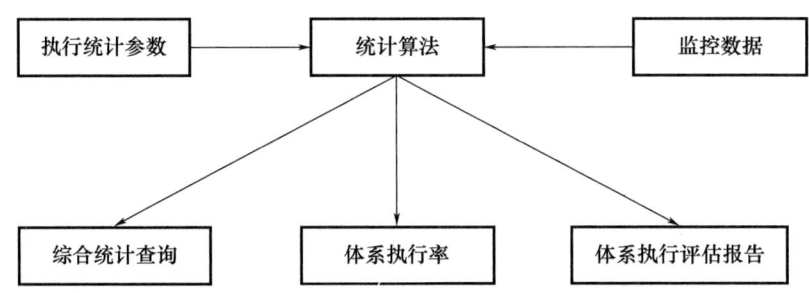

图4.2 过程留痕信息有效性判定业务流程图

根据装备类型分类，观测业务目前暂时分为新一代天气雷达观测、风廓线雷达观测、高空气象观测、地面气象观测、雷电观测、GNSS/MET观测、土壤水分观测、大气成分观测八大类，不同观测业务涉及的业务过程不同。业务过程的主要执行部门集中在各县气象局和台站，国家级、省级通常只负责管理和审批。不同的业务过程的工作要求也不相同。下面简单介绍新一代天气雷达业务、地面气象观测业务、高空气象观测业务、土壤水分观测业务的过程留痕信息的有效性判定标准。

【新一代天气雷达业务过程留痕信息有效性判定】
（1）雷达站留痕信息判定（表4.1）

表4.1 雷达站留痕信息判定

序号	过程名称	工作项	工作任务	留痕记录 关键留痕记录	留痕记录 考核标准	应留痕次数	留痕判定标准 正确留痕	留痕判定标准 漏留痕	留痕判定标准 留痕超时	数据来源
1	站网管理	站网信息管理	站点元数据更新（2个工作日）	站点元数据信息变更申请及提交时间	站网元数据变更后2个工作日内提交	不固定	站网元数据申请提交时间应该在变更时间2个工作日之内	不做判定	站网元数据申请提交时间超过变更时间2个工作日	一体化平台
2	维护定标	周维护定标	填写周维护定标记录	本周的周维护单中的定标项记录	每周1次	1次/周	本周的周维护单中有周定标项记录	无维护单或无定标项记录	不做判定	一体化平台
3	维护定标	月维护定标	填写月维护定标记录	月维护单中的定标项记录	每月1次	1次/月	月维护单中有定标项记录	无维护单或无定标项记录	不做判定	一体化平台

续表

序号	过程名称	工作项	工作任务	留痕记录			留痕判定标准			数据来源
				关键留痕记录	考核标准	应留痕次数	正确留痕	漏留痕	留痕超时	
4	维护定标	年维护定标	填写年维护定标记录	年维护单中的定标项记录	每年1次	1次/年	年维护单中有定标项记录	无维护单或无定标项记录	不做判定	一体化平台
5		年巡检定标	填写年巡检定标记录	年检定单中的定标项记录	每年1次	1次/年	年巡检单中有定标项记录	无维护单或无定标项记录	不做判定	一体化平台
6	雷达维护	日巡查	填写雷达日巡查记录	有日巡查单,且时间在当日24小时内	每日1次	每日1次	日巡视单状态是"完成";且日巡查单的记录时间、更新时间、开始和结束时间均在当日24小时内	无日巡视单（以维护开始时间计算）	状态为"完成"的日巡视单：日巡视单的记录时间或更新时间不在当日24小时内	一体化平台
7		周维护	填写周维护单	周维护单记录	每周1次	每周1次	维护单状态是"完成";周维护单的更新时间与维护结束时间间隔不超过6小时,且维护开始时间和结束时间不超过4小时	本周无维护单（以维护开始时间计算）	状态为"完成"的周维护单：周维护单的更新时间与维护结束时间间隔超过6小时,或维护开始时间和结束时间超过4小时	一体化平台
8		月维护	填写月维护单	月维护单记录	每月1次	每月1次	维护单状态是"完成";月维护单的更新时间与维护结束时间间隔小于6小时,且维护开始时间和结束时间不超过24小时	本月无月维护单（以维护开始时间计算）	状态为"完成"的月维护单：月维护单的更新时间与维护结束时间间隔超过6小时,或维护开始时间和结束时间超过24小时	
9	雷达维护	年维护	填写年维护单	年维护单记录	至少每年1次	每年1次	维护单状态是"完成";年维护单的更新时间与维护结束时间间隔不超过72小时,且维护开始时间和结束时间不超过120小时	本年度内无年维护单（以维护开始时间计算）	状态为"完成"的年维护单：年维护单的更新时间与维护结束时间间隔超过72小时,或维护开始时间和结束时间超过120小时	一体化平台

续表

序号	过程名称	工作项	工作任务	留痕记录			留痕判定标准			数据来源
				关键留痕记录	考核标准	应留痕次数	正确留痕	漏留痕	留痕超时	
10	雷达维护	年巡检	填写年巡检单	年巡检记录单	至少每年1次	每年1次	巡检单状态是"完成"：年巡检单的更新时间与维护结束时间间隔不超过72小时，且巡检开始时间和结束时间不超过120小时	本年度内无巡检单（以维护开始时间计算）	状态为"完成"的年巡检单：年巡检单的更新时间与维护结束时间间隔超过72小时，或巡检开始时间和结束时间超过120小时	一体化平台
11	雷达停机	维护性停机	填写停机通知单	停机通知单	周维护、月维护、年巡检时需填停机通知单	次数＝每周1次＋每月1次＋每年2次	状态为"已关闭"的停机通知单：提交时间与停机开始时间间隔小于1小时，且停机关闭时间与停机结束时间间隔小于1小时	本周/本月/本年度无停机通知单	状态为"已关闭"的停机通知单：提交时间与停机开始时间间隔超过1小时，或停机关闭时间与停机结束时间间隔超过1小时	一体化平台
12		维修性（特殊情况）	填写停机通知单	停机通知单	不固定	不固定	状态为"已关闭"的停机通知单：停机通知单的提交时间与停机开始时间间隔小于1小时，且停机关闭时间与停机结束时间间隔小于1小时	不做判定	状态为"已关闭"的停机通知单：停机通知单的提交时间与停机开始时间间隔超过1小时，或停机关闭时间与停机结束时间间隔超过1小时	一体化平台
13	雷达维修	雷达维修	填写维修单	雷达维修单	天气雷达故障（08—18时）汛期2小时、非汛期3小时内填写故障单，故障结束后3小时关闭故障单	不固定	状态为"审核通过"的维修单：① 汛期（5—9月）期间08—18时，故障单报告时间和开始时间不超过2小时，更新时间和故障结束时间不超过3小时。故障开始时间是18时—次日	不做判定	状态为"审核通过"的维修单：① 汛期（5—9月）期间08—18时，故障单报告时间和开始时间超过2小时，或更新时间和故障结束时间超过3小时。故障开始时间是18时—次日	一体化平台

续表

序号	过程名称	工作项	工作任务	留痕记录			留痕判定标准			数据来源
				关键留痕记录	考核标准	应留痕次数	正确留痕	漏留痕	留痕超时	
13	雷达维修						08时,故障单报告时间在次日10时之前。②非汛期期间,08—18时故障单报告时间和开始时间不超过3小时,更新时间和故障结束时间间隔不超过3小时。故障开始时间是18时—次日08时的,故障单报告时间在次日10时之前		08时,故障单报告时间在次日10时之后。②非汛期期间,08—18时故障单报告时间和开始时间超过3小时,或更新时间和故障结束时间间隔超过3小时。故障开始时间是18时—次日08时的,故障单报告时间在次日10时之后	

(2)地级、省级、国家级留痕信息判定(表4.2)

表4.2 地级、省级、国家级留痕信息判定

级别	过程名称	工作项	工作任务	留痕记录			留痕判定标准			数据来源
				关键留痕记录	考核标准	应留痕次数	正确留痕	漏留痕	留痕超时	
地级	站网管理	站网信息管理	雷达站元数据变更审核	雷达站元数据信息变更审核时间	雷达站元数据变更提交后2个工作日内审核	不固定	雷达站元数据审核时间在县级(雷达站)提交时间2个工作日之内	有站网变更审批待办且未办理	地级审核站网变更申请时间与县级提交时间间隔超过2个工作日	一体化平台
	站网管理	站网信息管理	雷达站元数据变更审核(3个工作日)	雷达站元数据信息变更审核及审核时间	地级审核提交后3个工作日内审核	不固定	省级审核时间应该在地级提交时间3个工作日之内	有审批待办且未办理	省级审核时间与地级提交时间间隔超过3个工作日	一体化平台
省级	雷达停机	停机通知单审核	维修性通知单、特殊情况停机通知单审核	停机通知单的意见列表	维修性通知单和特殊情况通知单有审核记录	次数=雷达站上报的维修性停机通知单数量+特殊通知单数量	有维修性停机通知单、特殊情况停机通知单时,有审核意见	维修性通知单、特殊情况停机通知单(状态为审核中)无审核意见	不做判定	一体化平台

续表

级别	过程名称	工作项	工作任务	留痕记录		留痕判定标准			数据来源
				关键留痕记录	考核标准	应留痕次数	正确留痕	漏留痕	留痕超时	
省级	雷达维修	雷达维修审核	维修单审核	维修单的业务日志中的审核意见	雷达维修单有审核记录	次数=雷达站上报的维修单数量	有维修单时,业务日志中有审核通过的意见	有维修单已提交(状态为已关闭)无审核意见	不做判定	一体化平台
国家级	站网管理	站网信息管理	雷达站元数据变更审核(3个工作日)	雷达站元数据信息变更审核及审核时间	省级审核提交后3个工作日内审核	不固定	国家级审核时间应该在省级提交时间3个工作日之内	有审批待办且未办理	国家级审核时间与省级提交时间间隔超过3个工作日	一体化平台

【地面气象观测(国家站观测)业务过程留痕信息有效性判定】

(1)县站留痕信息判定(表4.3)

表4.3 县站留痕信息判定

过程名称	工作项	工作任务	留痕记录		留痕判定标准			数据来源
			关键留痕记录	考核标准	应留痕次数	正确留痕	漏留痕	留痕超时	
站网管理	站网信息管理	站点元数据更新	站点元数据信息变更申请及提交时间	站点元数据变更后2个工作日内提交元数据变更申请	台站实际提交的申请单数量	站网元数据申请提交时间应该在变更时间2个工作日之内	不做判定	站网元数据申请提交时间超过变更时间2个工作日	一体化平台
	探测环境保护	探测环境月报上报	探测环境月报告及台站提交时间	每月第1个工作日上报探测环境月报告	每月1次/国家站	国家站探测环境月报告提交时间在每月第1个工作日	本月无探测环境月报告	国家站探测环境月报告提交时间在每月第1个工作日23:59之后	一体化平台
装备维护	周维护	填写周维护单	周维护单记录	每周按要求填报1次周维护单	每周1次	状态为"完成"的周维护单;周维护单的更新时间与维护结束时间间隔≤24小时(以维护开始时间作为统计依据)	本周无维护单	状态为"完成"的周维护单;周维护单的更新时间与维护结束时间间隔超过24小时	一体化平台
	月维护	填写月维护单	月维护单记录	每月按要求填报1次月维护单	每月1次	状态为"完成"的月维护单;月维护单的更新时间与维护结束时间间隔≤24小时(以维护开始时间作为统计依据)	本月无月维护单	状态为"完成"的月维护单;月维护单的更新时间与维护结束时间间隔超过24小时	一体化平台

续表

过程名称	工作项	工作任务	留痕记录			留痕判定标准			数据来源
			关键留痕记录	考核标准	应留痕次数	正确留痕	漏留痕	留痕超时	
装备维护	年维护	填写年维护单	年维护单记录	每年按要求填报1次年维护单	每年1次	状态为"完成"的年维护单：年维护单的更新时间与维护结束时间间隔≤24小时	本年度内无年维护单（以维护开始时间作为统计依据）	状态为"完成"的年维护单：年维护单的更新时间与维护结束时间间隔超过24小时	一体化平台
停机通知	停机通知单	填写停机通知单	停机通知单及提交时间、更新时间、停机开始时间和结束时间	停机单提交时间与停机开始时间间隔≤1小时，且停机单的更新时间与停机结束时间间隔≤1小时	一体化已填报的停机通知单数量	状态为"已关闭"的停机通知单：提交时间与停机开始时间间隔≤1小时，且更新时间与停机结束时间间隔≤1小时	不做判定	状态为"已关闭"的停机通知单：提交时间与停机开始时间间隔超过1小时，或更新时间与停机结束时间间隔超过1小时	一体化平台
故障维修	国家站维修	填写维修单	维修单记录：维修单编号、报告时间、更新时间、开始时间、结束时间	国家站故障（08时至18时）汛期2小时、非汛期3小时内填写故障单，故障结束后3小时关闭故障单	不固定	状态为"已关闭"或"审核通过"的维修单：①汛期（5—9月）期间故障开始时间是08—18时的，故障单报告时间和开始时间≤2小时，且更新时间和故障结束时间≤3小时；故障开始时间是18时—次日08时的，故障单报告时间在次日10时之前，且更新时间和故障结束时间≤3小时。②非汛期（10月—次年4月）期间，故障开始	不做判定	状态为"已关闭"或"审核通过"的维修单：①汛期（5—9月）期间故障开始时间是08—18时的，故障单报告时间和开始时间超过2小时，且更新时间和故障结束时间超过3小时；故障开始时间是18时—次日08时的，故障单报告时间在次日10时之前，且更新时间和故障结束时间超过3小时。②非汛期（10月—次年4月）期间，故障开始	一体化平台

续表

过程名称	工作项	工作任务	留痕记录 关键留痕记录	留痕记录 考核标准	留痕记录 应留痕次数	留痕判定标准 正确留痕	留痕判定标准 漏留痕	留痕判定标准 留痕超时	数据来源
故障维修						时间是08—18时的,故障单报告时间和开始时间≤3小时,且更新时间和故障结束时间间隔≤3小时;故障开始时间是18时—次日08时的,故障单报告时间在次日10时之前,且更新时间和故障结束时间≤3小时		时间是08—18时的,故障单报告时间和开始时间超过3小时,且更新时间和故障结束时间间隔超过3小时;故障开始时间是18时—次日08时的,故障单报告时间在次日10时之后,且更新时间和故障结束时间超过3小时	

(2)地级、省级、国家级留痕信息判定(表4.4)

表4.4 地级、省级、国家级留痕信息判定

级别	过程名称	工作项	工作任务	留痕记录 关键留痕记录	留痕记录 考核标准	留痕记录 应留痕次数	留痕判定标准 正确留痕	留痕判定标准 漏留痕	留痕判定标准 留痕超时	数据来源
地级	站网管理	站网信息管理	站点元数据变更审核	站点元数据信息变更审核时间	站点元数据变更申请提交后2个工作日内审核	本地下辖所有台站实际提交的申请单数量	站点元数据地级审核时间在县级(国家站)提交时间的2个工作日之内	有站点元数据变更审批待办且未办理	站点元数据地级审核时间与县级(国家站)提交时间超过2个工作日	一体化平台
地级	站网管理	探测环境保护	探测环境月报地级汇总	探测环境月报告:地级汇总时间	每月第3个工作日汇总台站提交的探测环境月报告	本地下辖台站的总数量	探测环境月报告地级汇总时间在每月第3个工作日23:59之前	本月未汇总探测环境月报告	探测环境月报地级汇总提交时间在每月第3个工作日23:59之后	一体化平台
省级	站网管理	站网信息管理	站点元数据变更省级审核	站点元数据信息变更省级审核时间	地级审核提交后3个工作日内完成省级审核	本省下辖地级审核提交的变更单数量	省级审核时间应在地级审核提交的3个工作日之内	有地级提交的审核待办且未办理	省级审核时间与地级审核时间间隔超过3个工作日	一体化平台

续表

级别	过程名称	工作项	工作任务	留痕记录 关键留痕记录	留痕记录 考核标准	留痕记录 应留痕次数	留痕判定标准 正确留痕	留痕判定标准 漏留痕	留痕判定标准 留痕超时	数据来源
省级	站网管理	探测环境保护	探测环境月报省级汇总	探测环境月报告：省级审批时间	每月第5个工作日汇总审批地级提交的探测环境月报告	本省下辖台站的总数量	探测环境月报告省级审批时间应在每月第5个工作日23:59之前	本月省级未汇总审批探测环境月报告	探测环境月报告省级审批时间在每月第5个工作日23:59之后	一体化平台
国家级	站网管理	站网信息管理	站点元数据变更国家级审核	站点元数据信息变更国家级审核时间	省级审核提交后3个工作日内完成国家级审核	省级提交的变更单数量	国家级审核时间应在省级审核提交时间的3个工作日之内	有省级提交的审核待办且未办理	国家级审核时间与省级提交时间间隔超过3个工作日	一体化平台
国家级	站网管理	探测环境保护	探测环境月报国家级汇总	探测环境月报告：国家级汇总时间	每月第7个工作日汇总审批省级提交的探测环境月报告	全国台站的总数量	探测环境月报告国家级汇总时间应在每月第7个工作日23:59之前	本月国家级未汇总探测环境月报告	探测环境月报告国家级汇总时间在每月第7个工作日23:59之后	一体化平台

【高空气象观测业务过程留痕信息有效性判定】

(1)高空站留痕信息判定(表4.5)

表4.5 高空站留痕信息判定

序号	过程名称	工作项	工作任务	留痕记录 关键留痕记录	留痕记录 考核标准	留痕记录 应留痕次数	留痕判定标准 正确留痕	留痕判定标准 漏留痕	留痕判定标准 留痕超时	数据来源
1	站网管理	站网信息管理	站点元数据更新(2个工作日)	站点元数据信息变更申请及提交时间	站网元数据变更后2个工作日内提交	平台中已提交的站网信息变更申请数量	站网元数据申请提交时间应该在变更时间2个工作日之内	不做判定	站网元数据申请提交时间超过变更时间2个工作日	一体化平台
2	装备维护	周维护	填写周维护单	周维护单记录	每周1次	每周1次	维护单状态是"完成"：周维护单的更新时间与维护结束时间间隔不超过24小时	本周无维护单(以维护开始时间计算)	状态为"完成"的周维护单：周维护单的更新时间与维护结束时间间隔超过24小时	一体化平台
3	装备维护	月维护	填写月维护单	月维护单记录	每月1次	每月1次	维护单状态是"完成"：月维护单的更新时间与维护结束时间间隔不超过24小时	本月无月维护单(以维护开始时间计算)	状态为"完成"的月维护单：月维护单的更新时间与维护结束时间间隔超过24小时	一体化平台

续表

序号	过程名称	工作项	工作任务	留痕记录 关键留痕记录	留痕记录 考核标准	留痕记录 应留痕次数	留痕判定标准 正确留痕	留痕判定标准 漏留痕	留痕判定标准 留痕超时	数据来源
4	装备维护	年维护	填写年维护单	年维护单记录	每年1次	每年1次	维护单状态是"完成":年维护单的更新时间与维护结束时间间隔不超过24小时	本年度内无年维护单(以维护开始时间计算)	状态为"完成"的年维护单:年维护单的更新时间与维护结束时间间隔超过24小时	一体化平台
5	停机通知	停机通知单	填写停机通知单	停机通知单	停机单提交时间与停机开始时间间隔小于1小时,且停机关闭时间与停机结束时间间隔小于1小时	一体化平台中已填报的停机通知单数量	状态为"已关闭"的停机通知单:提交时间与停机开始时间间隔小于1小时,且更新时间与停机结束时间间隔小于1小时	不做判定	状态为"已关闭"的停机通知单:提交时间与停机开始时间间隔超过1小时,或更新时间与停机结束时间间隔超过1小时	一体化平台
6	装备维修	故障维修单	填写维修单	维修单记录	探空系统故障3小时内填写故障单,故障结束后3小时关闭故障单	一体化平台中已填报的维修单数量	状态为"审核通过""已关闭"的维修单:故障单报告时间和开始时间不超过3小时,且更新时间和故障结束时间不超过3小时	不做判定	状态为"审核通过""已关闭"的维修单:故障单报告时间和开始时间超过3小时,或更新时间和故障结束时间超过3小时	一体化平台

(2)地级、省级、国家级留痕信息判定(表4.6)

表4.6 地级、省级、国家级留痕信息判定

级别	过程名称	工作项	工作任务	留痕记录 关键留痕记录	留痕记录 考核标准	留痕记录 应留痕次数	留痕判定标准 正确留痕	留痕判定标准 漏留痕	留痕判定标准 留痕超时	数据来源
地级	站网管理	站网信息管理	高空站元数据信息变更审核	高空站元数据信息变更审核时间	高空站元数据信息变更提交后2个工作日内审核	不固定	高空站元数据审核时间在县级(雷达站)提交时间2个工作日之内	有站网变更审批待办且未办理	地级审核站网变更申请时间与县级提交时间间隔超过2个工作日	一体化平台

续表

级别	过程名称	工作项	工作任务	留痕记录			留痕判定标准			数据来源
				关键留痕记录	考核标准	应留痕次数	正确留痕	漏留痕	留痕超时	
省级	站网管理	站网信息管理	高空站元数据变更审核(3个工作日)	高空站元数据信息变更审核及审核时间	地级审核提交后3个工作日内审核	不固定	省级审核时间应该在地级提交时间3个工作日之内	有审批待办且未办理	省级审核时间与地级提交时间间隔超过3个工作日	一体化平台
国家级	站网管理	站网信息管理	高空站元数据变更审核(3个工作日)	高空站元数据信息变更审核及审核时间	省级审核提交后3个工作日内审核	不固定	国家级审核时间应该在省级提交时间3个工作日之内	有审批待办且未办理	国家级审核时间与省级提交时间间隔超过3个工作日	一体化平台

【土壤水分观测业务过程留痕信息有效性判定】

(1)土壤水分站留痕信息判定(表4.7)

表4.7 土壤水分站留痕信息判定

序号	过程名称	工作项	工作任务	留痕记录			留痕判定标准			数据来源
				关键留痕记录	考核标准	应留痕次数	正确留痕	漏留痕	留痕超时	
1	站网管理	站网信息管理	站点元数据更新(2个工作日)	站点元数据信息变更申请及提交时间	站网元数据变更后2个工作日内提交	平台中已提交的站网信息变更申请数量	站网元数据申请提交时间应该在变更时间2个工作日之内	不做判定	站网元数据申请提交时间超过变更时间2个工作日	一体化平台
2	装备维护	月维护	填写月维护单	月维护单记录	每月1次	每月1次	维护单状态是"完成":月维护单的更新时间与维护结束时间间隔不超过24小时	本月无月维护单(以维护开始时间计算)	状态为"完成"的月维护单:月维护单的更新时间与维护结束时间间隔超过24小时	一体化平台
3		年维护	填写年维护单	年维护单记录	每年1次	每年1次	维护单状态是"完成":年维护单的更新时间与维护结束时间间隔不超过24小时	本年度内无年维护单(以维护开始时间计算)	状态为"完成"的年维护单:年维护单的更新时间与维护结束时间间隔超过24小时	一体化平台
4	停机通知	停机通知单	填写停机通知单	停机通知单	停机单提交时间与停机开始时间间隔小于1小	一体化已填报的停机通知单数量	状态为"已关闭"的停机通知单:提交时间与停机开始时间间隔小于1	不做判定	状态为"已关闭"的停机通知单:提交时间与停机开始时间间隔超过1	一体化平台

续表

序号	过程名称	工作项	工作任务	留痕记录 关键留痕记录	留痕记录 考核标准	应留痕次数	留痕判定标准 正确留痕	留痕判定标准 漏留痕	留痕判定标准 留痕超时	数据来源
4	停机通知				时,且停机关闭时间与停机结束时间间隔小于1小时		小时,且更新时间与停机结束时间间隔小于1小时		小时,或更新时间与停机结束时间间隔超过1小时	
5	装备维修	故障维修	填写维修单	维修单记录	设备故障汛期(5—9月)6小时内、非汛期(10月—次年4月)12小时内填写故障单,故障结束后3小时关闭故障单	一体化平台中已填报状态为"审核通过""已关闭"的维修单数量	状态为"审核通过""已关闭"的维修单:① 汛期期间(5—9月)设备故障开始时间是08—18时的,故障单报告时间和开始时间不超过6小时,且更新时间和故障结束时间不超过3小时;故障开始时间是18时—次日08时的,故障单报告时间在次日10时之前,更新时间和故障结束时间间隔不超过3小时。② 非汛期期间(10月—次年4月),故障开始时间08—18时的,故障单报告时间和开始时间不超过12小时,更新时间和故障结束时间间隔不超过3小时;故障开始时间是18时—次日	不做判定	状态为"审核通过""已关闭"的维修单:① 汛期期间(5—9月)设备故障开始时间是08—18时的,故障单报告时间和开始时间超过6小时,或更新时间和故障结束时间超过3小时;故障开始时间是18时—次日08时的,故障单报告时间在次日10时之后,或更新时间和故障结束时间间隔超过3小时。② 非汛期期间,故障开始时间08—18时的,故障单报告时间和开始时间超过12小时,或更新时间和故障结束时间间隔超过3小时;故障开始时间是18时—次日08时的,故障单报告时间在次日10时	一体化平台

续表

序号	过程名称	工作项	工作任务	留痕记录			留痕判定标准			数据来源
				关键留痕记录	考核标准	应留痕次数	正确留痕	漏留痕	留痕超时	
5	装备维修						08时的，故障单报告时间在次日10时之前，更新时间和故障结束时间间隔不超过3小时		之后，或更新时间和故障结束时间间隔超过3小时	

（2）地级、省级、国家级留痕信息判定（表4.8）

表4.8 地级、省级、国家级留痕信息判定

级别	过程名称	工作项	工作任务	留痕记录			留痕判定标准			数据来源
				关键留痕记录	考核标准	应留痕次数	正确留痕	漏留痕	留痕超时	
地级	站网管理	站网信息管理	土壤水分站元数据变更审核	土壤水分站元数据信息变更审核时间	土壤水分站元数据变更提交后2个工作日内审核	不固定	土壤水分站元数据审核时间在县级（土壤水分站）提交时间2个工作日之内	有站网变更审批待办且未办理	地级审核站网变更申请时间与县级提交时间间隔超过2个工作日	一体化平台
省级	站网管理	站网信息管理	土壤水分站元数据变更审核（3个工作日）	土壤水分站元数据信息变更审核及审核时间	地级审核提交后3个工作日内审核	不固定	省级审核时间应该在地级提交时间3个工作日之内	有审批待办且未办理	省级审核时间与地级提交时间间隔超过3个工作日	一体化平台
国家级	站网管理	站网信息管理	土壤水分站元数据变更审核（3个工作日）	土壤水分站元数据信息变更审核及审核时间	省级审核提交后3个工作日内审核	不固定	国家级审核时间应该在省级提交时间3个工作日之内	有审批待办且未办理	国家级审核时间与省级提交时间间隔超过3个工作日	一体化平台

27. 如何判定管理过程留痕信息的有效性？

执行监控中的管理过程含体系文件、质量目标和过程绩效指标、内部审核、外部审核、不合格、管理评审、用户满意度、外供方评价等。各管理过程留痕信息的有效性判定是指根据相关程序文件的工作流程要求，通过体系执行评估统计算法对管理过程是否执行、执行次数和时效是否符合要求、关键节点是否留痕、留痕是否正确等进行评估，以体系执行率来表示留痕信息的判定结果。

各管理过程留痕信息的有效性要求因国、省、地、县四级各管理过程的工作流程和要求不同，其留痕信息的有效性判定标准不一致，具体如下。

【国家级管理过程留痕信息有效性判定】(表 4.9)

表 4.9 国家级管理过程留痕信息有效性判定

序号	过程名称	工作任务	留痕记录 关键留痕记录	留痕记录 考核标准	应留痕次数	留痕判定标准 正确留痕	留痕判定标准 漏留痕	留痕判定标准 留痕超时	数据来源
1	文件控制	中国气象局体系文件编制、修订及发布	体系文件编制/修订的发布时间	年内至少编制/修订1个体系文件	1次	体系文件编制/修订的发布时间在考核年度1月1日至12月31日期间	体系文件未修订或未发布	不做判定	QMS信息系统—计划管理
2	质量目标管理	分解国家级质量目标	国家级质量目标分解及发布时间	每年分解下发1次	1次	国家级质量目标分解的发布时间在考核年度1月1日至12月31日期间	质量目标未分解或未办结	不做判定	QMS信息系统—计划管理
3		编制和发布全国内审计划	发布内审计划及发布时间	每年至少1次	1次	有内审计划	无内审计划	不做判定	QMS信息系统—检查管理
4	内部审核	录入内审不符合项和改进建议项	有不符合项和改进建议项	至少录入1条	1次	有录入不符合项或改进建议项	不符合项或改进建议项无数据	不做判定	QMS信息系统—检查管理
5		发布全国内审报告	发布内审报告及发布时间	每年发布1个全国内审报告	1次	发布全国内审报告	未发布全国内审报告	不做判定	QMS信息系统—检查管理
6		上传外审计划	上传综合观测司外审计划	每年1个计划	1次	年度内有综合观测司外审计划	无外审计划	不做判定	QMS信息系统—检查管理
7	外部审核	录入外审不符合项和改进建议项	有不符合项或改进建议项	每年至少1条	1次	有录入不符合项或改进建议项	外审不符合项和改进建议项均无数据	不做判定	QMS信息系统—检查管理
8		上传外审报告	有综合观测司外审报告	每年1个报告	1次	有综合观测司外审报告	无外审报告	不做判定	QMS信息系统—检查管理
9	不合格控制	内审不合格整改	内审不合格整改、审核、验证通过	随机	不固定	内审不合格项整改验收通过且未逾期	内审不合格项未整改或已整改未验证	不合格项整改逾期	QMS信息系统—检查管理
10		外审不合格整改	外审不合格整改、审核、验证通过	随机	不固定	外审不合格项整改验收通过且未逾期	外审不合格项未整改或已整改未验证	不合格项整改逾期	QMS信息系统—检查管理

续表

序号	过程名称	工作任务	留痕记录			留痕判定标准			数据来源
			关键留痕记录	考核标准	应留痕次数	正确留痕	漏留痕	留痕超时	
11	管理评审	编制和发布管理评审计划	发布全国管理评审计划	每年1次	1次	发布管理评审计划且发布管理评审计划时间在评审时间之前	无全国管理评审计划	有管理评审计划发布时间迟于评审时间	QMS信息系统—检查管理
12		管理评审输入材料汇总	录入管理评审输入材料	每年1次	1次	有汇总管理评审输入材料	管理评审输入材料无内容	汇总管理评审输入时间迟于管理评审会议时间	QMS信息系统—检查管理
13		组织召开管理评审会议	组织全国管理评审会议	每年1次	1次	下发管理评审会议通知	未下发管理评审会议通知	下发管理评审会议通知时间迟于会议开始时间	QMS信息系统—检查管理
14		发布全国管理评审报告	编制和发布全国管理评审报告	每年1个	1次	发布管理评审报告且发布时间与管理评审会议时间间隔小于1个月	无管理评审报告	管理评审报告发布时间与管理评审会议时间间隔超过1个月	QMS信息系统—检查管理
15		发布本年度管理评审改进事项	录入本单位管理评审改进事项且下发	每年1次	1次	下发本年度本单位管理评审改进事项且下发时间与管理评审会议时间间隔不超过1个月	无管理评审改进事项或有管理评审改进事项未下发	管理评审改进事项下发时间与管理评审会议时间间隔超过1个月	QMS信息系统—检查管理
16		实施管理评审改进事项整改	上年度管理评审改进事项关闭时间在本年度管理评审会议时间之前	上年度管理评审改进事项关闭且关闭时间在本年度管理评审会议时间之前	本单位上年度管理评审改进事项的数量	上年度管理评审改进事项关闭且关闭时间在本年度管理评审会议时间之前	管理评审改进事项未关闭	上年度管理评审改进事项关闭时间迟于本年度管理评审会议开始时间	QMS信息系统—检查管理
17	用户满意度	下发全国满意度评价方案	编制和下发全国满意度调查方案	每年1次	1次	下发全国满意度调查方案	未下发全国满意度调查方案	满意度调查时间在管理评审会议时间之后	QMS信息系统—处置管理
18		发布满意度评价报告,办结满意度评价流程	发布满意度评价报告,办结满意度调查流程	每年1次	1次	发布全国满意度调查报告且办结满意度调查流程,同时办结时间在管理评审会议时间之前	未发布全国满意度评价报告	全国满意度调查办结时间在全国管理评审会议时间之后	QMS信息系统—处置管理

第4章 执行管理

续表

序号	过程名称	工作任务	留痕记录 关键留痕记录	留痕记录 考核标准	留痕记录 应留痕次数	留痕判定标准 正确留痕	留痕判定标准 漏留痕	留痕判定标准 留痕超时	数据来源
19	外供方评价	下发全国外供方评价方案	下发全国外供方评价方案	每年1次	1次	下发全国外供方评价方案	未下发全国外供方评价方案	外供方评价时间在管理评审会议时间之后	QMS信息系统—处置管理
20		发布全国外供方评价报告,办结评价流程	发布全国外供方评价报告,办结外供方调查流程	每年1次	1次	发布全国外供方评价报告且办结外供方评价流程,同时办结时间在管理评审会议时间之前	未发布全国外供方评价报告	全国外供方评价办结时间在全国管理评审会议时间之后	QMS信息系统—处置管理

注:表中的"QMS信息系统"是指气象观测质量管理体系信息系统,下同

【省级(含国家级直属单位)管理过程留痕信息有效性判定】(表4.10)

表4.10 省级(含国家级直属单位)管理过程留痕信息有效性判定

序号	过程名称	工作任务	留痕记录 关键留痕记录	留痕记录 考核标准	留痕记录 应留痕次数	留痕判定标准 正确留痕	留痕判定标准 漏留痕	留痕判定标准 留痕超时	数据来源
1	文件控制	本省体系文件编制、修订及发布	体系文件编制/修订的发布时间	年内至少编制/修订1个体系文件	1次	体系文件编制/修订的发布时间在本年度1月1日至12月31日期间	体系文件未修订或未发布	不做判定	QMS信息系统—计划管理
2	质量目标管理	分解省级质量目标	省级质量目标分解发布时间	每年1次	1次	省级质量目标分解发布时间在国家级目标发布时间的一个月内	未发布质量目标	省级质量目标发布时间与国际级质量目标发布时间间隔超过1个月	QMS信息系统—计划管理
3		省级过程绩效录入审批	过程绩效录入时间、审核时间	在截止时间之前录入并审核承担的过程绩效任务	应留痕次数=本单位过程绩效录入任务1*频次+任务2*频次+…	在截止时间之前录入过程绩效且审核通过	过程绩效未录入或录入未审批	过程绩效录入时间迟于截止时间	QMS信息系统—计划管理
4	内部审核	发布本省自审计划	发布内审计划及发布时间	每年至少1次	1次	有内审计划,且内审时间(结束时间)在全国内审时间(开始时间)之前	无内审计划	本省内审时间在全国抽审时间之后	QMS信息系统—检查管理

续表

序号	过程名称	工作任务	留痕记录			留痕判定标准			数据来源
			关键留痕记录	考核标准	应留痕次数	正确留痕	漏留痕	留痕超时	
5	内部审核	录入内审不符合项和改进建议项	有不符合项和改进建议项	至少录入1条	1次	有录入不符合项或改进建议项	不符合项或改进建议项无数据	不做判定	QMS信息系统—检查管理
6		发布本省内审报告	发布内审报告及发布时间	每年至少发布1个内审报告	1次	发布本省内审报告,办结本省内审流程且办结时间在全国内审时间之前	未发布本省内审报告	本省内审办结时间在全国抽审时间之后	QMS信息系统—检查管理
7	外部审核	上传外审计划	上传本省外审计划	每三年至少1次	1次	年度内有本省外审计划且外审计划上传时间与外审结束时间间隔不超过7天	无外审计划	外审计划上传时间与外审结束时间间隔超过7天	QMS信息系统—检查管理
8		录入外审不符合项和改进建议项	有不符合项或改进建议项	有外审计划时	有外审计划时	若上传外审计划时,有不符合项或改进建议项内容且下发时间与外审结束时间间隔不超过7天	有外审计划时不符合项和改进建议项无数据	审核发现下发时间与审核结束时间间隔超过7天	QMS信息系统—检查管理
9		上传外审报告	有本省外审报告	有外审计划时	有外审计划时	若上传外审计划时,有本省外审报告且外审报告上传时间与审核结束时间间隔小于1个月	有外审计划时无外审报告	外审报告上传时间与审核结束时间间隔超过1个月	QMS信息系统—检查管理
10	不合格控制	内审不合格整改	内审不合格整改、审核、验证通过	不符合项和改进建议项关闭(整改验证通过)	负责整改的不符合项和改进事项数量	不符合项和改进建议项整改验证通过且未逾期	不符合项和改进建议项未整改或已整改未验证	不符合项或改进建议项整改工作未在系统中录入的应该整改时间内完成	QMS信息系统—检查管理
11		外审不合格整改	外审不合格整改、审核、验证通过	不符合项和改进建议项关闭(整改验证通过)	负责整改的不符合项和改进事项数量	不符合项和改进建议项整改验证通过且未逾期	不符合项和改进建议项未整改或已整改未验证	不符合项或改进建议项整改工作未在系统中录入的应该整改时间内完成	QMS信息系统—检查管理

续表

序号	过程名称	工作任务	留痕记录			留痕判定标准			数据来源
			关键留痕记录	考核标准	应留痕次数	正确留痕	漏留痕	留痕超时	
12		提交全国管理评审输入材料	录入管理评审输入材料	每年1次	1次	提交本省管理评审报告且提交时间在全国管理评审计划要求的截止时间之前	未提交管理评审输入材料	提交时间迟于截止时间	QMS信息系统—检查管理
13		编制和发布管理评审计划	发布本省管理评审计划	每年1次	1次	发布管理评审计划且发布管理评审计划时间在评审时间之前	无本省管理评审计划	管理评审计划发布时间迟于评审时间	QMS信息系统—检查管理
14		管理评审输入材料汇总	录入管理评审输入材料	每年1次	1次	有汇总管理评审输入材料	管理评审输入材料无内容	汇总管理评审输入时间迟于管理评审会议时间	QMS信息系统—检查管理
15		组织召开管理评审会议	组织本省管理评审会议	每年1次	1次	省级管理评审会议时间在全国管理评审会议时间之前	未下发管理评审会议通知	管理评审会议开始时间在全国管理评审会议开始时间之后	QMS信息系统—检查管理
16	管理评审	发布本省管理评审报告	编制和发布本省管理评审报告	每年1个	1次	发布管理评审报告且发布时间与管理评审会议时间间隔不超过1个月	无管理评审报告	管理评审报告发布时间与管理评审会议时间间隔超过1个月	QMS信息系统—检查管理
17		发布本年度管理评审改进事项	录入本省管理评审改进事项且下发	每年1次	1次	下发本年度本省管理评审改进事项且下发时间与管理评审会议时间间隔不超过1个月	无管理评审改进事项或有管理评审改进事项未下发	管理评审改进事项下发时间与管理评审会议时间间隔超过1个月	QMS信息系统—检查管理
18		实施管理评审改进事项整改	上年度管理评审改进事项在本年度管理评审会议时间之前关闭	上年度管理评审改进事项关闭时间在本年度管理评审会议时间之前	省级承担的上年度管理评审改进事项的数量	上年度管理评审改进事项关闭且关闭时间在本年度管理评审会议时间之前	管理评审改进事项未关闭	上年度管理评审改进事项关闭时间迟于本年度管理评审会议开始时间	QMS信息系统—检查管理
19	用户满意度	下发本省满意度评价方案（自行组织或参加全国满意度评价）	下发满意度调查方案	每年1次	1次	下发本省或全国满意度调查方案且调查结束时间在本省管理评审会议时间之前	未下发满意度调查方案	满意度调查时间在管理评审会议时间之后	QMS信息系统—处置管理

续表

序号	过程名称	工作任务	留痕记录 关键留痕记录	留痕记录 考核标准	留痕记录 应留痕次数	留痕判定标准 正确留痕	留痕判定标准 漏留痕	留痕判定标准 留痕超时	数据来源
20	用户满意度	发布满意度评价报告，办结满意度评价流程	发布满意度评价报告，办结满意度调查流程	每年1次	1次	生成发布本省满意度调查报告且满意度调查办结时间（全国满意度问卷汇总提交时间）在本省管理评审会议时间之前	未生成本省满意度评价报告	本省满意度调查办结时间（全国满意度问卷汇总提交时间）在本省管理评审会议时间之后，或全国满意度问卷汇总提交时间迟于满意度调查结束时间	QMS信息系统—处置管理
21		下发本省外供方评价方案（自行组织或参加全国外供方评价）	下发外供方评价方案	每年1次	1次	下发本省或全国外供方评价方案且评价结束时间在本省管理评审会议时间之前	未下发全国外供方评价方案	外供方评价时间在管理评审会议时间之后	QMS信息系统—处置管理
22	外供方评价	发布全国外供方评价报告，办结评价流程	发布外供方评价报告，办结外供方调查流程	每年1次	1次	生成发布本省外供方评价报告且外供方评价办结时间（全国外供方问卷汇总提交时间）在本省管理评审会议时间之前	未生成本省外供方评价报告	本省外供方评价办结时间（全国外供方问卷汇总提交时间）在本省管理评审会议时间之后，或全国外供方评价问卷汇总提交时间迟于外供方评价结束时间	QMS信息系统—处置管理

【地级管理过程留痕信息有效性判定】（表4.11）

表4.11 地级管理过程留痕信息有效性判定

序号	过程名称	工作任务	留痕记录 关键留痕记录	留痕记录 考核标准	留痕记录 应留痕次数	留痕判定标准 正确留痕	留痕判定标准 漏留痕	留痕判定标准 留痕超时	数据来源
1	质量目标管理	分解地级质量目标	地级质量目标分解发布时间	每年1次	1次	地级质量目标分解发布时间在省级质量目标发布时间的一个月内	质量目标未发布	地级质量目标发布时间与省级质量目标发布时间间隔超过1个月	QMS信息系统—计划管理

续表

序号	过程名称	工作任务	留痕记录			留痕判定标准			数据来源
			关键留痕记录	考核标准	应留痕次数	正确留痕	漏留痕	留痕超时	
2	质量目标管理	本级过程绩效录入审批	过程绩效录入时间、审核时间	在截止时间之前录入并审核承担的过程绩效任务	应留痕次数＝本单位过程绩效录入任务1*频次＋任务2*频次＋…	在截止时间之前录入过程绩效且审核通过	过程绩效未录入或录入未审批	过程绩效录入时间迟于截止时间	QMS信息系统—计划管理
3	不合格控制	内审不合格整改	内审不合格整改、审核、验证通过	不符合项和改进建议项关闭（整改验证通过）	负责整改的不符合项和改进事项数量	不符合项和改进建议项整改验证通过且未逾期	不符合项和改进建议项未整改或已整改未验证	不符合项或改进建议项整改工作未在系统中录入的应该整改时间内完成	QMS信息系统—检查管理
4		外审不合格整改	外审不合格整改、审核、验证通过	不符合项和改进建议项关闭（整改验证通过）	负责整改的不符合项和改进事项数量	不符合项和改进建议项整改验证通过且未逾期	不符合项和改进建议项未整改或已整改未验证	不符合项或改进建议项整改工作未在系统中录入的应该整改时间内完成	QMS信息系统—检查管理
5	管理评审	管理评审输入材料提交	录入管理评审输入材料	每年1次	1次	提交本单位管理评审输入材料（体系运行报告）且在管理评审计划要求的截止时间之前	未提交管理评审输入材料	提交时间迟于截止时间	QMS信息系统—检查管理
6		实施管理评审改进事项整改	上年度管理评审改进事项在本年度管理评审会议时间之前关闭	上年度管理评审改进事项关闭且关闭时间在本年度管理评审会议时间之前	本单位承担的上年度管理评审改进事项的数量	上年度管理评审改进事项关闭且关闭时间在本年度管理评审会议时间之前	管理评审改进事项未关闭	上年度管理评审改进事项关闭时间迟于本年度管理评审会议开始时间	QMS信息系统—检查管理
7	用户满意度	分发满意度调查问卷,汇总本地调查问卷	分发满意度调查问卷,满意度问卷汇总时间	每年1次	1次	问卷汇总提交时间在问卷调查结束时间之前	未分发问卷或未填写问卷	问卷汇总时间在省级问卷调查结束时间之后	QMS信息系统—处置管理
8	外供方评价	分发外供方评价问卷,汇总提交本地问卷	分发外供方评价问卷,外供方评价汇总时间	每年1次	1次	问卷汇总提交时间在问卷调查结束时间之前	未分发问卷或未填写问卷	问卷汇总时间在省级问卷调查结束时间之后	QMS信息系统—处置管理

【县级管理过程留痕信息有效性判定】（表4.12）

表4.12 县级管理过程留痕信息有效性判定

序号	过程名称	工作任务	留痕记录			留痕判定标准			数据来源
			关键留痕记录	考核标准	应留痕次数	正确留痕	漏留痕	留痕超时	
1	质量目标管理	本级过程绩效录入审批	过程绩效录入时间、审核时间	在截止时间之前录入并审核承担的过程绩效任务	应留痕次数=本单位过程绩效录入任务1*频次+任务2*频次+…	在截止时间之前录入过程绩效且审核通过	过程绩效未录入或录入未审批	过程绩效录入时间迟于截止时间	QMS信息系统-计划管理
2	不合格控制	内审不合格整改	内审不合格整改、审核、验证通过	不符合项和改进建议项关闭（整改验证通过）	负责整改的不符合项和改进事项数量	不符合项和改进建议项整改验证通过且未逾期	不符合项和改进建议项未整改或已整改未验证	不符合项或改进建议项整改工作未在系统中录入的应该整改时间内完成	QMS信息系统-检查管理
3		外审不合格整改	外审不合格整改、审核、验证通过	不符合项和改进建议项关闭（整改验证通过）	负责整改的不符合项和改进事项数量	不符合项和改进建议项整改验证通过且未逾期	不符合项和改进建议项未整改或已整改未验证	不符合项或改进建议项整改工作未在系统中录入的应该整改时间内完成	QMS信息系统-检查管理
4	管理评审	实施管理评审改进事项整改	上年度管理评审改进事项在本年度管理评审会议时间之前关闭	上年度管理评审改进事项关闭时间在本年度管理评审会议时间之前	本单位承担的上年度管理评审改进事项的数量	上年度管理评审改进事项关闭且关闭时间在本年度管理评审会议时间之前	管理评审改进事项未关闭	上年度管理评审改进事项关闭时间迟于本年度管理评审会议开始时间	QMS信息系统-检查管理
5	用户满意度	填写满意度调查问卷	问卷填写记录	每年1次	1次	有问卷填写记录且时间在调查结束时间之前	未填写问卷	问卷填写时间在地级问卷调查结束时间之后	QMS信息系统-处置管理
6	外供方评价	填写外供方评价问卷	问卷填写记录	每年1次	1次	有问卷填写记录且时间在评价结束时间之前	未填写问卷	问卷填写时间在地级问卷调查结束时间之后	QMS信息系统-处置管理

28. 如何查询执行监控留痕统计信息？

执行监控留痕统计信息是系统通过执行评估统计算法，对获取的管理过程、业务过程相关质量活动数据进行分析，评估各过程是否执行、执行次数和时效是否符合要求，关键节点是否留痕、留痕是否正确等，并以图表形式展示体系执行率、应执行次数、实际执行次数、留痕正确次数等评估结果。执行监控统计结果分管理过程和业务过程进行展示，数据与信息系统、一体化平台数据实时同步。

系统所有用户均可通过"执行管理－执行监控"模块查询本单位管理过程、业务过程的执行情况，不同级别用户查看的权限不同。综合观测司用户可查询综合观测司、4个国家级直属单位和31个省（区、市）气象局的过程执行情况；4个国家级直属单位的用户可查看本单位的过程执行情况；省级所有用户（含省、地、县级用户）可查看全省的过程执行情况。

过程执行结果按管理过程、业务过程两类进行展示。具体查询方法如下。

第一类：查询管理过程执行结果。管理过程按组织架构、体系过程两方面的分布情况来查询。

（1）按组织架构查询

以图、表方式展示过程执行情况。组织架构首页默认展示的用户所在单位下辖机构的体系执行率和总体平均执行率，如综合观测司用户默认展示的是综合观测司、4个国家级直属单位和31个省（区、市）气象局的体系执行率和全国体系平均执行率；国家级直属单位用户默认展示的是下辖各处室的体系执行率和单位平均执行率；省、地、县级用户默认展示的是省局内设机构、直属业务单位和各地级气象局的体系执行率和全省体系平均执行率。各用户可通过单击柱状图的方式到该部门的下一级部门进行统计汇总，还可通过查询项的过程、时间范围等查询各单位的具体过程的体系执行率，如图4.3所示。

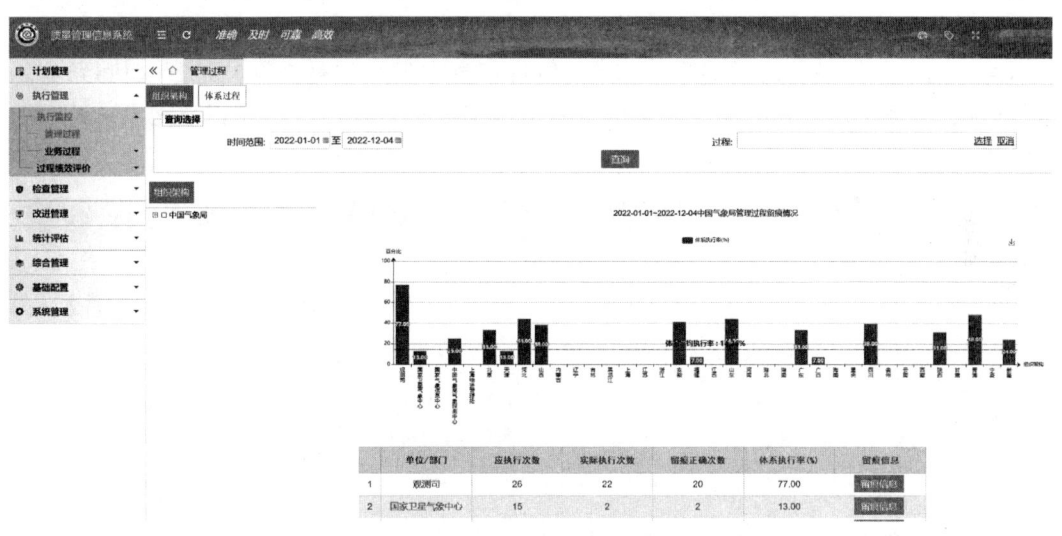

图4.3 管理过程－组织架构查询界面

（2）按体系过程查询

以图、表方式展示过程执行情况。体系过程查询首页默认展示的是用户所在单位的各管理过程的平均执行率，如综合观测司用户默认展示的是全国各过程的平均执行率；国家级直属单位用户默认展示的是本单位各过程的平均执行率；省、地、县级用户默认展示的是全省各过程的平均执行率。通过查询项的时间范围、单位/部门可查询某时间段内某单位的所有过程的执行率。用户还可通过左侧管理过程树形图查询具体过程的执行率。柱状图下方以图表的形式展示对应单位各管理过程的应执行次数、实际执行次数、留痕正确次数和体系执行率，见图4.4。

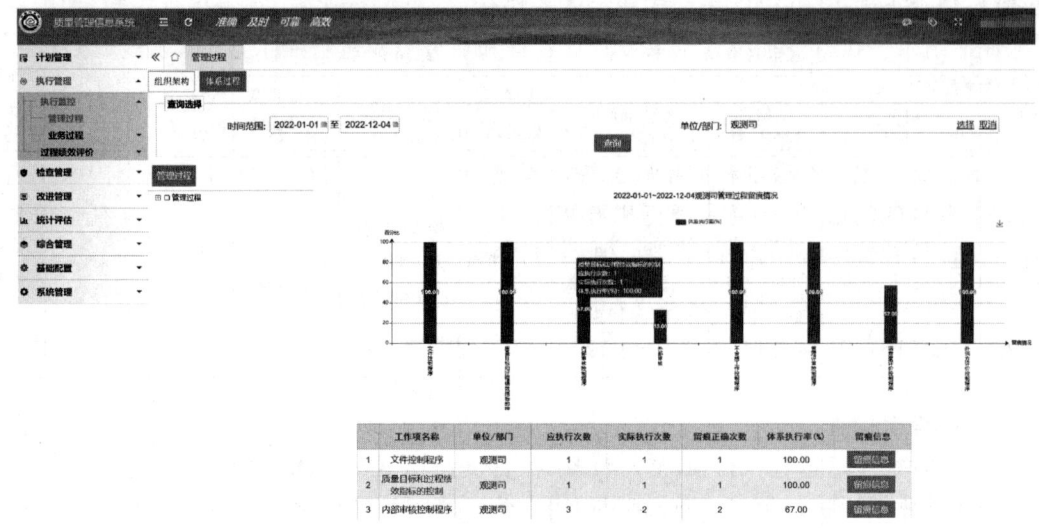

图 4.4 管理过程－体系过程查询界面

详细留痕信息查询。在柱状图下的表格中，展示每个单位所有管理过程的应执行次数、实际执行次数、留痕正确次数、体系执行率，留痕次数取所有管理过程的合计值，体系执行率取汇总平均值。每个单位最后一列是"留痕信息"标签，点击该标签可进入详细留痕记录页面，页面中展示管理过程基础信息、留痕信息和关键留痕信息。基础信息是留痕记录的查询项，含执行部门、一级工作项、二级工作项、留痕记录开始时间和结束时间等，用户可通过查询项查询一定时段内某部门的具体过程的详细留痕记录。留痕信息中显示的是查询的过程应执行次数、实际执行次数、正确留痕数量。关键留痕信息展示基础信息查询项的具体留痕记录，含工作项、留痕时间、留痕判定等，见图 4.5。

图 4.5 详细留痕信息查询界面

第二类：查询业务过程执行结果。根据装备类型分新一代天气雷达、风廓线雷达、高空气象观测、地面气象观测、雷电观测、GNSS/MET观测、土壤水分观测、大气成分观测八大类观测装备分别查询业务过程执行结果。下面以地面气象观测业务为例，介绍地面气象观测业务过程执行结果的统计查询，地面气象观测业务过程含站网信息管理、探测环境保护、装备维护管理、装备维修管理等,执行结果查询可分为组织架构、体系过程查询。

(1)按组织架构查询

以图、表方式展示过程执行情况。组织架构首页默认展示的是用户所在单位下辖部门地面气象观测业务过程的应执行次数、实际执行次数、体系执行率和平均执行率,如综合观测司用户默认展示的是31个省(区、市)气象局地面气象观测业务过程体系执行率和全国平均执行率;省、地、县级用户默认展示的是本省下辖地面气象观测业务的执行率和全省平均执行率。各用户还可通过单击柱状图的方式到该部门的下一级部门进行统计汇总。还可通过查询项中的过程、时间范围查询各单位的地面气象观测业务过程的执行率。用户还可通过左侧管理组织机构树形图查询某单位的地面气象观测业务过程执行率。柱状图下方以表格形式展示各单位的地面气象观测业务过程的应执行次数、实际执行次数、留痕正确次数和体系执行率,如图4.6所示。

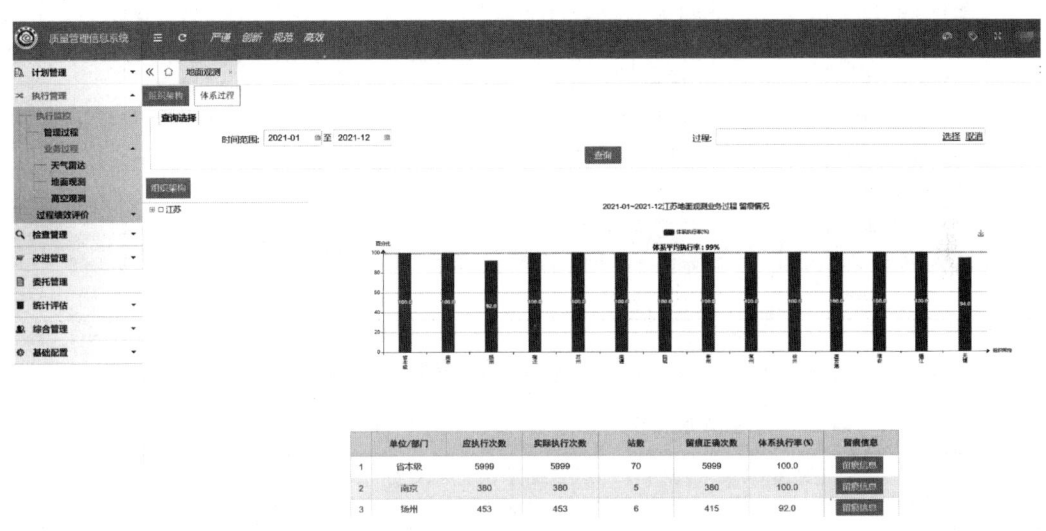

图4.6　业务过程-组织结构查询界面

(2)按体系过程查询

以图、表方式展示过程执行情况。体系过程查询首页默认展示的是用户所在单位下辖所有地面气象观测业务过程的平均执行率,各用户默认展示的是本单位的所有地面气象观测的站网信息管理、探测环境保护、周维护、月维护、年维护、故障维修、停机通知等业务过程的应执行次数、实际执行次数和体系执行率;综合观测司用户可查看全国的地面气象观测业务的执行率;省、地、县级用户默认展示的是本省所有地面气象观测业务过程的执行率。通过查询项的时间范围、单位/部门可查询一个时间段内某单位的地面气象观测业务过程的应执行次数、实际执行次数和体系执行率。柱状图下方以图表的形式展示相应部门的地面气象观测业务过程的应执行次数、实际执行次数、留痕正确次数和体系执行率,见图4.7。

详细留痕信息查询。在柱状图下的表格中,每个过程后面都有"留痕信息"标签,点击该标签可进入详细留痕信息页面,页面中展示过程基础信息、留痕信息和关键留痕信息。基础信息是留痕记录的查询项,含执行部门(有地面气象观测业务的部门)、一级工作项、二级工作项、三级工作项和留痕记录开始时间、结束时间、执行部门所辖的站数,用户可通过查询项查询一段时间内某部门的地面气象观测业务过程的详细留痕记录。留痕信息中显示的是查询的过程应执行次数、实际执行次数、正确留痕数量。关键留痕信息是展示基础信息查询项的具体留痕记录,含工作项、留痕时间、留痕判定,见图4.8。

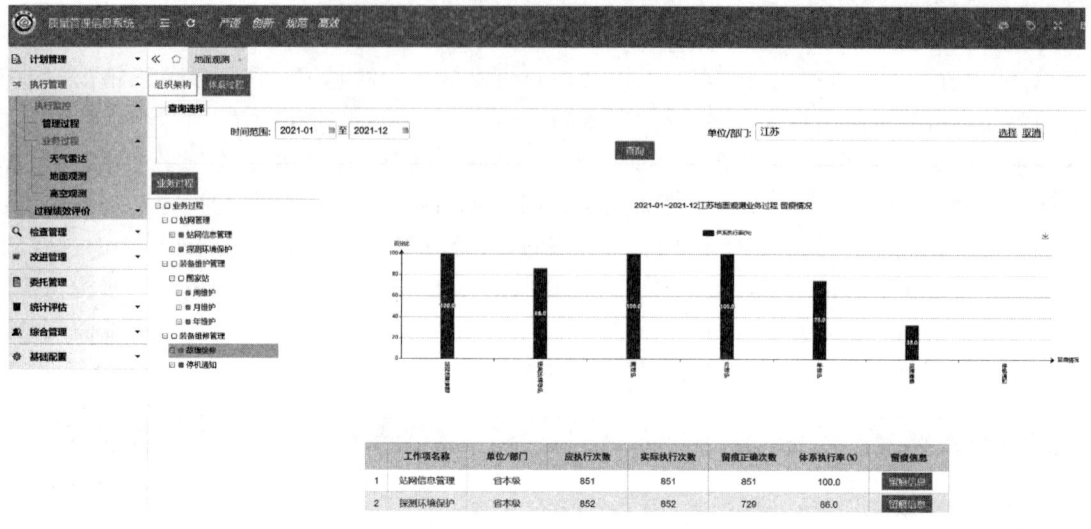

图 4.7 业务过程－体系过程查询界面

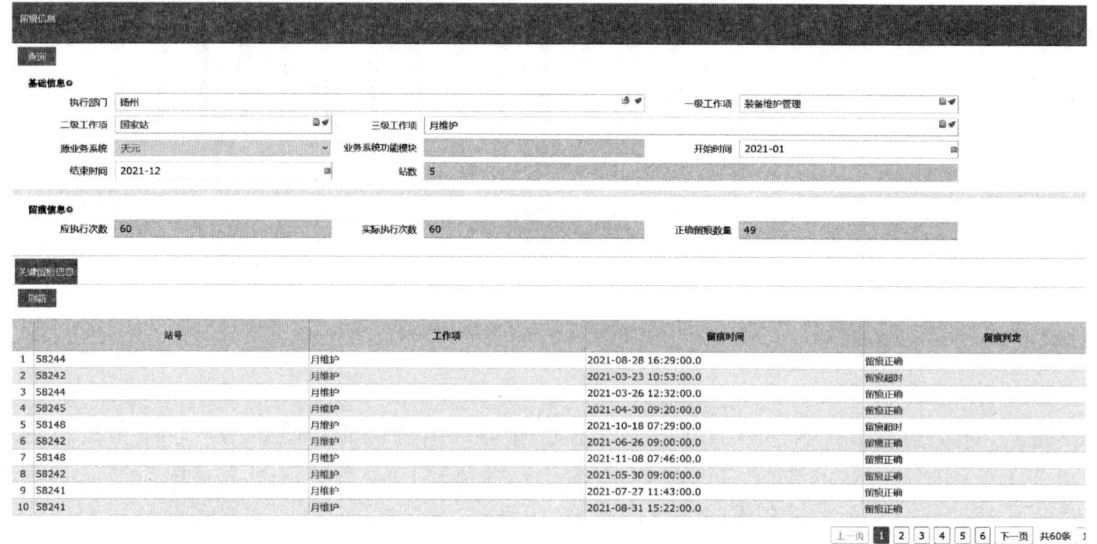

图 4.8 地面气象观测业务过程－详细留痕信息查询界面

【知识点】
(1)体系执行率＝某个过程的正确执行次数/应执行次数×100％。
(2)地级体系执行率＝辖属台站及本级体系执行率的算术平均值。
(3)省级体系执行率＝辖属地级及省本级体系执行率的算术平均值。
(4)全国体系执行率＝全国各省(区、市)、国家级直属单位及国家级体系执行率的算术平均值。
(5)管理过程平均执行率＝所有管理过程的体系执行率的算术平均值。
(6)业务过程平均执行率＝所有业务过程的体系执行率的算术平均值。

第5章 检查管理

5.1 内部审核

29. 气象观测质量管理体系内部审核类别有哪些?

内部审核是气象观测组织自己或以气象观测组织的名义进行的第一方审核,审核的对象是气象观测组织自己的管理体系,验证气象观测质量管理体系是否持续满足规定的要求并且正在运行,可作为气象观测组织自我合格声明的基础。气象观测质量管理体系的内部审核按照审核覆盖范围不同分为自审和抽审两个类别。

自审的审核范围为气象观测组织管辖范围内的气象观测业务相关内容,各级气象观测组织均可提出质量管理体系自审。省级及以下各级气象观测组织的质量管理体系自审应在上一级质量管理体系内审开始前完成,同时也应在本级质量管理体系管理评审前完成。如有合同要求或客户需要评价、机构或职能有重大变更、发现严重不合格、最高管理者提出要求等特殊情况可增加自审频次。

抽审的审核范围为气象观测组织管辖范围内的部分单位或部分过程,气象观测质量管理体系抽审分全国抽审、省级抽审。抽审可按需求适时开展,但每次抽审应保证抽样合理性,每个审核周期内可进行多次抽审达到覆盖体系全部单位和过程的要求。省级抽审应该在全国抽审前完成,全国抽审应在全国管理评审前完成。

【注意事项】
(1)内部审核应安排体系覆盖范围内的各气象观测组织交叉进行,不能自己审核自己。
(2)自审可按照不同需求确定不同的覆盖范围,组织每年可多次提出自审需求,但每个审核周期内应覆盖所有过程、部门和场所。
(3)内部审核抽审只能减少审核覆盖范围,不能减少审核环节。
(4)每次抽审应形成单独的审核报告,全国抽审需生成全国内审报告、各小组内审报告;省级自审只需生成一个全省内审报告即可。

30. 各单位自审的业务流程是什么?

此处的自审是指国家级直属单位和31个省(区、市)气象局依托信息系统组织开展的内部审核。系统支持省级、地级和县级气象观测组织自行发起内部审核流程,且总体流程基本类似,以省级自审为例,流程如下。

省级质量管理员添加审核方案,指定审核组组长→审核组组长制定和发布内审计划→内审小组组长启动小组审核→内审小组实施内审→内审员录入审核记录、审核发现→内审小组组长审核并提交审核发现→内审组组长下发审核发现→受审核单位实施问题整改→整改单位体系负责人审核并提交整改情况→内审员完成问题整改的跟踪验证→审核组组长生成和发布内部审核报告→审核组组长办结本次内审。自审流程见图5.1。

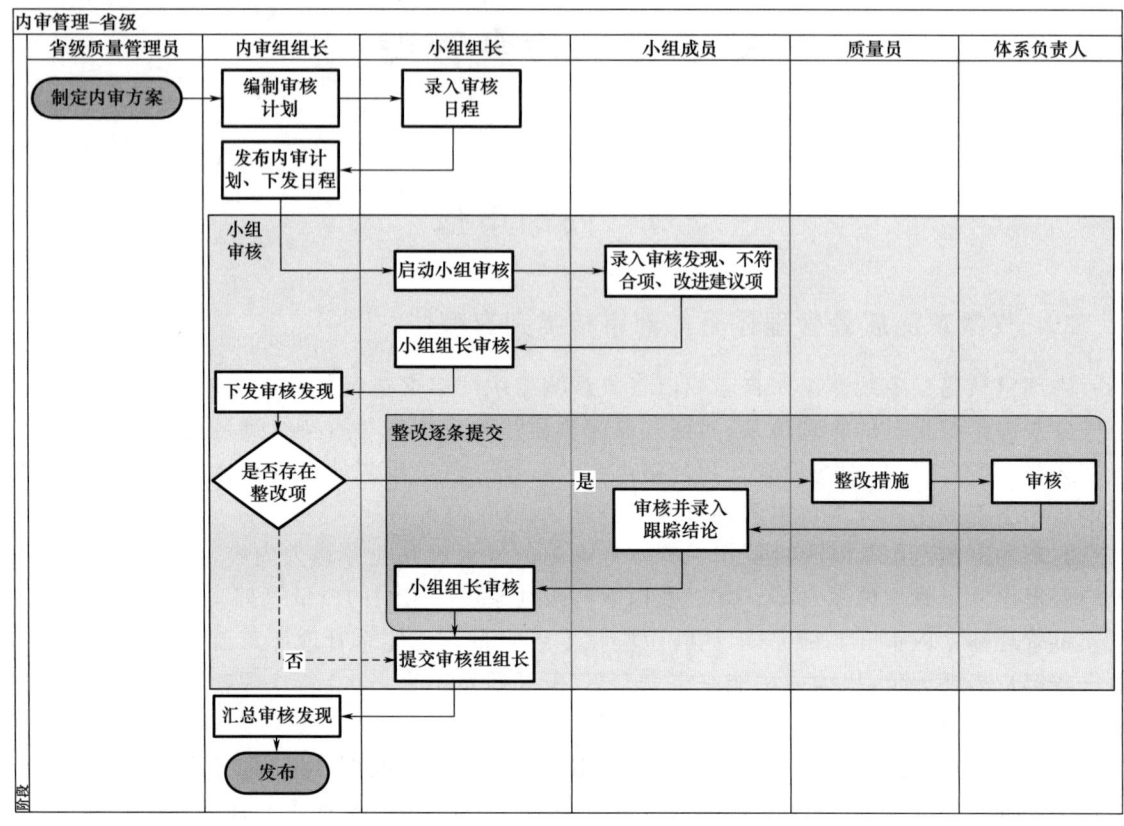

图 5.1　各体系建设单位自审业务流程图

审核方案和内审计划要在实施内审活动前完成录入和发布；审核记录和审核发现是在实施审核的过程中录入或现场审核结束后录入；审核发现的整改和验证是在现场审核结束后2～3周内完成；审核报告是在审核发现整改验证完成后编制和发布。

添加内审方案：各体系建设单位的自审流程是由省级质量管理员发起，省级质量管理员在系统中添加审核方案，录入审核标题、开始及结束时间、内审目的、审核单位/部门、审核准则，确定审核组组长和审核方式。

制定和发布内审计划：审核组组长负责制定内审计划，确定内审员、内审分组及内审小组组长，录入审核安排；再由内审小组组长录入本小组内审日程；经审核组组长审核后发布内审计划。

启动小组审核和录入审核发现：内审计划发布后，在实施现场审核前，由内审小组组长启动小组审核。审核结束后，由内审员和内审小组组长录入审核记录和审核发现并提交审核组组长。

下发审核发现：审核发现经审核组组长审核后，由审核组组长下发给受审核部门代表。

审核发现的整改及验证：受审核部门代表（质量员）在收到审核组组长下发的审核发现后，制定纠正措施并实施整改，在系统中录入整改情况经体系负责人审核后提交内审员验证；内审员验证通过后提交内审小组组长审核，由内审小组组长审核后提交审核组组长。

生成和发布审核报告。审核组组长在收到所有内审小组组长提交的审核发现后，录入审核输出，生成并发布审核报告。体系建设单位的自审仅由审核组组长生成一个审核报告。

31. 全国内审抽查的业务流程是什么?

全国内审抽查是由中国气象局综合观测司发起的全国气象观测质量管理体系内审活动,审核范围和内容为气象观测质量管理体系覆盖范围内的所有业务和管理活动,涉及的单位包含综合观测司、3个中国气象局直属业务单位和部分省(区、市)气象局。被抽查的省(区、市)气象局要审核体系覆盖范围内所有内设机构、直属单位,地(市、盟、州)气象局随机抽取,县气象局在被抽到的地(市、盟、州)气象局中选择,要求该省所有地(市、盟、州)气象局辖属的县气象局涵盖体系建设范围内所有业务类别。

全国抽审的业务流程与体系建设单位的自审流程基本一致,不同之处有两点:一是全国抽审的审核发现由内审小组组长审核后下发;二是全国抽审的内审小组在完成本小组的审核发现的跟踪验证后,需生成和修改本小组的内审报告并提交给全国抽审组组长,全国抽审结束后,审核组组长需生成和发布全国抽审的内审报告。全国抽审流程见图5.2。

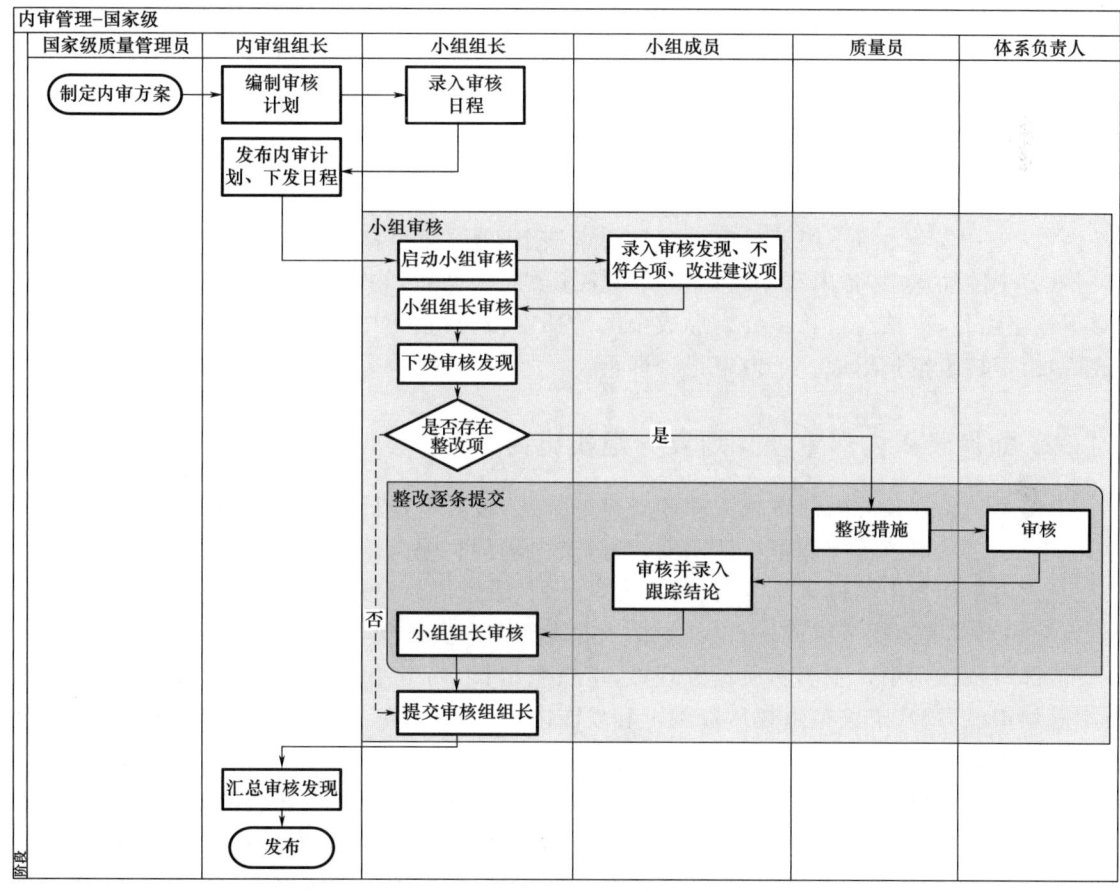

图 5.2 全国抽审流程图

全国抽审由国家级质量管理员发起,审核组组长和内审员均由国家级内审员组成。全国抽审各环节的录入要求、发布时间与自审的一致。具体流程如下。

添加全国抽审方案:全国抽审由国家级质量管理员发起,国家级质量管理员在系统中添加审核方案,录入审核开始结束时间、内审目的、审核单位/部门、审核准则,确定审核组组长和审核方式。

制定和发布内审计划：先由审核组组长制定内审计划,确定审核员、审核分组及内审小组组长,录入审核安排;再由内审小组组长录入内审日程;经审核组组长审核后发布内审计划。

启动小组审核：审核组组长发布审核计划后,内审小组组长实施现场审核前在系统中启动小组审核。只有启动小组审核后,内审员才有权限在系统中录入审核记录和审核发现。

录入审核发现：现场审核结束后,由内审员录入审核记录和审核发现并提交内审小组组长进行审核。

下发审核发现：内审小组组长审核本组内审员提交的审核发现后,直接下发给受审核部门代表。

审核发现的整改及验证：受审核部门代表（质量员）在收到内审小组组长下发的审核发现后,制定纠正措施并实施整改,录入审核问题整改情况经部门体系负责人审核后提交内审员验证;内审员验证通过后提交内审小组组长进行审核;内审小组组长审核通过后提交审核组组长。

生成小组审核报告：内审小组组长完成本小组所有审核发现的验证审核后,在"小组审核"页面生成本小组的审核报告,并将本小组的验证结论和审核报告提交给审核组组长。

生成和发布全国抽审报告：待所有内审小组组长均提交验证结论和小组审核报告后,由审核组组长在"内部审核"基本信息页录入审核输出,生成并发布全国内部审核报告。

> **【注意事项】**
> （1）全国抽审的审核发现是内审员录入后,经小组长审核后直接下发;自审的审核发现是内审员录入,经内审小组组长审核后提交审核组组长,由审核组组长下发至受审核部门。
> （2）全国抽审中,各内审小组在完成审核发现的验证后,均要形成本小组审核报告并提交审核组组长,审核组组长最终要形成全国的抽审报告;自审中,在全部的审核发现验证完成后,由审核组组长形成一个内审报告即可。

32. 如何录入内部审核计划及分组实施内审？

内部审核计划是对内部审核活动和安排的描述,包含审核目的、审核准则、审核时间、审核方式、审核人员、审核范围和审核活动安排等,是内审员实施内审活动的依据。

录入内审计划由添加审核方案、制定内审计划、录入审核安排、制定内审日程、发布内审计划、启动小组审核等环节组成,内审计划录入和发布要在实施现场审核前完成。

内部审核计划录入主要由质量管理员、审核组组长、内审小组组长共同完成,质量管理员负责添加审核方案,审核组组长负责制定和发布内审计划,内审小组组长负责录入本小组内审日程、启动本小组审核。具体操作流程如下。

第一步:添加审核方案。各体系建设单位的自审由省级单位质量管理员负责,在系统首页左侧菜单栏"检查管理－内部审核"模块,添加审核方案,录入审核时间、内审目的、审核单位、审核准则、审核方式等内容,指定审核组组长（审核组组长必须是省级内审员）,通过"办理菜单－发送"将审核方案下发至审核组组长。

全国抽审由国家级质量管理员负责添加全国审核方案,确定审核工作负责人、指定审核组组长（审核组组长必须是国家级内审员）,其他添加内容与省级自审一致。

第二步:制定内审计划。本环节全国抽审和各单位自审的流程一致,均由指定的审核组组长负责录入。审核组组长通过系统首页"待办"进入内部审核基本信息页,录入审核过程、内审成员、内审组、审核安排等内容,录入完成后通过"办理菜单－发送"下发至指定的内审小组组长。

第三步：录入审核日程。本环节全国抽审和各单位自审的流程一致，均由内审小组组长负责。内审小组组长通过首页"待办"进入"内部审核"详情页，在"内审日程"标签页添加本小组的内审日程安排，明确每个受审核部门的审核开始及结束时间、审核过程、审核地点、审核人员等，切记审核日程要覆盖审核计划内的全部受审核部门，否则会导致录入审核发现时无法选择相关受审核部门。录入完成后通过"办理菜单－发送"提交至审核组组长进行发布。

第四步：发布内审计划。本环节全国抽审和各单位自审的流程一致，均由审核组组长负责。审核组组长通过首页"待办"进入"内部审核"详情页，对各内审小组组长提交的内审日程进行审核、修改。审核无误后，先通过"基本信息－下发日程"将内审日程下发至各内审员，再通过"办理菜单－发送"将内审计划下发至内审员及相关受审核单位。各内审员及受审核单位均可通过首页"待阅"查看本次内审计划，还可通过系统左侧菜单栏"检查管理－内部审核"的列表进入本次内审详情页查看内审计划。

第五步：启动小组审核。本环节全国抽审和各单位自审的流程一致，均由各内审小组组长负责。在审核组组长发布内审计划后、实施现场审核前，由各内审小组组长通过首页"待办"进入内部审核详情页，在"内审组"标签页，点击本小组所在的"小组审核"进入小组审核基本信息页面，点击"启动"即可启动本小组审核，启动后通过"办理菜单－发送"进入审核发现录入环节。启动后，本小组内审员即可通过首页"待办"进入审核发现录入流程。启动小组审核流程界面见图 5.3。

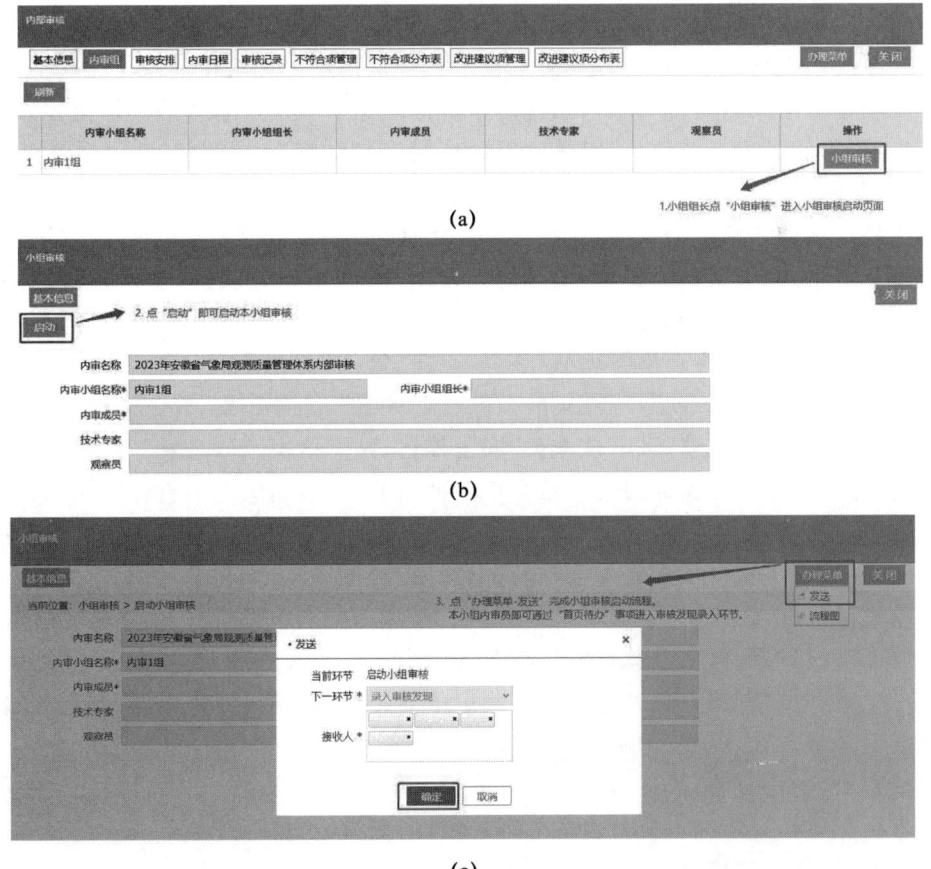

图 5.3 启动小组审核流程界面

【注意事项】
(1)审核组组长添加审核组时,各小组的内审成员可以交叉,如内审员张三可以是第1小组的组长,还可以是第2小组的内审成员。
(2)添加内审安排时,若两个内置小组的内审成员有交叉,同一内审员的内审安排的开始及结束时间不可重叠,否则会提示"内审员某某在该时间内已参与其他组审核,请调整安排"。
(3)内审小组组长在添加内审日程时,除首末次会议外,务必要添加类型为"审核过程"的内审日程,所选的审核部门要覆盖所实际审核的单位,否则在录入审核发现时,无法选到该受审核部门。

33. 如何录入审核记录和审核发现?

审核记录是内审员在实施内部审核活动时,通过现场观察、访谈、查阅文件等方式围绕审核目标、范围和准则收集相关的信息,并记录在内审检查表中。审核发现是审核组根据收集的信息对比审核准则得出的审核结果,含不符合项、改进建议项。内审现场审核结束后,需在信息系统中录入审核记录和审核发现。

内部审核的审核记录和审核发现由参与内审的内审员、内审小组组长负责录入。自审中,内审员完成审核记录和审核发现的录入后提交给内审小组组长审核,内审小组组长审核通过后提交给审核组组长,由审核组组长下发至受审核部门;全国抽审中,内审员完成审核记录和审核发现的录入后提交给内审小组组长审核,由内审小组组长审核后直接下发至受审核部门。

因信息系统基于气象部门内网运行,审核记录和审核发现无法在审核现场直接录入,需由内审员在现场审核结束后再统一录入系统。审核记录和审核发现录入的操作流程如下。

第一步:内审员录入审核记录、审核发现。现场审核结束后,由内审员通过首页"待办"事项进入小组审核页面录入。

添加审核记录:在"审核记录"标签页,点击"添加"进入审核记录详情页,录入审核日期、审核单位/部门、应审人员、审核人员,上传审核记录附件(内审检查表)。建议分部门添加,若受审核部门有多个检查表,可同时添加。

添加不符合项:在"不符合项管理"标签页,点击"添加"进入不符合项页面,录入不符合项单位/部门、审核日期、不符合项性质、标准条款、体系文件、业务类别、装备类型、受审核部门代表、审核过程、技术专家、观察员、审核人员、问题描述、判定依据、整改逾期时间等内容,录入完成后点击"保存",其中受审核部门代表是受审核部门的质量员,负责不符合项原因分析和整改信息的录入;审核人员是本不符合项的内审员,可多选。不符合项需逐条添加,待不符合项全部录入且无误后,在不符合项列表中全部勾选,提交"讨论稿"。

添加改进建议项:在"改进建议项管理"标签页,点击"添加"逐条添加改进建议项,录入审核单位/部门、审核日期、标准条款、体系文件、业务类别、装备类型、受审核部门代表、审核过程、技术专家、观察员、审核人员、问题描述、判定依据、整改逾期时间等内容。待改进建议项全部录入完成后全部勾选,提交"讨论稿"。

待审核记录、不符合项、改进建议项录入完成,通过"办理菜单—发送"提交至内审小组组长。若内审员无审核记录和审核发现也可不录入,但仍需通过"办理菜单—发送"提交下一步,提交时会提醒"您还未填写审核发现,是否提交",点击"确定"提交即可。

第二步:内审小组组长审核。内审员提交审核记录和审核发现后,由内审小组组长负责审核。

自审中：内审小组组长通过首页"待办"进入小组审核页面，对本组内审员提交的审核记录、不符合项和改进建议项进行审核修改。审核通过后，通过"办理菜单－发送"将审核记录和审核发现提交至审核组组长。若本小组还有内审员未提交审核发现，则会提示"还有内审员（内审员姓名）没有提交审核发现，不能提交下一步"，本小组的所有内审员需全部提交后，内审小组组长才能通过"办理菜单－发送"提交至审核组组长。

全国抽审中：本环节内审小组组长的审核流程与自审的审核流程一致。不同之处是内审小组组长完成审核后，直接将审核发现下发至受审核部门代表实施整改，无第三步组长审核流程。

第三步：审核组组长下发。全国抽审中无此环节，自审中由审核组组长下发审核发现。自审中，审核组组长通过首页"待办"进入小组审核界面，对内审小组组长提交的审核记录、不符合项、改进建议项进行再审核。审核通过后，通过"办理菜单－发送"将审核发现下发至受审核部门代表实施整改。

> **【注意事项】**
> （1）实施现场审核前，系统管理员需在系统中为受审核部门配置相应的质量员、体系负责人，质量员用于接收内审组下发的不符合项和改进建议项，整改信息由质量员录入；体系负责人负责本部门的质量员提交的审核发现整改情况的审核。
> （2）录入审核发现时，业务类别、装备类型、体系过程选项务必与实际业务相符，该选项涉及内审结果的统计评估。
> （3）内审员录入不符合项和改进建议项时，需先点击提交讨论稿，小组内其他内审员才可以从列表中看到录入的不符合项和改进建议项，未提交讨论稿，则无法通过"办理菜单－发送"提交审核发现。
> （4）参与审核的内审员若没有形成不符合项和改进建议项，未在系统中录入不符合项或改进建议项目，也需登录系统进入待办信息，通过"办理菜单－发送"进入下一环节，否则本组的内审小组组长无法汇总提交审核发现。

34. 如何实施审核问题整改及跟踪验证？

审核问题整改是指受审核部门针对不符合项和改进建议项进行原因分析，并在审核组提出的规定时限内采取适当的纠正措施防止类似问题再次发生，从而改进管理体系运行的有效性。跟踪验证是指审核组成员对受审核部门为预防审核问题再次发生所采取的纠正措施的实施及其有效性进行的跟踪验证。

审核发现的整改主要由受审核部门完成，受审核部门代表（质量员）通过系统接收审核组下发的不符合项和改进建议项，在制定纠正措施或完成整改后将整改信息录入系统并提交内审员验证。审核发现的跟踪验证由录入审核发现的内审员负责。

审核发现的整改由受审核部门代表在审核组规定的逾期时间之前完成并提交体系负责人审核，整改时限通常是现场审核结束后的2～3周。审核发现整改的跟踪验证是在受审核部门提交整改信息后，由内审员负责完成跟踪验证。审核问题的整改及验证均是逐条录入提交，具体步骤如下。

第一步：受审核部门实施整改。受审核部门代表（质量员）通过首页"待办"进入内部审核页面，在"不符合项管理"标签页的列表中，双击进入不符合项详情页面，录入不符合项的原因分析及整改情况，上传整改相关佐证材料，录入完成后点击"发送"将该条不符合项的整改信息提交至体系负责人审核。在"改进建议项"的列表中，双击某条改进建议项进入详情页，录入原因分析、整改情况，整改佐证材料为选填项，可根据实际情况上传，录入完成后点击"发送"将改进建议项整改信息提交至体系负责人审核。不符合项和改进建议项的整改提交均是逐条录入提交。提交后，质量员的首页待办事项暂不收回，待内审小组组长完成审核发现整改跟踪验证的审核后，首页待办事项统一收回。

第二步：体系负责人审核。受审核部门代表（质量员）逐条提交不符合项和改进建议项的整改信息后，体系负责人通过首页"待办"事项进入不符合项或改进建议项的详情页对整改情况进行审核修改，审核后通过"办理菜单－发送"提交至内审员进行跟踪验证，若审核不通过，可通过"办理菜单－退回"功能由质量员重新实施整改。

第三步：内审员实施跟踪验证。实施跟踪验证的内审员为录入不符合项或改进建议项的内审员。内审员通过首页"待办"进入不符合项和改进建议项的详情页，对受审核部门提交的原因分析、整改情况进行跟踪验证，录入验证结论，最后通过"办理菜单－发送"将验证结论提交给内审小组组长进行审核。审核发现的跟踪验证是逐条实施的，内审员录入了多少条不符合项和改进建议项，就会在首页收到多少条跟踪验证待办事项，内审员需逐条验证提交。

第四步：内审小组组长实施验证审核。内审员提交审核发现的跟踪验证结论后，内审小组组长通过首页"待办"事项逐条进入不符合项和改进建议项的详情页，对内审员提交的验证结论进行审核，审核后通过"办理菜单－发送"进入验证汇总环节，若审核不通过可逐级退回至受审核部门进行再整改。本小组的不符合项和改进建议项均审核完成后，通过"办理菜单－发送"提交至审核组组长。

【注意事项】

（1）内审员添加不符合项与改进建议项时应按规定录入逾期时间，受审核部门应在整改逾期时间之前在信息系统完成整改材料的提交，否则系统将自动判定该条不符合项或改进建议项为"逾期整改"。

（2）受审核部门完成审核发现的整改后需提交体系负责人审核，一般情况下，县气象局的体系负责人应是各县气象局领导，地级气象局的体系负责人应是各地级气象局领导，省气象局直属部门和国家级直属单位各处室的体系负责人应是各处室领导。

35. 如何生成和发布内审报告？

内审报告是对内部审核工作、审核结果、审核结论的综合性记载文件，作为报告审核过程及其结果的最终载体，内容包括审核目的、审核准则、审核方式、审核范围、审核安排、审核综述、审核发现及分析、工作亮点、审核结论等。

内审结束后，内审报告可基于信息系统生成和发布。全国抽审可生成小组内审报告和全国内审报告，小组内审报告是在完成本小组审核发现整改的跟踪验证审核后，由内审小组组长生成；全国内审报告是所有内审小组组长提交审核发现整改验证后，由审核组组长生成和发布。省级自审的内审报告仅在所有审核发现整改验证完成后由审核组组长生成和发布，无小组内审报告。内审报告生成和发布的步骤如下。

（1）全国抽审的内审报告

第一步：小组审核报告的生成。内审小组组长在完成本小组内审员提交的审核发现跟踪验证的审核后，在"小组审核"基本信息页面，点击"生成小组审核报告"即可按系统内置模板生成本小组的审核报告,在"小组审核报告"栏点击"编辑"可对小组审核报告进行在线编辑修改。小组审核报告中的"审核范围、审核涉及机构、审核安排"均是从本小组的内审日程中自动获取相关信息;审核发现是系统根据本次本小组内审的审核发现进行统计分析;审核结论是按内置格式自动生成,内审小组组长可根据实际进行修改;审核总结、工作亮点需内审小组组长人工录入。小组审核报告在线修改并保存后,内审小组组长通过"办理菜单－发送"将本小组的审核发现验证结论及小组审核报告一并提交至审核组组长。

第二步:全国内审报告的生成和发布。审核组组长在全国抽审的内审小组组长全部提交小组审核报告及审核发现验证结论后,通过首页"待办"进入内部审核基本信息页,在审核输出栏录入内审综述、审核发现及分析、工作亮点、内审结论、首末次会议材料,点击"生成审核报告",可在"审核报告"栏按内置模板生成全国内审报告,点击"编辑"对审核报告进行在线编辑修改,审核报告的结构与小组审核报告的结构一致。待审核报告修改保存后,通过"办理菜单－发送"进入审核报告发布环节,再次通过首页"待办"进入内部审核页面,通过"办理菜单－发送"发布审核报告办结本次内审,同时系统以公告的形式在公告栏发布本次全国内审报告。审核报告发布后,仅可下载或查看PDF版的内审报告,不可再编辑修改。

(2)自审的内审报告

第一步:生成和修改内审报告。待本次自审的内审小组组长全部提交审核发现整改的跟踪验证后,审核组组长通过首页"待办"进入内审审核页面,在审核输出栏录入内审综述、审核发现及分析、工作亮点、内审结论、首末次会议材料等,点击"生成审核报告",可在"审核报告"栏按内置模板生成本次内审报告,通过"编辑"可对内审报告进行在线编辑修改。自审的内审报告结构与全国抽审的小组内审报告结构一致。

第二步:发布内审报告。待内审报告修改保存后,由审核组组长通过"办理菜单－发送"进入审核报告发布环节,再通过首页"待办"进入内部审核页面,通过"办理菜单－发送"发布审核报告并办结本次内审,同时系统以公告的形式在公告栏发布本次自审内审报告。审核报告发布后,仅可下载或查看PDF版的内审报告,不可再编辑修改。

> 【注意事项】
> (1)全国抽审中,需生成小组内审报告和全国内审报告;体系建设单位自审时,仅由审核组组长在最后环节生成一个内审报告。
> (2)全国抽审中,小组内审报告是本小组内审员将审核发现验证结论全部提交给内审小组组长后,由内审小组组长基于系统内置模板生成并发布;全国内审报告是所有内审小组均完成审核问题整改验证并提交审核组组长后,由审核组组长录入审核输出后基于系统内置模板生成并发布。

36. 如何统计内审结果?

内审结果的统计是指对内部审核时开具的不符合项和改进建议项的分布及整改情况进行统计评估。在系统中的"统计评估－内部审核"中查询。

内审结果的统计数据必须在本次内审活动办结后才能进行查询。系统中所有用户均可通过统计评估模块查看内审结果统计,不同权限的用户能查看的范围有所不同:中国气象局综合观测司用户能查看全国各级各部门的内审结果;国家级直属单位用户能查看本单位的内审结果;各省(区、市)气象局的所有用户能查看本省的内审结果。

目前系统中内审结果可按历年趋势变化、体系组织分布、业务类型分布、问题整改情况四类进行统计评估,可按省级自审和全国抽审分别统计。具体查询方法如下。

(1)第一类:按历年趋势变化查询

该页面以折线图和表格的方式展示各单位近 10 年来的内审结果的趋势变化,默认展示不符合项和改进建议项的变化趋势。不同用户的查看权限不同,综合观测司用户默认展示全国近 10 年来的内审结果的趋势变化,国家级直属单位默认展示的是本单位近 10 年来内审结果的趋势变化,31 个省(区、市)气象局的所有用户默认展示的是本省近 10 年来内审结果的趋势变化。各用户还可通过查询项的审核单位、体系过程、业务类别、标准条款、原因分类等分类查询内审结果的历年趋势变化。统计结果还可以导出图片或按 Excel 文件形式导出统计报表。内部审核-历年趋势变化统计界面见图 5.4。

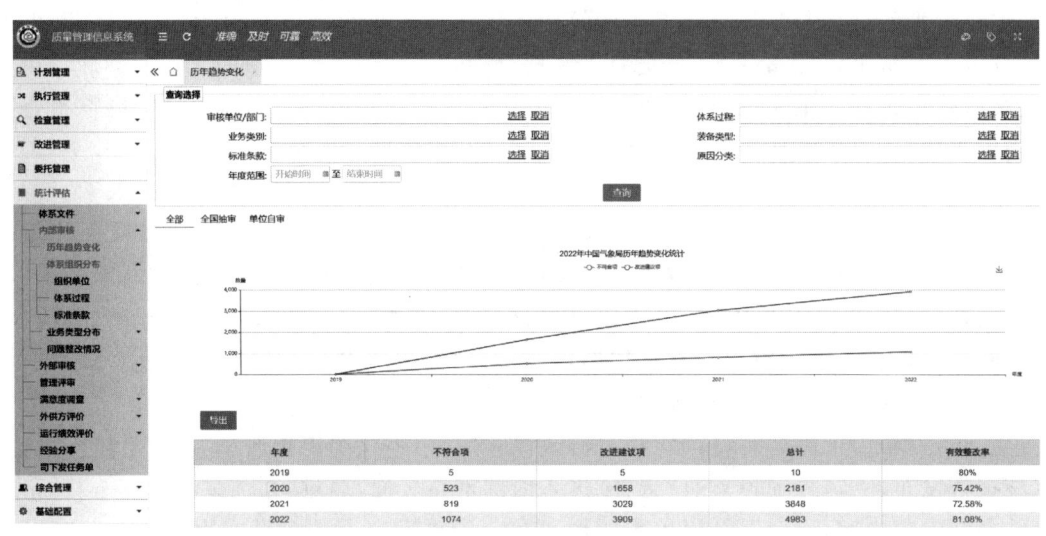

图 5.4 内部审核-历年趋势变化统计界面

(2)第二类:按体系组织分布查询

体系组织分布还细分为按组织单位、体系过程、标准条款三方面的分布情况来查询。

① 按组织单位查询。用户通过首页左侧菜单栏"统计评估-内部审核-体系组织分布-组织单位"进入统计界面,该页面以柱状图和表格的方式显示不符合项和改进建议项的数量,表格内的数据还可以 Excel 方式导出。不同的用户能查看到的数据权限不同,如综合观测司用户默认展示本年度综合观测司、4 个国家级直属单位、31 个省(区、市)气象局的内审结果数据;国家级直属单位用户默认展示本年度本单位下辖各处室的内审结果数据;31 个省(区、市)气象局所有用户默认展示本年度本省的内设机构、直属部门及所辖地级气象局的内审结果数据,用户可通过单击柱状图的方式到该部门的下一级部门进行统计汇总。所有用户还可通过查询项的审核部门、体系过程、业务类别、标准条款、原因分类等分类查看具体的内审结果数据。内部审核-组织单位统计界面见图 5.5。

② 按体系过程查询。"体系过程"查询是按内审结果在管理过程、业务过程、支撑过程三大体系过程以及子过程中的占比来进行统计展示。该统计页面以柱状图或饼图以及表格的形式展示不符合项和改进建议项的数量和占比,综合观测司用户默认显示的是本年度全国内审结果在三大过程的占比和数量分布;国家级直属单位用户默认显示的是本年度本单位内审结

果在三大过程中的占比和数量分布；31个省（区、市）气象局所有用户默认显示本年度全省内审结果在三大过程的占比和数量分布；所有用户均可点击柱状图查看下一级子过程的内审结果分布情况。所有用户还可通过"查询"项按审核部门、审核日期、体系过程来查询某部门、某时段、某具体体系过程的内审结果分布。内部审核－体系过程统计界面见图5.6。

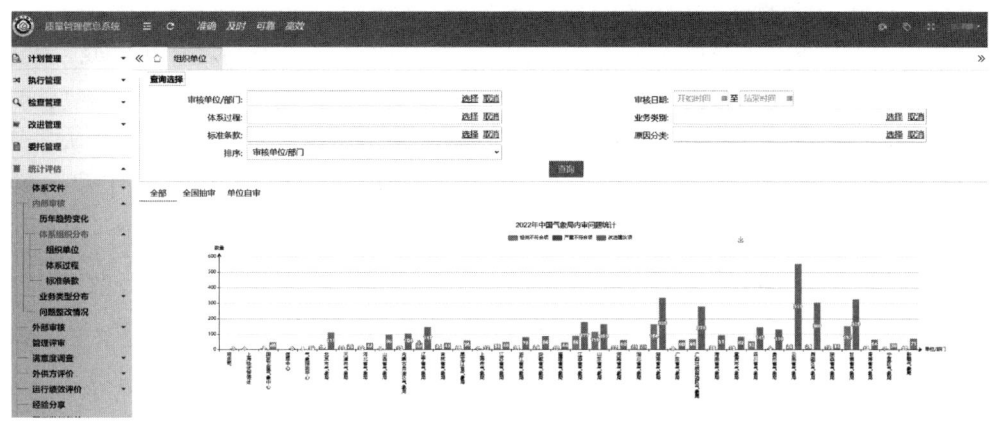

图5.5 内部审核－组织单位统计界面

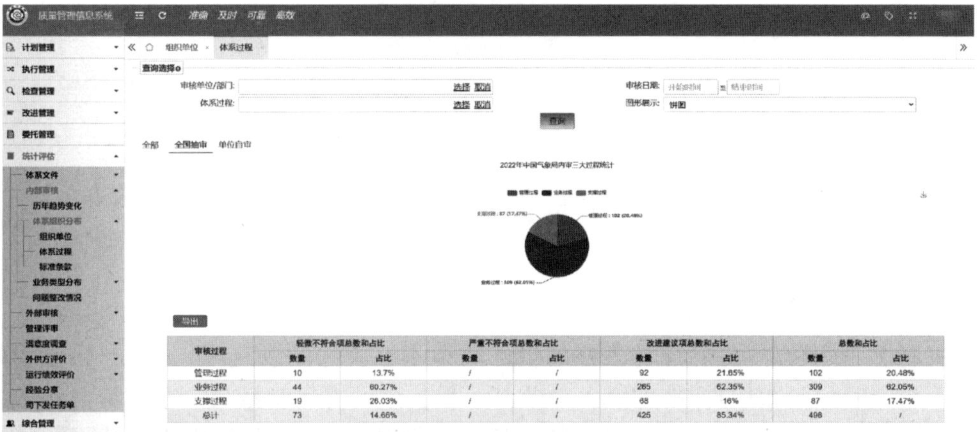

(a)

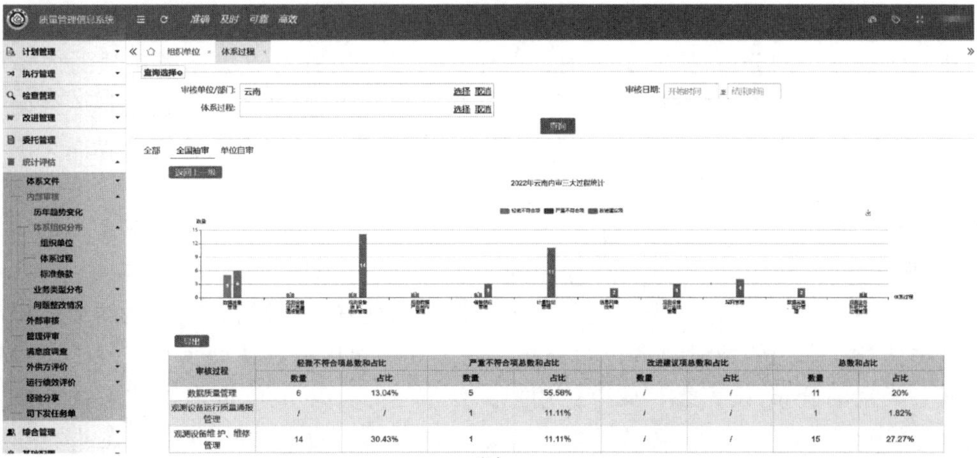

(b)

图5.6 内部审核－体系过程统计界面

③ 按标准条款查询。"标准条款"查询是按不符合项和改进建议项的判标条款在《质量管理体系 要求》(GB/T 19001—2016)标准条款中的数量分布来进行统计,细分为按标准条款(P-D-C-A类)、详细条款两个层次分别进行统计分析。

"标准条款"标签页默认以饼状图和表格的形式展示不符合项和改进建议项在 P、D、C、A 中的占比及数量分布,综合观测司用户默认展示本年度全国内审结果在 P、D、C、A 中的分布,国家级直属单位用户默认展示本年度本单位内审结果在 P、D、C、A 中的分布;31 个省(区、市)气象局所有用户默认展示本年度全省内审结果在 P、D、C、A 中的分布。用户还可通过查询项的审核单位、审核日期查询具体单位的内审结果的分布。内部审核－标准条款统计界面见图 5.7。

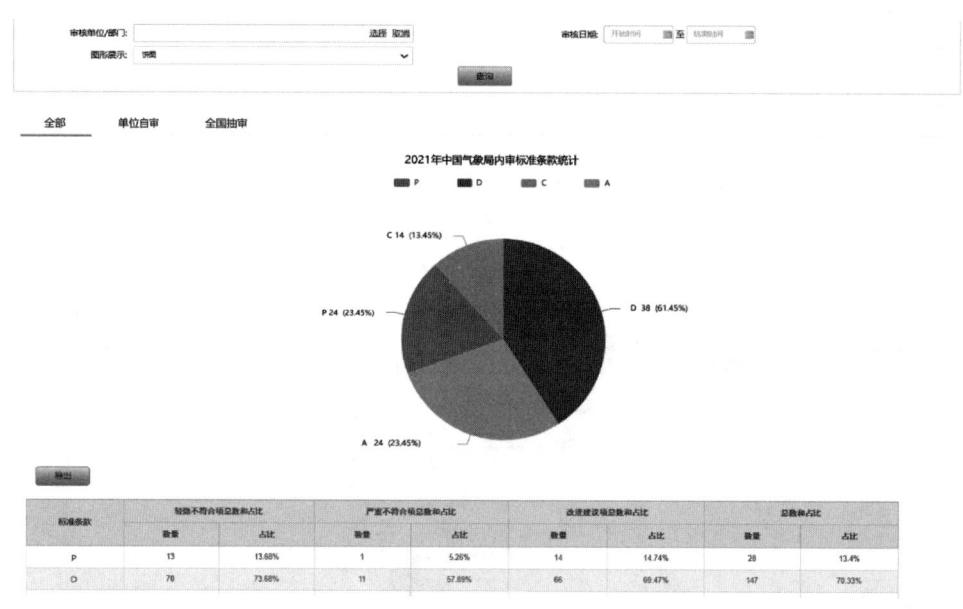

图 5.7　内部审核－标准条款统计界面

"详细条款"标签页以柱状图和表格的形式展示不符合项和改进建议项在《质量管理体系 要求》(GB/T 19001—2016)标准一级条款及其子条款中的占比和数量分布。综合观测司用户默认展示本年度全国内审结果在一级条款中的分布,国家级直属单位用户默认展示本年度本单位内审结果在一级条款中的分布;31 个省(区、市)气象局所有用户默认展示本年度全省内审结果在一级条款中的分布;所有用户均点击柱状图可逐级查看下级标准条款的内审结果分布情况。所有用户还可通过"查询"项的审核部门、审核日期、标准条款来查询具体部门某一次的内审结果在具体标准条款中的数量及占比分布。内部审核－详细条款统计界面见图 5.8。

(3) 第三类:按业务类型分布查询

业务类型分布细分为按业务类别、装备类型、原因分类三方面的分布情况来查询。

① 按业务类别查询。业务类别共分为观测需求、站网管理、技术保障、装备业务、数据业务、产品服务、标准规范、其他八类。业务类别查询是以柱状图或饼状图、表格的形式展示内审结果在八类业务类别中的数量及占比的分布。综合观测司用户默认展示本年度全国内审结果在八类业务类别的分布,国家级直属单位用户默认展示本年度本单位内审结果在八类业务类别中的分布;31 个省(区、市)气象局所有用户默认展示本年度全省内审结果在八类业务类别中的分布。用户还可通过查询项的审核部门、审核日期、业务类别来查询具体单位的某次内审结果在八类业务类别中的数量及占比。内部审核－业务类别统计界面见图 5.9。

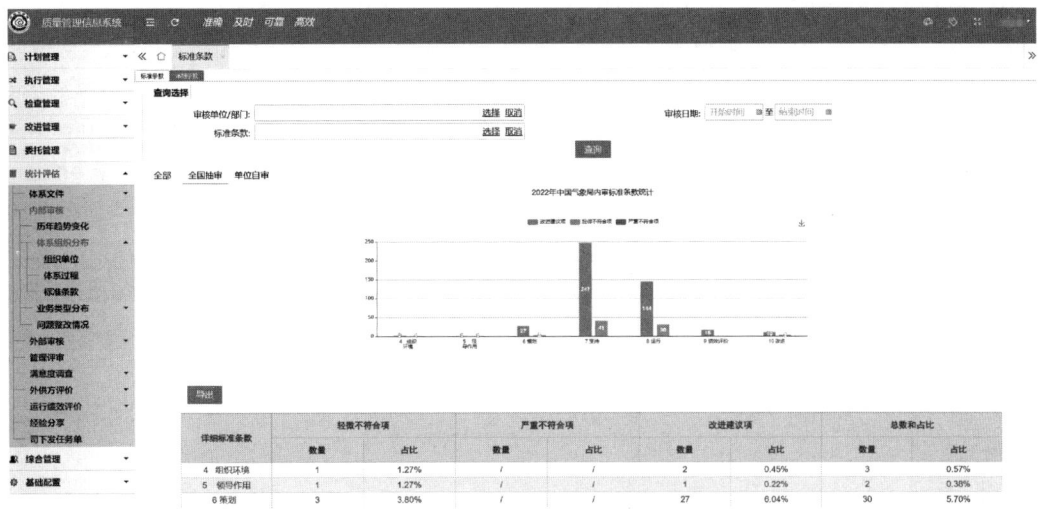

图 5.8　内部审核－详细条款统计界面

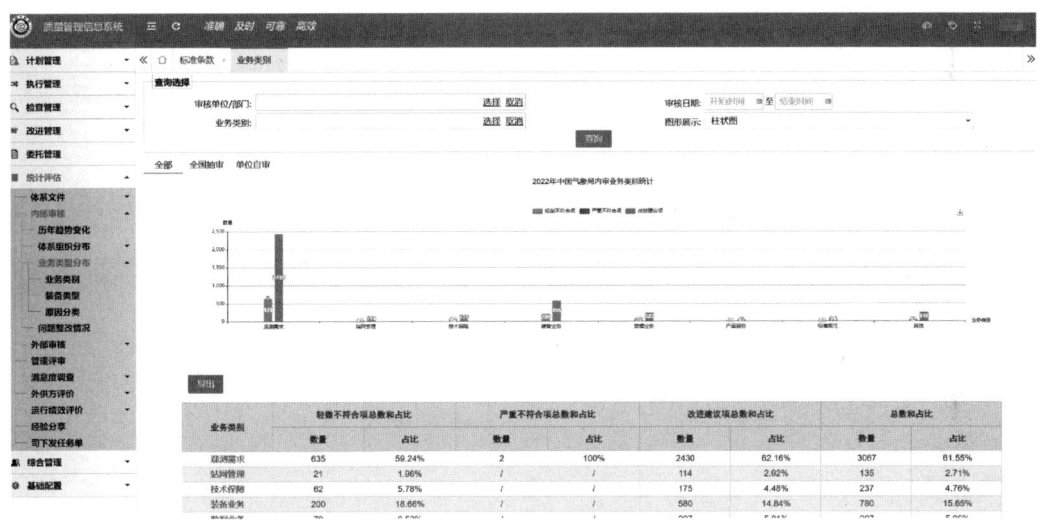

图 5.9　内部审核－业务类别统计界面

② 按装备类型查询。装备类型共分为地面、高空、雷达、农气、大气成分、卫星、空间天气、其他八类。装备类型查询是以柱状图或饼状图、表格的形式展示内审结果在八类装备类型中的数量及占比的分布。综合观测司用户默认展示本年度全国内审结果在八类装备类型中的分布，国家级直属单位用户默认展示本年度本单位内审结果在八类装备类型中的分布；31个省（区、市）气象局所有用户默认展示本年度全省内审结果在八类装备类型中的分布。所有用户还可通过查询项的审核部门、审核日期、装备类型来查询具体单位的某次内审结果在不同装备类型中的数量及占比分布。内部审核－装备类型统计界面见图5.10。

③ 按原因分类查询。内审不符合项和改进建议项的原因按判标条款分为 P1 内外部环境、P2 相关方需求、P3 体系范围……；D1 资源保障、D2 人员能力……；C1 监视测量、C2 内审、C3 管评；A1 改进、A2 不合格纠正措施、A3 持续改进共 26 类。原因分类查询是以柱状图及表格的形式展示内审结果在 26 类原因分类中的数量及占比的分布，默认展示内审结果在 P、D、

C、A中的占比和数量分布,通过逐级往下查询,如单击柱状图P,可展示内审结果在P1到P9中的占比和数量分布。综合观测司用户默认展示本年度全国内审结果在P、D、C、A中的分布,国家级直属单位用户默认展示本年度本单位内审结果在P、D、C、A中的分布;31个省(区、市)气象局所有用户默认展示本年度全省内审结果在P、D、C、A中的分布。所有用户还可通过查询项的审核部门、审核日期、内审原因分类来查询具体部门的某次内审结果在26类原因分类中的数量及占比。内部审核－原因分类统计界面见图5.11。

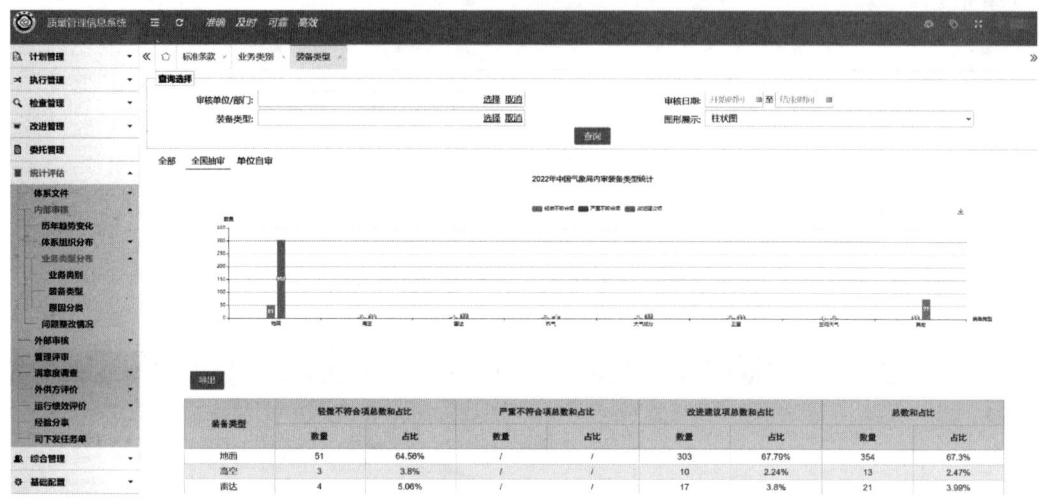

图5.10 内部审核－装备类型统计界面

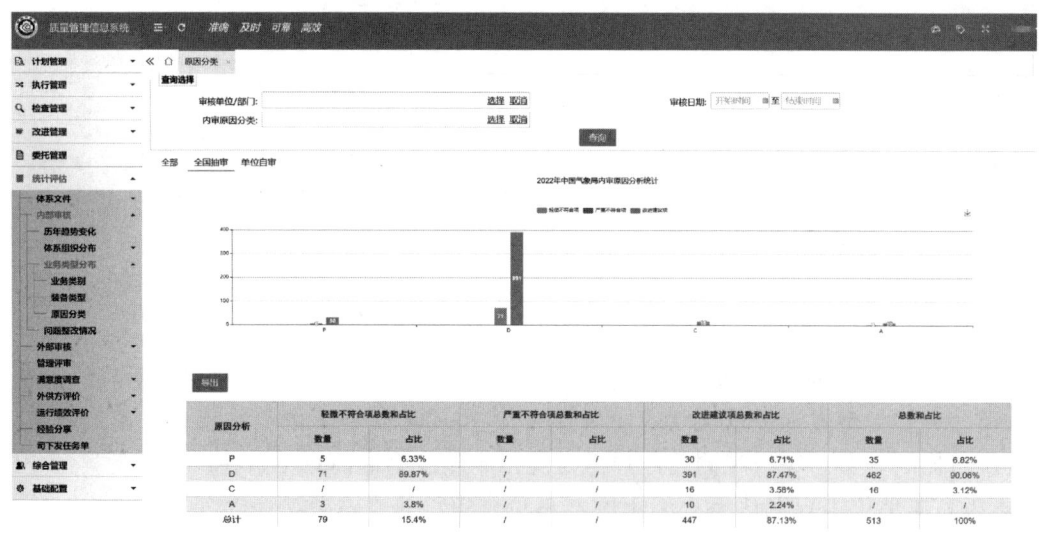

图5.11 内部审核－原因分类统计界面

(4)第四类:按问题整改情况查询

整改情况查询是按内审不符合项和改进建议项的有效整改率进行统计。有效整改率是指不符合项或改进建议项的有效整改数量在审核发现中的占比,当内审员的验证结论为"纠正和纠正措施可以接受且证实有效"时判定该不符合项或改进建议项为有效整改,当内审员的验证结论为"纠正和纠正措施计划可以接受,将在下次审核中验证有效性"或"纠正和纠正措施不能接受"或"纠正措施未有效实施"时判定该不符合项或改进建议项为无效整改。综合观测司用户默认展示本年度综合观测司、4个国家级直属单位、31个省(区、市)气象局的内审问题有效整改率;国家级直属单位用户默认展示本年度本单位所辖处室的内审问题有效整改率;31个省(区、市)气象局所有用户默认展示本年度本省内设机构、直属单位、各地级气象局的内审问题有效整改率;所有用户可查看下级部门的内审问题的有效整改率。所有用户还可通过查询项的审核部门、审核日期、整改状态来查询具体部门的某次内审问题的有效整改率。内部审核一问题整改情况统计界面见图5.12。

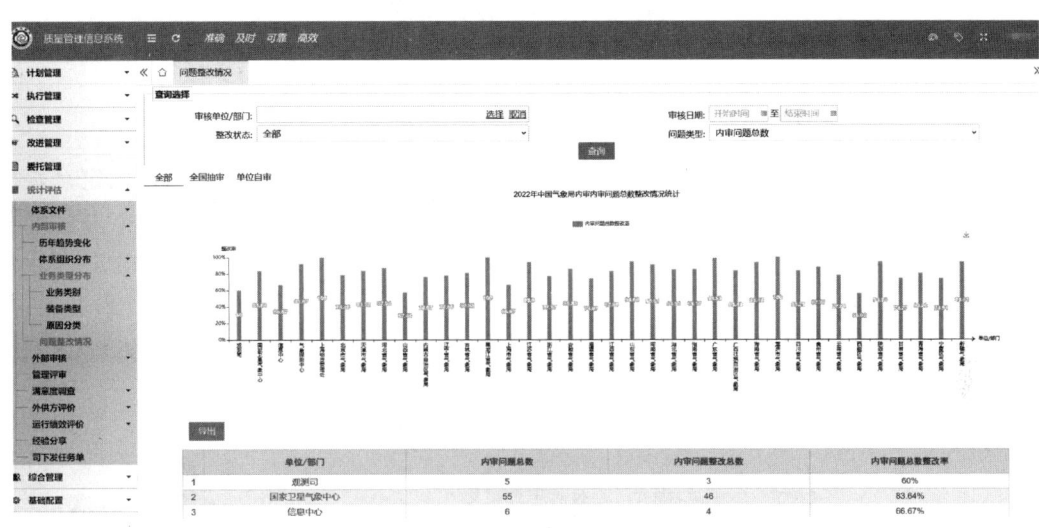

图5.12 内部审核一问题整改情况统计界面

【知识点】

(1)内部审核发现的统计按体系过程、业务类别、装备类型、内审原因共四方面进行分类统计。

(2)体系过程分类统计是根据管理过程、业务过程、支撑过程三大过程进行分类统计,再按三大过程的子过程进行统计。

(3)业务类别分类统计是按照内审问题的类别分为观测需求、站网管理、技术保障、装备业务、数据业务、产品服务、标准规范、其他八类。

(4)装备类型分类统计是按地面、高空、雷达、农气、大气成分、卫星、空间天气、其他八类装备类型进行统计。

(5)原因分类按照审核问题的判标条款进行分类,总体分为P(计划)、D(执行)、C(检查)和A(处置)四大类,各大类按照具体内容又进行了细分。计划环节(P)按标准条款的内容分为P1内外部环境、P2相关方需求、P3体系范围、P4体系过程、P5领导作用、P6质量方针、P7职责权限、P8风险机遇、P9质量目标、P10变更策划;执行环节(D)按标准条款的内容分为D1资源保障、D2人员能力、D3意识、D4沟通、D5成文信息、D6运行策划控制、D7产品服务要求、D8产品服务设计开发、D9外供方控制、D10生产服务提供、D11产品服务放行、D12不合格控制;检查环节(C)按标准条款的内容分为C1监视测量、C2内审、C3管评;处置环节(A)按标准条款的内容分为A1改进、A2不合格纠正措施、A3持续改进。

（6）有效整改率是指不符合项或改进建议项的有效整改数量在审核发现中的占比,当内审员的验证结论为"纠正和纠正措施可以接受且证实有效"时判定该不符合项或改进建议项为有效整改,当内审员的验证结论为"纠正和纠正措施计划可以接受,将在下次审核中验证有效性"或"纠正和纠正措施不能接受"或"纠正措施未有效实施"时判定该不符合项或改进建议项为无效整改。

5.2 外部审核

37. 外部审核业务流程是什么?

外部审核是第三方合格评定机构为评价组织管理体系的符合性、有效性,以确定是否推荐认证注册或保持认证证书为目的的审核。外部审核包括初次认证审核、持证单位再认证审核和监督审核、特殊审核。

气象部门的外部审核均由第三方认证机构实施,而信息系统又基于气象业务内网运行,因此,外部审核材料需由气象部门受审核单位负责录入系统。外审结果信息化任务分工见图5.13。

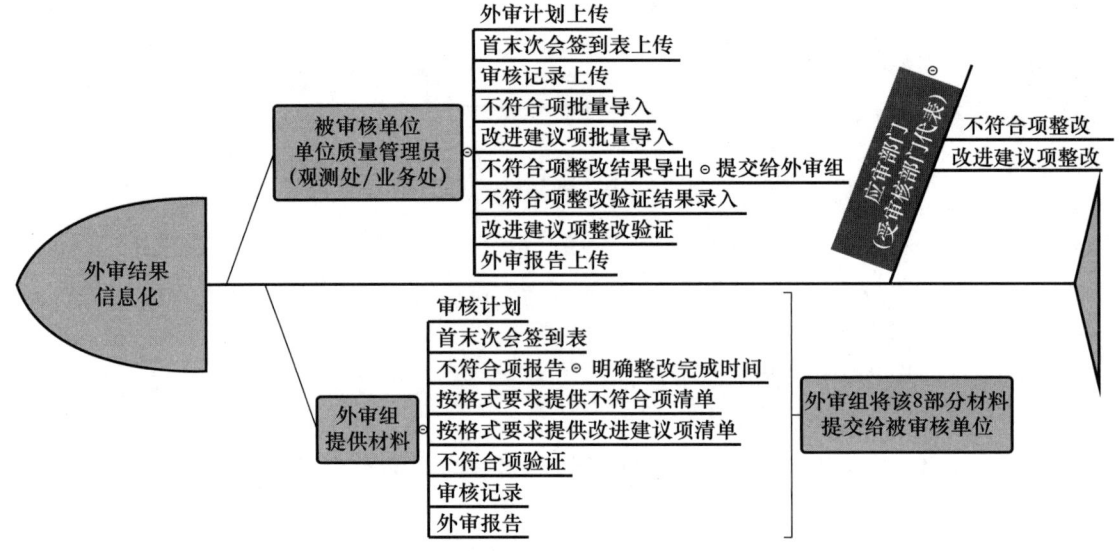

图 5.13 外审结果信息化任务分工图

气象部门质量管理体系的外部审核业务流程主要包括:录入审核计划和审核发现、实施审核发现整改、审核发现整改的跟踪验证、上传审核结论等,气象部门外部审核业务流程见图5.14。

外部审核计划和审核发现的录入:在外审现场审核结束后,由被审核单位的省级质量管理员负责录入并下发。审核计划、审核记录、审核发现等由外审组提供。

审核发现的整改:由被审核部门负责,在系统中收到省级质量管理员下发的外审不符合项和改进建议项后,分析问题原因、制定整改措施并实施整改,整改后将原因分析、整改计划或整改情况录入系统,经体系负责人审核后提交至省级质量管理员。

审核发现整改的跟踪验证:由外审员和省级质量管理员共同负责。不符合项的跟踪验证由外审员负责,外审员验证后将验证结论提交给省级质量管理员,由省级质量管理员代为录入系统;改进建议项的跟踪验证由省级质量管理员负责验证并录入信息系统。

审核结论的上传:由省级质量管理员负责上传。审核报告由外审组提供。

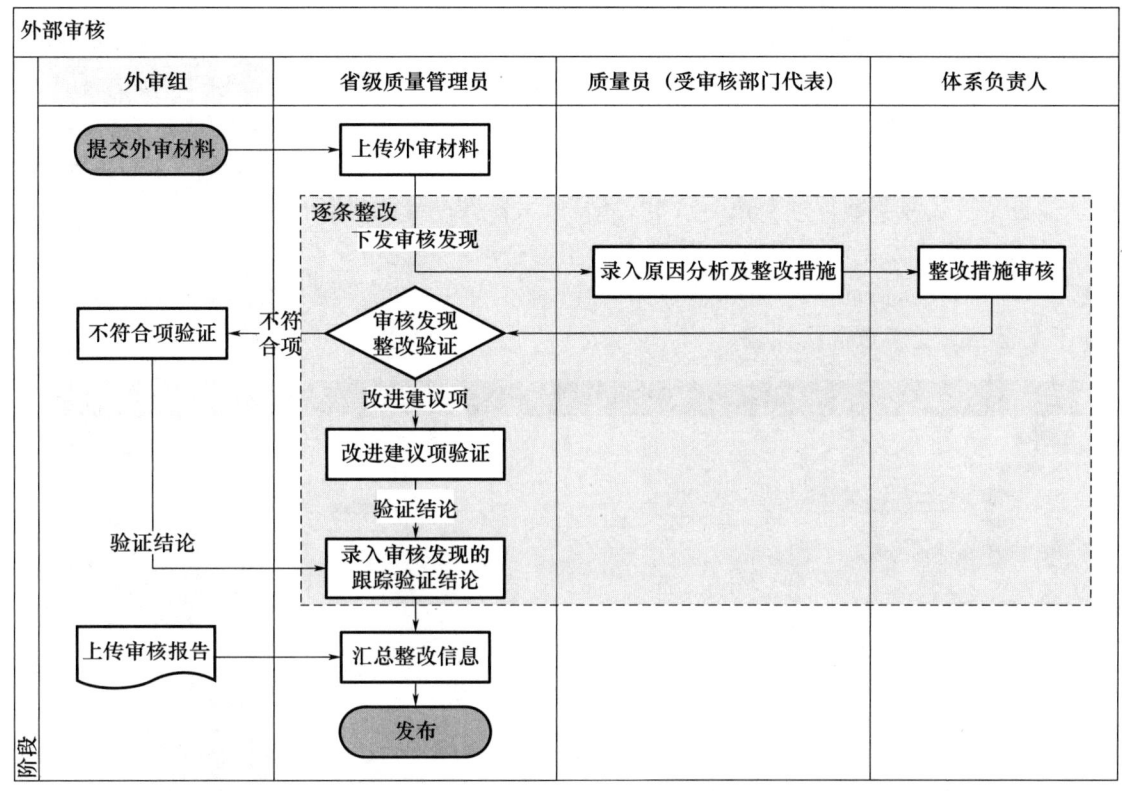

图 5.14 气象部门外部审核业务流程图

38. 如何录入审核计划、审核发现及实施问题整改?

外部审核计划是对外部审核活动和安排的描述,由第三方认证机构审核组编制,一般会在现场审核前三天提交给受审核单位进行确认。审核发现是外审组将收集的审核证据对照审核准则进行评价的结果,此处的审核发现是指不符合项和改进建议项,由审核组在末次会议结束后提交给受审核单位。问题整改是受审核单位为消除已发现的不合格或不合格的原因所采取的措施。

按照气象观测质量管理体系业务化运行要求,外部审核结果须录入信息系统,鉴于信息系统在气象业务内网运行,因此,外部审核材料均由各受审核单位完成录入。外部审核材料含审核计划、首末次会议材料、审核记录等,外部审核材料由外审组提供,由受审核单位的省级质量管理员负责录入,综合观测司的外审材料由国家级质量管理员负责录入。受审核部门代表要基于信息系统完成不符合项和改进建议项的整改录入,并经体系负责人审核后,提交给省级质量管理员。

本项工作涉及录入前准备、录入外审材料、审核发现整改三个环节,具体流程如下。

第一步:录入前准备。外审前,受审核单位的省级质量管理员通过首页左侧菜单栏"检查管理—外部审核—添加外部审核"进入外部审核页面,在基本信息页下载不符合项模板、改进建议项模板,并将模板提供给外审组。现场审核前,外审组向受审核单位提交本次外部审核计划；现场审核期间，外审组按照不符合项和改进建议项的模板体例要求填写不符合项清单和改进建议项清单；末次会议结束后，外审组向受审核单位提交不符合项报告、不符合项清单、改进建议项清单、首末次会议签到表、审核记录等。省级质量管理员在外审材料录入前，要确保受审核部门至少配备了1名质量员用于接收本次审核的审核发现。

第二步：录入外审材料。省级质量管理员在系统首页左侧菜单栏"检查管理－外部审核"模块，添加外部审核，在"基本信息"页上传首末次会议签到表、外部审核计划、审核记录表，保存后进入不符合项和改进建议项管理界面，见图5.15。在"不符合项管理"标签页中，通过"导入不符合项"功能批量导入不符合项清单，在"改进建议项管理"标签页中，通过"导入改进建议项"功能批量导入改进建议项清单，也可逐条添加不符合项或改进建议项，见图5.16。不符合项和改进建议项导入完成后，逐条检查导入的不符合项和改进建议项的内容是否正确，若有错误或空白项，则在详情页补充录入，检查无误后，通过"办理菜单－发送"将不符合项和改进建议项下发至相关受审核部门代表。

图 5.15　外部审核－基本信息界面

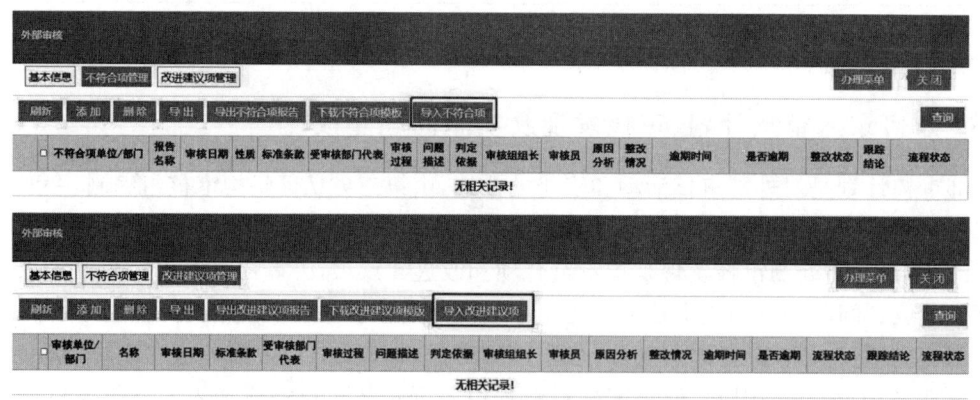

图 5.16　外部审核－不符合项和改进建议项批量导入界面

第三步：审核发现整改。由受审核部门代表（质量员）和体系负责人负责。

整改情况录入。受审核部门代表（质量员）通过"首页－待办"项进入不符合项和改进建议项标签页，双击某条不符合项或改进建议项，可进入详情页面填写问题原因分析及整改情况，不符合项整改须上传整改佐证材料。录入完成后，可在不符合项和改进建议项详情页面通过"发送"逐条提交至体系负责人进行审核。无须通过"办理菜单－发送"进行提交，首页的待办会在省级质量管理员验证完成后由系统自动收回。

体系负责人审核。体系负责人通过系统"首页－待办"进入不符合项或改进建议项的整改详情页面,逐条审核整改情况,审核通过后,通过"办理菜单－发送"提交至省级质量管理员进行跟踪验证。

【注意事项】

(1)不符合项和改进建议项清单填写要求:各外审组实施现场审核时,务必在提供的模板中填写不符合项、改进建议项,不允许调整模板的格式:"审核单位/部门"填写"上一级部门/受审核部门全称",标准条款只能判一个条款,日期录入格式为"年－月－日",审核过程的名称务必与质量手册的体系过程名称一致,否则会导致批量导入时,数据无法匹配,对应项内容为空。

(2)部门质量管理员角色配置:单位质量管理员在录入外审材料前,务必检查系统中是否为受审核部门配置了相应的部门质量管理员(不符合项清单中的"受审核部门代表")、部门体系负责人,否则会导致无人接收和审核不符合项。

(3)批量导入不符合项和改进建议项:单位质量管理员在不符合项和改进建议项批量导入后,如果录入的数据与系统中的数据不匹配,则从系统无法获取,在不符合项/改进建议项详细页,对应项内容为空,此时发送下一步,系统提示"不符合项/改进建议项还有必填项未填,请检查录入后发送下一步"。若有项目内容为空,则在系统重新选择该项内容,完成内容补充后,点击"保存"即可。

39. 如何填写不符合项清单和改进建议项清单?

外审期间,外审组需按信息系统中下载的模板填写不符合项清单、改进建议项清单(模板见表5.1),不允许调整模板的格式,清单填写要求如下。

审核单位/部门:填写"上一级部门/受审核部门"全称,格式如:山东省气象局/观测与网络处,济南市气象局/业务科等;

受审核部门代表:本条审核发现的整改人员姓名;

审核日期:年－月－日,可录入"2021-10-25",模板自动转换为固定格式"2021/10/25";

性质(不符合项):选择项,勾选"轻微/严重";

标准条款号:只能填1个条款,如:8.5.1;

审核过程(体系过程):与受审核单位的质量手册中的体系过程名称一致;

业务类别:选择项,从模板中的类别进行勾选;

装备类型:选择项,从模板中的装备类型进行勾选;

问题描述:录入文本信息;

判定依据(不符合项):录入文本信息;

整改逾期时间:年－月－日,录入日期格式"2021-11-15"。

表5.1 外审不符合项和改进建议项清单模板

不符合项清单

序号	审核单位/部门	受审核部门代表(质量员)	审核日期	性质	标准条款号	审核过程(体系过程)	业务类别	装备类型	问题描述	判定依据	审核组组长	审核员	整改逾期时间
1													

续表

序号	审核单位/部门	受审核部门代表（质量员）	审核日期	性质	标准条款号	审核过程（体系过程）	业务类别	装备类型	问题描述	判定依据	审核组组长	审核员	整改逾期时间
2													
3													
4													
5													
6													

改进建议项清单

序号	审核单位/部门	受审核部门代表（质量员）	审核日期	标准条款号	审核过程（体系过程）	业务类别	装备类型	问题描述	审核组组长	审核员	整改逾期时间
1											
2											
3											
4											
5											
6											

40. 如何开展审核发现整改结果的跟踪验证？

外审整改结果的跟踪验证是对纠正、纠正措施及其完成情况进行验证，评价其有效性，并向受审核方提交纠正措施验证报告。验证方式主要取决于不符合项问题的严重性、影响程度，以及纠正措施的复杂程度，验证方式可分为现场验证、书面验证、下次审核时验证。

气象部门外审发现的跟踪验证分为不符合项的跟踪验证和改进建议项的跟踪验证。待受审核部门提交整改结果后，不符合项的跟踪验证由外审员负责，外审员验证后由省级质量管理员代为录入系统，改进建议项的跟踪验证由省级质量管理员负责。具体操作步骤如下。

第一步：不符合项的跟踪验证。由省级质量管理员通过首页左侧菜单栏"检查管理—外部审核"列表的详情进入本次外部审核页面，在不符合项管理标签页，通过"导出不符合项报告"功能导出不符合项报告清单，同时在不符合项详情页下载整改佐证材料，将报告清单和整改佐证材料一并发给外审组。外审员在收到不符合项报告清单和整改佐证材料后，对整改结果进行跟踪验证，验证后向省级质量管理员提交跟踪验证报告。省级质量管理员在收到外审员提交的验证报告后，通过系统首页"待办"进入不符合项的跟踪验证页面，将外审员的验证结论录入系统，并上传验证报告扫描件，最后通过"办理菜单—发送"进入下一步。

第二步：改进建议项的跟踪验证。改进建议项的跟踪验证由省级质量管理员负责。省级质量管理员通过系统"首页—待办"进入改进建议项的跟踪验证页面，针对受审核部门提交的原因分析、纠正措施及整改情况进行跟踪验证，录入验证结论，最后通过"办理菜单—发送"完成验证。

41. 如何上传外审报告?

外审报告是对外部审核工作、审核结果、审核结论的综合性记载文件,作为报告审核过程及其结果的最终载体。

外审报告由外审组在现场审核结束后商定的时间期限内(或现场审核结束后约定的时间内,系统默认为 45 天)提交给受审核单位,由受审核单位的省级质量管理员上传至信息系统。

省级质量管理员在收到外审组提交的审核报告后,且系统的不符合项和改进建议项均完成验证后,通过"首页-待办"进入外部审核基本信息页,在基本信息页的"审核报告"栏上传外审报告,勾选审核结果(通过或不通过)。完成后,通过"办理菜单-发送"办结本次外部审核。

5.3 管理评审

42. 管理评审的业务流程是什么?

管理评审是组织最高管理者按照计划的时间间隔(管理评审每年至少进行 1 次)对气象观测组织的质量管理体系进行评审,以确保其持续的适宜性、充分性和有效性,并与气象观测组织的战略方向保持一致。气象观测质量管理体系中的管理评审活动,一般以会议方式进行。

管理评审会由气象观测组织各体系建设单位最高管理者(或由最高管理者委托管理者代表)主持召开,参会成员包括气象观测质量管理体系建设范围内的各单位主要负责人、内审组核心成员等,必要时由最高管理者决定其他有关人员参会。管理评审会可以单独组织实施,也可结合相应级别的其他会议同步召开,可以采取现场评审或远程评审的方式进行。管理评审每年须至少开展 1 次,两次间隔时间不超过 12 个月,当组织出现重大变化时,由最高管理者批准,可适当增加管理评审次数。

气象观测质量管理体系中的管理评审分为全国管理评审和各持证单位的管理评审。全国管理评审由中国气象局综合观测司牵头组织,各持证单位的管理评审由各单位的业务主管部门(观测处或业务处)牵头组织。业务流程如下。

全国管理评审的主要流程是:①由综合观测司制定和发布管理评审计划;②国家级直属单位和各省(区、市)气象局上传本单位的管理评审材料;③综合观测司组织编制全国管理评审输入材料,含全国体系运行情况、上一年度管理改进事项完成情况、内外部环境变化、内审报告、满意度评价和外供方评价报告、重大风险清单、管理评审决议事项清单等;④综合观测司下发全国管理评审会议通知;⑤组织召开全国管理评审会议;⑥形成全国管理评审报告并发布;⑦下发管理评审决议事项实施计划;⑧各改进事项的整改责任单位和验证单位在规定时限内完成改进事项整改及验证。全国管理评审流程见图 5.17。

各持证单位的管理评审的主要流程与全国管理评审流程基本一致,主要由各单位的业务主管部门牵头,省级各直属单位和各地级气象局参与评审。省级管理评审流程见图 5.18。

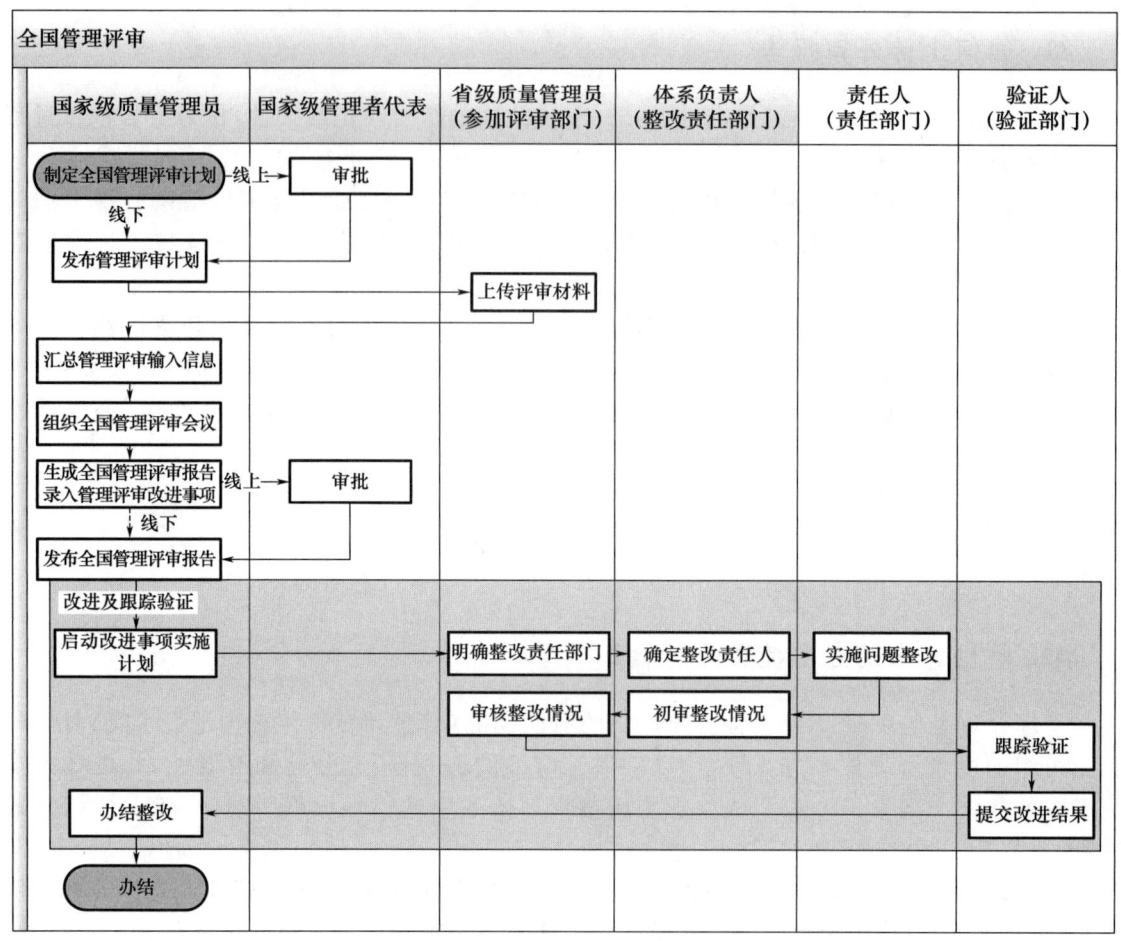

图 5.17 全国管理评审流程图

43. 如何上传管理评审输入材料？

管理评审输入材料是策划和实施管理评审时所形成的材料，含以往管理评审所采取措施的情况、与质量管理体系相关的内外部因素的变化、顾客满意情况、质量目标实现程度、过程绩效情况、内部审核、外供方绩效、应对风险和机遇所采取措施的有效性等。

管理评审每年须至少开展 1 次，与上一年度召开的管理评审会议时间间隔不超过 12 个月。全国管理评审的输入材料由综合观测司、2 个国家级直属单位、31 个省（区、市）气象局按各自任务分工完成录入；各持证单位的管理评审输入材料由各省（区、市）气象局或国家级直属单位的省级质量管理员和所辖体系覆盖单位的地级质量管理员按各自任务分工完成录入。

全国管理评审输入材料上传步骤如下。

第一步：录入管理评审计划。由国家级质量管理员通过系统左侧菜单栏"检查管理－管理评审"进入管理评审列表；通过"添加全国管理评审"进入"管理评审计划"录入页面；录入评审时间、最高管理者、材料上报截止时间、材料汇总时间、评审目的、评审参加部门、评审材料输入人员（自动获取所选的评审参加单位的单位质量管理员，可修改）、评审内容、评审准备工作要求等；经管理者代表（线上或线下）审批后，通过"办理菜单－发送"将管理评审计划下发至各评审参加部门。全国管理评审计划录入界面见图 5.19。

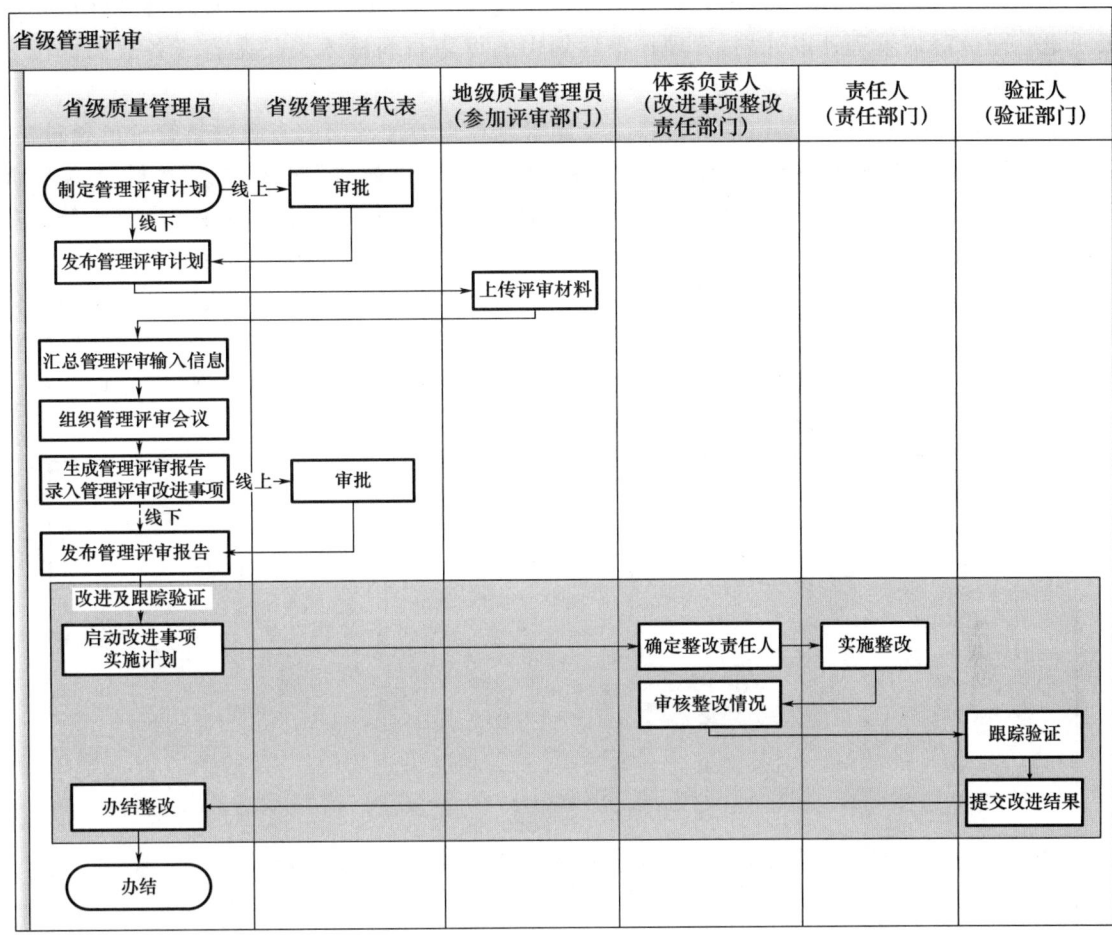

图 5.18 省级管理评审流程图

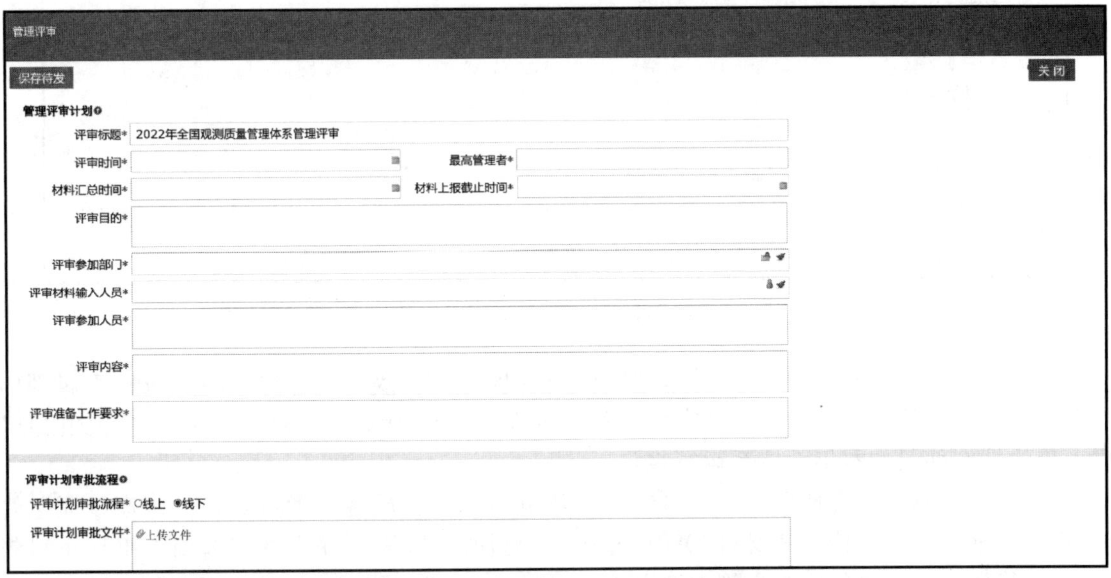

图 5.19 全国管理评审计划录入界面

此环节,省级管理评审与全国管理评审的流程基本一致,不同之处是:省级管理评审由省级质量管理员添加管理评审计划,管理评审计划中的评审材料输入人员是省级各直属部门和各地级气象局的地级质量管理员。

第二步:评审参加部门上传评审材料。全国管理评审参加部门的省级质量管理员通过"首页-待办"进入"管理评审-上传评审材料"页面,点击"查看"进入输入材料录入界面(图5.20):输入材料中的满意度评价、风险管理、管理评审改进事项、体系文件、内审不符合项和改进建议项、废改立、内审员相关数据等均从信息系统中的相关模块自动获取,若本单位在相关模块未录入信息,则相应地输入材料显示为"0",省级质量管理员可修改输入材料的具体数据;在"相关附件"栏上传本单位本年度的管理评审报告或其他评审材料;进入"领导层决议事项"标签页,逐条添加需提交领导层决议的问题或建议;材料录入完成后,通过"办理菜单-发送"提交至国家级质量管理员。

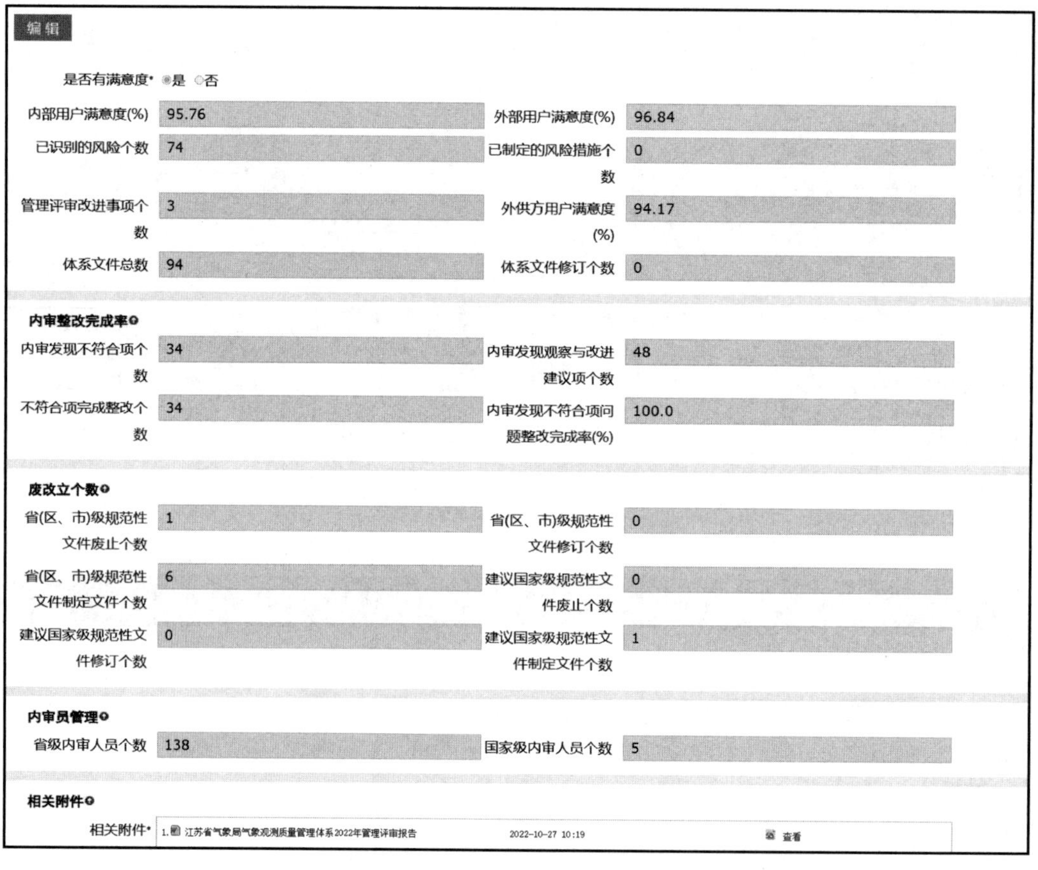

图 5.20 评审材料录入界面

此环节,省级管理评审与全国管理评审中的流程基本一致,不同之处是:省级各直属部门和各地级气象局的地级质量管理员在输入材料页面,管理评审改进事项无须填报,"相关附件"栏上传的是本部门的本年度体系运行报告。

第三步:汇总全国管理评审输入材料。本环节由国家级质量管理员负责。国家级质量管理员在"管理评审-上传管理材料"页面,通过"提交状态"查看各评审参加部门上报评审材料的状态,待所有参加单位均提交管理评审输入材料后,可进行管理评审输入材料汇总。

(1)汇总输入材料。国家级质量管理员通过"首页-待办"进入"管理评审"页面,在基本信息页"管理评审输入"中,汇总录入全国管理评审输入材料,输入材料中的内部和外部满意度、内审不符合项个数、内审改进建议项个数等信息均默认显示各体系建设单位提交的相关数据的统计值,国家级质量管理员可根据实际进行修改。

(2)形成管评决议事项清单。全国管理评审输入材料汇总完成后,在"管评决议事项清单"标签页添加本次全国管理评审会议决议事项,录入"实施项目""实施措施""责任部门""验证部门""预计完成时间"等;也可在"领导层决议事项"标签页将参加评审部门提交的领导层决议事项直接复制为管评决议事项,再进行补充完善。管评决议事项添加完成后,可通过"导出"功能导出管评决议事项清单。

(3)录入组织内外部环境。全国管理评审输入材料汇总完成后,在"内外部环境"标签页添加组织的内外部环境,录入外部环境和内部环境的项目、内容描述、配合分解部门等。

全国管理评审输入材料汇总完成后,通过"办理菜单-发送"进入组织管理评审会议环节。本环节省级管理评审与全国管理评审的流程基本一致。

第四步:组织召开管理评审会议。会议前,国家级质量管理员通过"首页-待办"进入"管理评审-评审会议"页面,录入会议通知的内容:会议主持人、会议时间、会议地点、参会单位、参会人员、会议内容、会议签到表等,点击"发送会议通知"将管理评审会议通知下发至各参会单位的评审材料录入人员,也可导出会议通知通过线下方式下发给各参会单位。管理评审会议结束后,将管理评审会议签到表的扫描件上传至"会议签到表"栏。通过"办理菜单-发送"进入管理评审报告生成环节。

本环节,省级管理评审与全国管理评审的流程基本一致。

【知识点】
(1)各体系建设单位上传的管理评审输入材料中自动显示的数据是从系统中体系文件、内部审核、风险评价、满意度调查、外供方评价、内审员管理模块中涉及本单位的数据自动获取。

(2)管理评审输入材料汇总环节:汇总时自动显示的数据是取自各体系建设单位提交评审材料时录入的满意度、风险、管理评审改进事项、内审问题、内审整改率、体系文件数量等数据的合计值或汇总平均值。

【注意事项】
(1)管理评审基本信息页的"评审材料输入人员"必须基于信息系统录入提交评审输入材料,否则国家级质量管理员或省级单位质量管理员无法汇总管理评审输入材料。

(2)全国管理评审会议中,各省(区、市)气象局和国家级直属业务单位上传的管理评审材料中的"管理评审改进事项个数"指的是本单位本年度管理评审会议后形成的改进事项,"领导层决议事项"是指各单位提交上级主管部门,供管理评审会议决议事项的输入材料。

44. 如何生成、发布管理评审报告?

管理评审报告是气象观测组织的管理评审输出的载体,包含质量管理体系基本情况、体系运行情况、管理评审综述、管理评审输入、管理评审输出、管理评审结论六部分内容。

全国管理评审报告由中国气象局综合观测司组织编制,各持证单位的管理评审报告由各单位的业务主管部门(观测处或业务处)组织编制。在管理评审会议后,由国家级质量管理员/省级质量管理员在信息系统中生成和发布管理评审报告。全国管理评审报告生成和发布的流程如下。

第一步：录入管理评审输出信息。管理评审会议结束后，由国家级质量管理员通过系统"首页－待办"进入"管理评审"页面，在"管理评审输出"项中录入本次管理评审结论、体系所需变更、资源需求等。

第二步：录入管理评审改进事项。管理评审输出信息录入完成后，进入"管评改进事项"标签页，国家级质量管理员可根据管理评审会议决议修改"管评改进事项"内容，明确实施项目、实施措施、预计完成时间、责任单位、验证单位等。

第三步：生成和发布管理评审报告。管评改进事项录入完成后，在"基本信息"页面点击"生成管理评审报告"，即可生成管理评审报告，通过"编辑"按钮可在线修改管理评审报告的内容。管理评审报告修改完成后，通过线上（或线下）审批流程提交管理者代表进行审批。经管理者代表审批同意后，国家级质量管理员通过"办理菜单－发送"发布管理评审报告，同时系统以公告的形式在公告栏发布本次管理评审报告。

本环节，省级管理评审与全国管理评审的流程基本一致。

【注意事项】
（1）因系统自动生成的管理评审报告是按已固定模板生成，管理评审报告中的内容大部分来自管理评审基本信息页的输入材料，其中体系覆盖范围中的各类观测设备情况、法律规范清单、内审问题综述等内容从系统中无法获取相关信息，需人工补充。

（2）管理评审报告是在管理评审会议结束，在系统中完成管理评审输出、改进事项录入后才可生成，否则会导致管理报告中的管理评审输出内容缺失。管理评审报告的时间取自管理评审报告发布时间。

45. 如何实施管理评审改进事项整改验证？

管理评审改进事项是管理评审的输出，是最高管理者就管理体系的现状、适宜性、充分性和有效性以及质量方针和质量目标的贯彻落实及实现情况进行正式的评价，提出体系改进的方向和措施。

管理评审改进事项的落实情况是下一年度管理评审的输入材料，因此，管理评审改进事项的整改及验证需要在次年管理评审会议召开前完成。改进事项由国家级质量管理员/省级质量管理员下发，整改责任部门实施整改，整改验证部门负责改进事项整改的验证。省级管理评审改进事项的整改及验证流程如下。

第一步：下发管理评审改进事项。管理评审报告发布后，系统自动在省级质量管理员的首页生成管理评审改进事项的待办项，系统中录入多少个改进事项，则自动生成多少个待办事项。省级质量管理员在首页"待办"进入改进事项页面，可修改改进事项内容，若某改进事项有多个整改责任部门时，需明确整改责任部门的任务分工，再通过"办理菜单－发送"将改进事项下发至整改部门的体系负责人。

第二步：整改责任部门实施整改。

① 体系负责人明确整改责任人。体系负责人通过"首页－待办"进入改进事项整改页面，在"整改实施"标签页，明确整改责任人，再通过"办理菜单－发送"将改进事项下发至整改责任人。

② 整改责任人实施整改。整改责任人收到体系负责人下发的待办后，按照要求实施改进事项的整改。整改完成后，在改进事项"整改实施"标签页录入整改情况、上传整改佐证材料，再通过"办理菜单－发送"将整改情况提交体系负责人进行审核。

③ 体系负责人审核。体系负责人收到整改责任人提交的整改情况后,通过首页"待办"进入"改进事项整改－整改实施"标签页,对整改责任人录入的整改情况及佐证材料进行审核修改,审核通过后,通过"办理菜单－发送"提交至改进事项清单中指定的验证人。

第三步:验证部门实施验证。整改部门提交后,验证人通过首页"待办"进入改进事项整改页面,对整改情况进行验证,填写实施结果、验证意见。若某条改进事项有多个整改责任部门时,需所有整改责任部门都提交整改情况后才能进行验证。验证完成,通过"办理菜单－发送"将改进事项提交至省级质量管理员。

第四步:改进事项办结。待所有改进事项验证通过后,省级质量管理员通过首页"待办"进入改进事项整改详情页面,查看各单位提交的改进事项整改及验证情况,通过"办理菜单－发送"办结改进事项。改进事项需逐条办结。

第五步:管理评审办结。待所有改进事项办结后,通过首页的"管理评审"待办事项进入管理评审页面,通过"办理菜单－发送"办结本次管理评审工作。

46. 如何查询管理评审的改进事项整改完成情况?

管理评审的改进事项统计是指对体系持证单位所负责整改的改进事项整改情况进行统计评估,改进事项的整改情况分为已完成、逾期完成、实施中、逾期未完成4类。管理评审改进事项的整改情况可在系统中的"统计评估－管理评审"中查询。

管理评审的改进事项整改统计数据需在本次管理评审报告发布后,才能在统计评估模块进行查询。用户通过首页左侧菜单栏"统计评估－管理评审"进入管理评审改进事项的统计页面,该页面以柱状图和表格的方式展示管理评审改进事项的整改情况分布,不同的用户能查看到的数据权限不同,综合观测司用户默认展示本年度综合观测司、4个国家级直属单位、31个省(区、市)气象局的管理评审改进事项整改情况;国家级直属单位用户默认展示本年度本单位下辖各处室的管理评审改进事项整改情况;31个省(区、市)气象局的所有用户默认展示本年度本省的内设机构、直属部门及所辖地级气象局的管理评审改进事项整改情况,用户可通过单击柱状图的方式到该部门的下一级部门进行改进事项整改统计。所有用户还可通过查询项的部门、年度来查询某一单位的改进事项整改情况。管理评审－改进事项整改情况统计界面见图5.21。

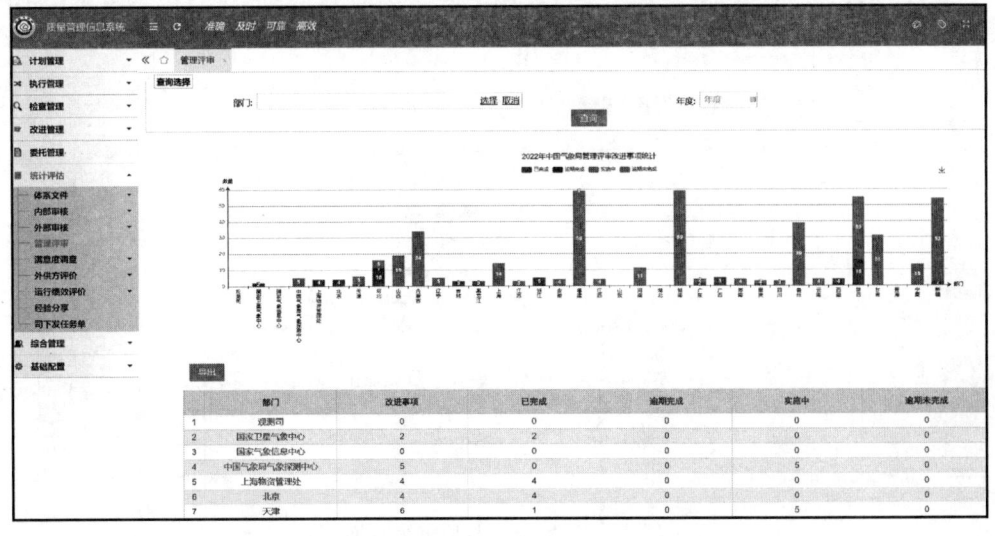

图 5.21 管理评审－改进事项整改情况统计界面

5.4　全国内审检查表库管理

47. 如何生成检查表？

内审检查表是为了确保内部审核目标、审核路线、审核策略清晰，保证内审活动的系统性、完整性和一致性，提高内部审核效率而构建的一套标准化、规范化、适合气象观测质量管理体系内审工作的文件集合。

国家级质量管理员、省级质量管理员在信息系统的"综合管理－全国内审检查表库"模块可查阅和生成、下载内审检查表。业务流程如下。

第一步：生成检查表。国家级质量管理员和省级质量管理员在检查表列表中，通过"详情"进入检查表的基本信息页，点击"生产检查表"按钮，可结合内审实际情况通过勾选"审核要点"生成本次内审的检查表，见图5.22。

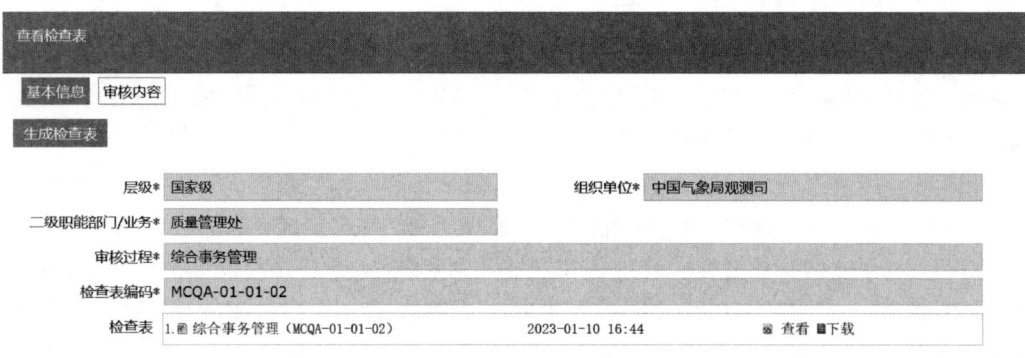

图5.22　生成内审检查表界面

第二步：批量下载检查表。国家级质量管理员和省级质量管理员在检查表列表中，通过"批量导出检查表"按钮，可批量下载已发布的检查表，见图5.23。

图5.23　批量下载检查表界面

48. 如何维护检查表？

检查表管理维护主要是对检查表的添加、修订、删除、作废、查询等实施统一管理的功能。

检查表管理维护主要由国家级质量管理员负责，管理维护的业务流程如下。

第一步：添加检查表。国家级质量管理员在"综合管理－全国内审检查表库"进入检查表列表页，通过"添加"按钮新增检查表，选择层级、组织单位、审核过程等基本信息，自动生成检查表编码。在"审核内容"标签页逐条添加审核要点、审核内容、涉及标准条款、涉及法规等，录入完成后点击"保存－发布"即可发布成功。

第二步：修订检查表。检查表修订有两种方式，第一种是由国家级质量管理员修订，第二种是由国家级质量管理员委托国家级内审员修订。具体业务流程见图5.24。

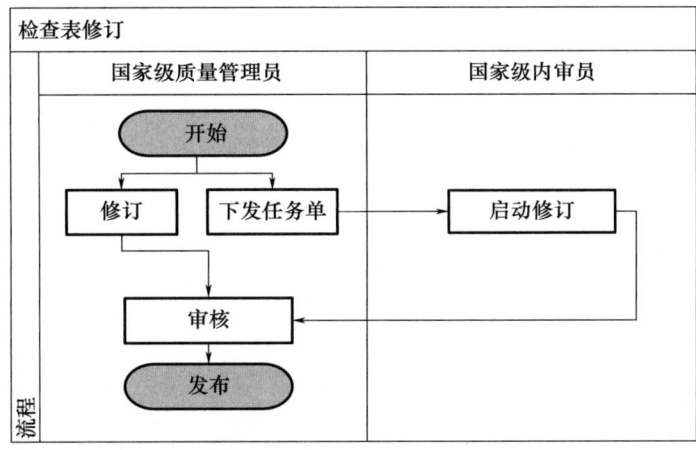

图 5.24 内审检查表修订业务流程图

国家级质量管理员修订：通过在检查表列表中的"修订"按钮进入修订页面，可修改基本信息页中的层级、组织单位、审核过程、检查表编码等基本信息，添加或删除检查表的审核内容。

委托国家级内审员修订：由国家级质量管理员下发修订任务单，指定国家级内审员进行修订，下发修订任务单时，一个任务单可选择多个检查表。

① 下发任务单。国家级质量管理员在"下发修订任务"标签页下发任务单，录入任务名称、任务描述、勾选所需修订的检查表（可多选）、任务接收单位、修订人（国家级内审员）、截止日期，见图5.25。

② 启动检查表修订。修订人（国家级内审员）接收待办任务后，逐条启动修订任务。在任务单中点击"启动"，系统打开新的页面，可对修订的内审库表基本信息及审核内容进行编辑修改，保存后发送下一步审核。修订人（国家级内审员）在"修订任务"列表页可查看当前用户接收到的任务记录。

③ 检查表审核及发布。国家级质量管理员审核，可退回上一步。退回时，可填写审核意见。

第三步：作废检查表。国家级质量管理员在检查表列表中勾选需作废的检查表，点击"作废"即可将该检查表进行作废。通过"查看作废检查表"即可进入作废文件列表。针对某些误作废的检查表，勾选该检查表后点击"作废恢复"，可恢复已作废的检查表。

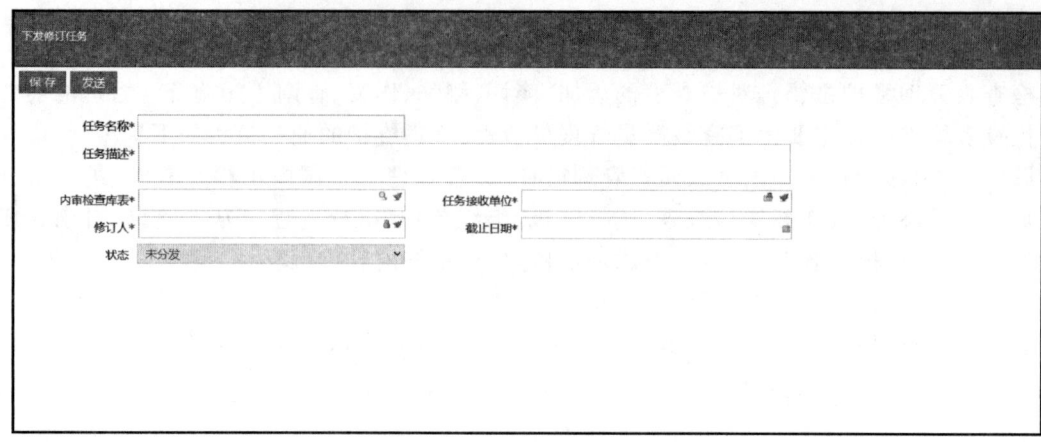

图 5.25 内审检查表修订任务单界面

第四步:删除检查表。在编辑状态的检查表可由国家级质量管理员删除,已发布的检查表不能删除,只能通过作废功能将该检查表进行作废。

【知识点】

(1)检查表的分类:2022 年 12 月 28 日中国气象局办公室印发的《中国气象局气象观测质量管理体系内审大纲》共分 5 个层级 230 个检查表:国家级、省级、地(市、盟、州)级、县级、通用检查表。

(2)检查表的编码:气象观测质量管理体系内审检查库表整体编码为 MCQ。其中,国家级、省级、市级、县级和通用检查表的编码依次为 MCQA、MCQB、MCQC、MCQD 和 MC-QT。

第 6 章　处置管理

6.1　风险管理

49. 如何增加风险点？

风险是指不确定性的负面影响。各级气象部门在开展气象观测业务时需要充分考虑风险，并策划和实施应对风险的措施，以提高气象观测业务的整体绩效。

信息系统中对各观测业务类别、各过程等风险点进行了初始化。考虑到风险的动态变化性以及风险管理的全面性，需要各级气象部门定期持续性识别风险，并在信息系统中调整相应的风险点，以更新风险库。

信息系统中增加风险点主要包括风险点初始化、风险点更新和临时添加风险点 3 种方式，具体如下。

风险点初始化：省/地级质量管理员选择"处置管理－风险管理－风险评估"功能，点击"添加风险评估方案"编制风险方案，方案基本信息页填写完成，点击"风险清单"页，列表页空白，点击"添加"弹出选择框，从全国风险库中通过风险类型筛选与本部门相关的风险点，添加到本部门风险清单中，形成本部门风险清单。若全国风险库中无本部门相关的风险点，可查找、点击风险点记录中最后一条描述为"其他"的风险记录，页面弹出新增风险页，录入新风险点相关信息，信息录入完成后，点击"保存"就形成本部门新个性化风险点。

风险点更新：省/地级质量管理员选择"处置管理－风险管理－风险评估"功能，点击"添加风险评估方案"编制风险方案，方案基本信息页填写完成，点击"风险清单"页，系统自动将本部门上一次识别的风险点纳入本次风险识别的风险清单中，可删改。也可人工从全国风险库中筛选与本部门相关的风险点，形成本部门本年度的风险清单。还可从临时风险清单中筛选此次相关的风险点。若部门风险库、全国风险库、临时风险库均无本次识别出的风险点，可查找、点击风险点记录中最后一条描述为"其他"的风险记录，页面弹出新增风险页，录入新风险点相关信息，信息录入完成后，点击"保存"就形成本部门新个性化风险点。

临时添加风险点：质量员选择"处置管理－风险管理－风险评估—临时风险清单"功能，点击"添加临时风险点"弹出选择框，从全国风险库或部门风险库中通过风险类型筛选与本部门相关的风险点，添加到本部门风险清单中，形成本部门临时风险点。若全国风险库中无本部门相关的风险点，可查找、点击风险点记录中最后一条描述为"其他"的风险记录，页面弹出新增风险页，录入新风险点相关信息，信息录入完成后，点击"保存"就形成本部门临时新个性化风险点。此功能可实时逐条添加风险点信息，添加的临时风险点信息，在"风险评估"时可以直接调用。

【知识点】
(1) 风险分为如下类型：
① 管理维度，包括计划(P)、执行(D)、检查(C)、处置(A)；

②要素维度,包括人力资源(R)、设备设施(J)、材料物资(L)、标准规章(F)、运行环境(H)、计量监测(C)。

(2)风险识别时一般需要考虑如下因素:

①设备设施,包括观测设备、通信设备、信息系统等;

②工作环境,包括观测环境、设备使用环境、软件运行环境、自然环境等;

③工作方法,包括观测方法、数据质控方法、作业文件、工作流程等;

④观测物资,如物资采购、存储等;

⑤人员能力和状态,包括人员的工作技能和精神状态;

⑥观测设备检定、校准,如未检定或校准、使用过程中失准等;

⑦预期的工作状态,如日常观测和加密观测、重大活动的保障等;

⑧紧急和异常情况,如极端天气观测、临时停电等;

⑨安全生产,主要针对涉氢业务以及其他需要使用压缩气体钢瓶的业务、使用油品储罐及用油设备、大功率用电设备以及特种作业等;

⑩曾经发生的事件,不论是否造成实质性的影响;

⑪内部环境和外部环境的变化,如新的观测技术应用、气象观测工作流程调整等;

⑫相关方的要求,如地方政府的要求、上级主管部门的要求等;

⑬气象观测质量管理体系审核和检查发现的不符合项、改进项、问题点等;

(3)风险描述应采用风险源+潜在事件+后果的形式,确保清晰准确,易于理解。

50. 如何开展风险评价?

风险评估由县级、地级、省级自下而上逐级每年定期或不定期开展。

(1)地县级风险评估

地县级风险评估由地级质量管理员发起,主要流程为:地级质量管理员编制和下发全市风险评估方案→质量员识别风险,对风险分析、评价且录入对应的风险应对措施→地级质量管理员汇总审核(可修改)县级风险点→地级体系负责人审核并下发全市风险点→质量员风险点有效性验证(同时风险清单自动入省级风险评估风险清单标签页中并且全市风险清单自动入部门风险库)→地级质量管理员汇总生成全市风险评估报告→地级质量管理员发布和办结。地县级风险评估流程图见图6.1。

第一步:编制风险评估方案。由地级质量管理员通过"处置管理－风险管理/风险评估"发起,制定全市风险评估方案,下发给下辖各部门的质量员。

第二步:风险识别。由质量员基于全国风险库识别本部门风险点,开展风险分析(录入风险可能性、后果、发现性),系统基于评价准则自动评定风险等级,质量员根据风险等级录入相应的风险应对措施,完成风险点识别、分析、评价、应对后,提交地级质量管理员汇总审核。

第三步:地级汇总风险点。地级质量管理员审核(可修改)下辖各部门质量员提交的风险点信息后,提交给地级体系负责人审批。

第四步:审核下发风险点。经地级体系负责人审批后,直接下发待办给质量员进行有效性验证(同时风险清单自动入省级风险评估中的风险清单标签页中),同时全市风险清单自动入部门风险库。

第五步:有效性验证。由质量员进行风险应对措施有效性验证,并提交至地级质量管理员审核。

第六步:审核并生成地级风险评估报告。地级质量管理员审核后,同时生成全市风险评估报告,提交至地级体系负责人审核。

第七步:发布及办结。风险评估报告经体系负责人审核后,由地级质量管理员发布。

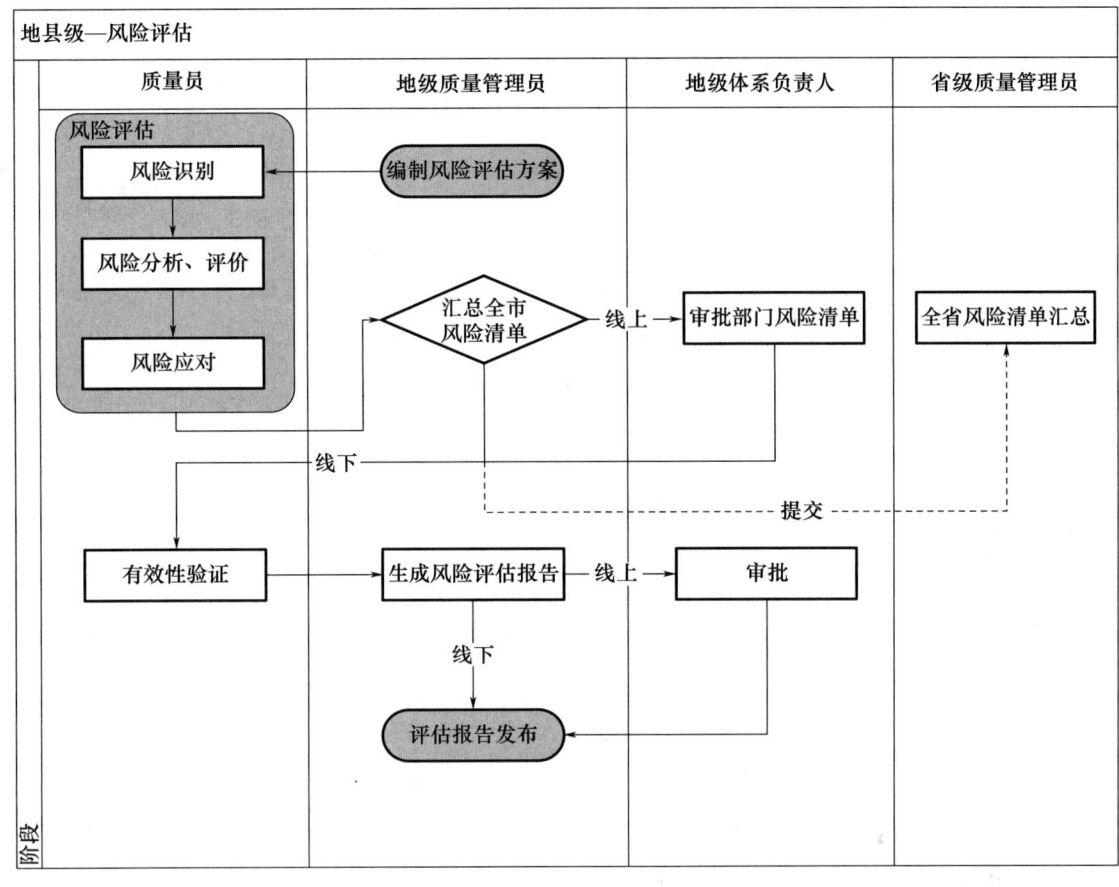

图 6.1　地县级风险评估流程

(2)省级风险评估

省级风险评估由省级质量管理员发起,主要流程为:省级质量管理员编制和下发全省风险评估方案→地级质量管理员分发全市风险评估方案→质量员开展风险识别、风险分析、评价并录入对应的风险应对措施→地级质量管理员汇总审核(可修改)风险点并提交省级质量管理员汇总审核(可修改)地级风险点并下发(同时"个例风险点"入全国新风险预备库)→质量员开展风险应对措施有效性验证→地级质量管理员汇总生成全市风险评估报告→省级质量管理员汇总生成全省风险评估报告→省级质量管理员发布和办结。省级风险评估流程图见图6.2。

第一步:编制全省风险评估方案。由省级质量管理员通过"处置管理－风险管理/风险评估"发起全省风险评估,制定全市风险评估方案,下发给参与开展风险评估相关部门的地级质量管理员。

第二步:下发地级风险评估方案。由参与开展风险评估相关部门的地级质量管理员通过系统首页"待办",启动本单位风险评估任务,制定本单位风险评估方案下发给下辖各部门质量员。

第三步:风险识别。由质量员基于全国风险库识别本部门风险点,开展风险分析(录入风险可能性、后果、发现性),系统基于评价准则自动评定风险等级,质量员根据风险等级录入相应的风险应对措施,完成风险点识别、分析、评价、应对后,提交地级质量管理员汇总审核。

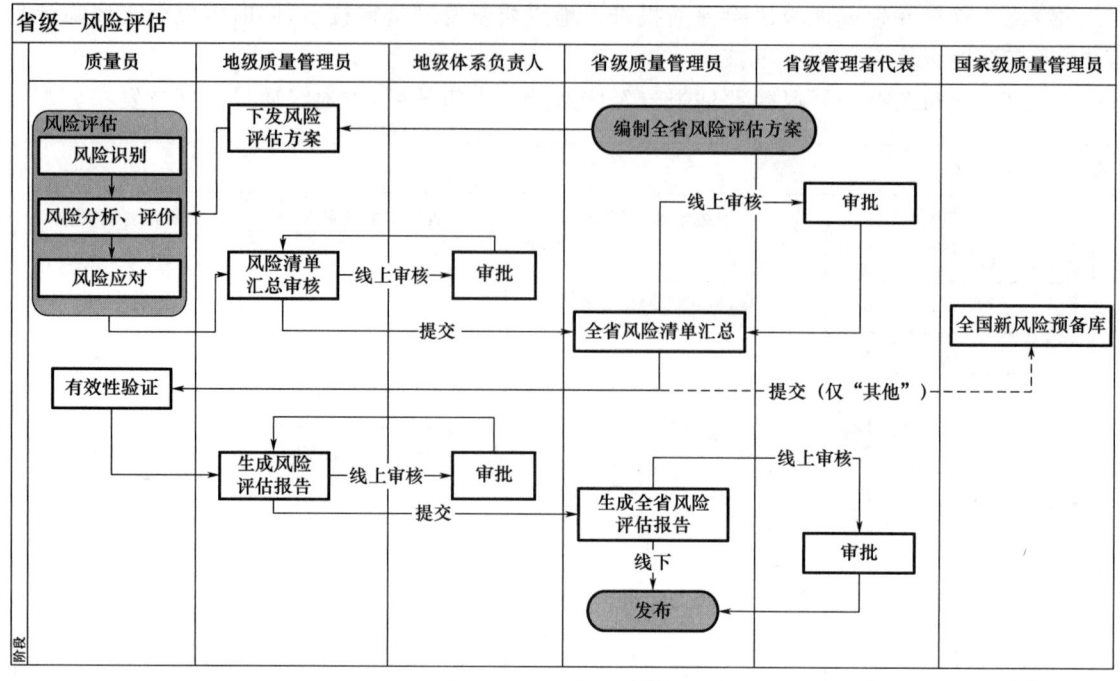

图 6.2　省级风险评估流程

第四步：地级汇总风险点。地级质量管理员审核（可修改）下辖各部门质量员提交的风险点信息后，提交给地级体系负责人审批，审批完成后提交至省级质量管理员汇总。

第五步：省级汇总风险点。省级汇总审批后，下发至质量员，同时"个性化风险点"入全国新风险预备库。

第六步：有效性验证。由质量员进行风险应对措施有效性验证，并提交至地级质量管理员审核。

第七步：审核并生成地级风险评估报告。地级质量管理员审核后，同时生成全市风险评估报告，提交至地级体系负责人审核，审核完成后提交省级质量管理员汇总。

第八步：汇总审核并生成省级风险评估报告。省级质量管理员审核后，同时生成全省风险评估报告，提交至省级体系负责人审核。

第九步：发布及办结。风险评估报告经体系负责人审核后，由省级质量管理员发布。

【知识点】
(1)气象观测业务中风险评价由工作风险指数来体现，计算公式为：
$$风险指数(R) = 可能性(L) \times 后果(C) \times 发现性(D)$$
式中，发现性(D)是指了解或掌握已经出现的风险事件或风险事件隐患的能力。可能性(L)是指气象观测业务和管理活动中发生产生潜在风险的机会。后果(C)是指影响气象观测业务目标，对业务目标产生正面或负面的直接或间接影响的结果。可能性、后果和发现性均通过10分到1分的不同分值代表，表示3个指数的严重程度从最高到最低排序。

(2)风险评价指标分级及风险分级：风险等级评价准则内置于信息系统中，用于"风险管理"模块中的风险评价环节。系统自动计算出风险指数值并生成风险点等级。气象观测质量管理体系风险分为高、中、低3个风险等级，分别对应不同单项指标或风险指数。

(3)风险评价结果通过风险评价表体现。

过程名称	风险描述	可能性 (L)	后果 (C)	发现性 (D)	风险指数 (R)	……

（4）风险点编码：风险点编码规则内置于系统中，风险点编码按风险类型管理中的一级（过程分类①）、二级（装备类型②）、三级（管理类别③）、四级（要素类型④）的编码＋序列号组合而成，风险点编码规则：

$$\underline{XXX}-\underline{XX}-\underline{XX}-\underline{XXX}$$
$$\ \ ①\quad\ \ ②\quad\ ③④\quad\ 序列号$$

XXX（①）－XX（②）－XX（③＋④）－XXX（第四层级同层级下的序号），如某风险编号为Y04-ST-DF-008，代表风险库中数据处理过程（Y04）、卫星设备（ST）、管理类别为实施（D）、要素类型为标准规范（F）的风险，在该层级下序号为008。

风险识别时，新增风险点的编码规则（临时编码）：XXX（①）－XX（②）－XX（③＋④）－XXX（第四层级同层级下的序号），序号用：部门编码＋年月日。

51. 如何配置风险管理过程？

风险管理过程主要是将全国的风险点类型进行逐级分类管理和制定风险评价规则。风险类型管理共分过程分类（一级）、装备类型（二级）、管理类别（三级）、要素类型（四级）4个层级。风险配置由国家级质量管理员进行维护管理。

第一步：添加风险类型。由国家级质量管理员负责，通过"基础配置－风险配置/风险类型管理"进入风险类型管理列表，默认显示为"过程分类"标签页，点击"添加"新建类型，录入类型的过程分类、编码、排序，点击"保存"；其他类型标签页"装备类型""管理类别""要素类型"按此方式一次录入。省级质量管理员只能查看，见图6.3。

图 6.3 风险类型管理界面

第二步：添加风险评价规则（一级类型）。由国家级质量管理员负责，通过"基础配置－风险配置/风险评价规则"进入风险评价列表,点击"添加"新建评价,选择风险性质可能性(L)、后果(C)、发现性(D),录入评价的分值、分值说明,点击"保存"。省级质量管理员只能查看,见图6.4。

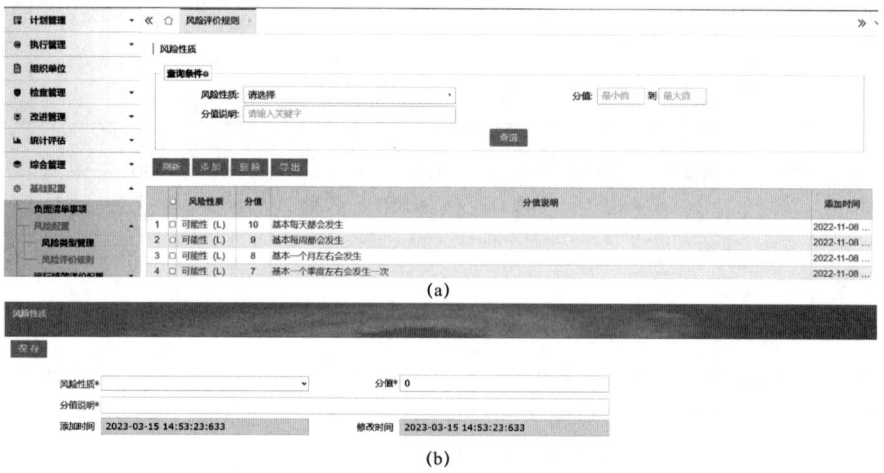

图6.4　风险评价操作界面

52. 如何维护部门风险库?

省、地、县级开展风险评估业务所提交的风险清单的集合库,各级用户根据权限查看本部门的风险点清单,同时可查看风险点历次修改信息,见图6.5。

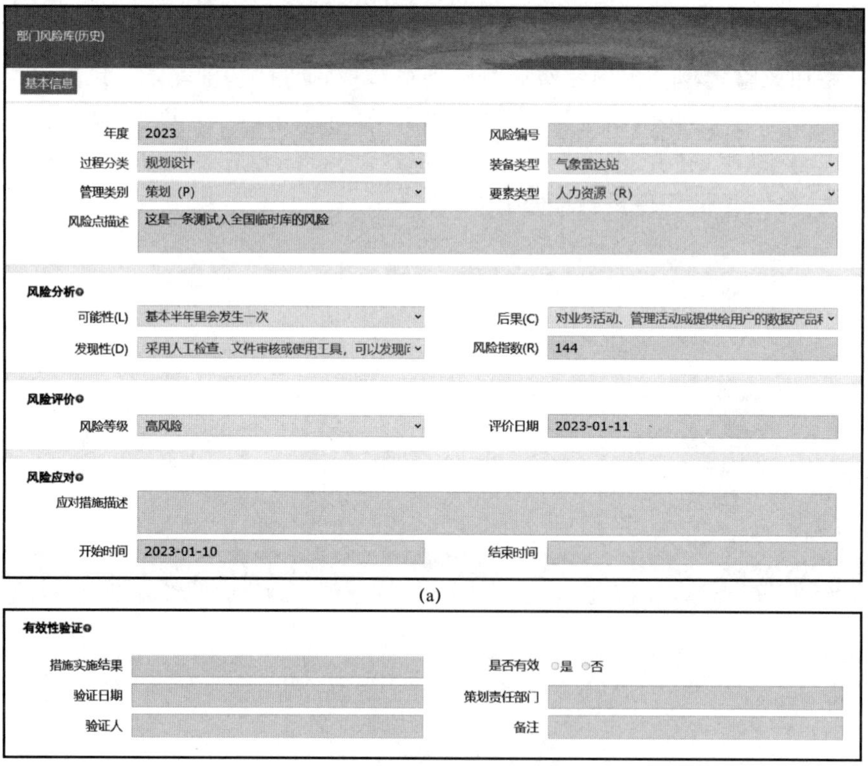

图6.5　部门风险库维护界面

第一步：查看及自动添加部门风险点。各部门用户在"处置管理－风险库管理－部门风险库"查看最新的部门风险点。省级、地级、县级各部门通过"风险评估"业务流程生成提交的部门风险点清单自动入库，形成本部门最新的风险库。

第二步：查看风险点历史记录信息。选择风险点记录后的"历史记录"按钮，可查看此风险点的所有的历史信息，包括历次识别的历史信息。

53. 如何管理全国风险库？

全国风险库为全国风险点最新库，可查看每年最新的全国风险点，同时为每年风险识别提供风险点数据。

全国风险库由国家级质量管理员添加维护。其他的用户仅可查看和调用风险点。

第一步：添加风险点。由国家级质量管理员负责。选择"处置管理－风险管理－风险库管理"进入列表，默认显示"全国风险库"标签页，点击"添加"新建风险点：录入年度、序号、风险编号（系统自动按"已入风险库的风险编号规则"为风险点进行编号，风险库中的风险点按风险编号排列）、管理类别、要素类型、过程分类、装备类型、风险点描述、所属层级（国家级、省级、地级、县级）信息，填写完成点击"保存"提交，新添加的记录展示在列表中，见图6.6。

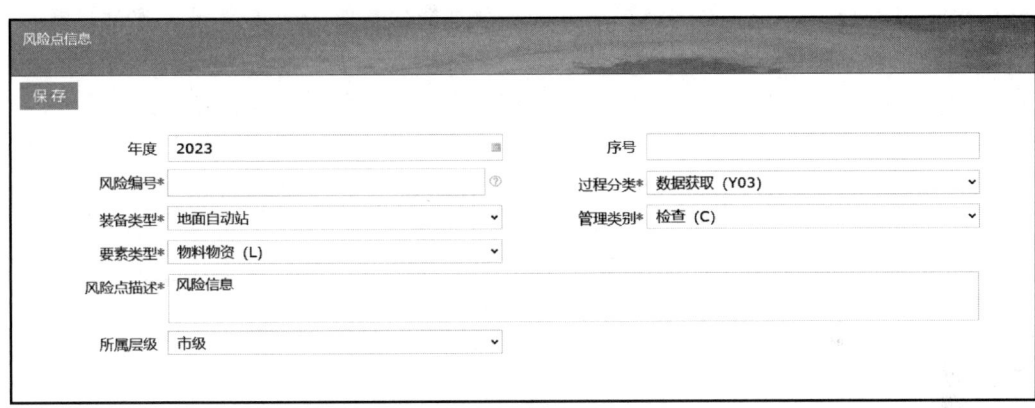

图6.6 全国风险库管理界面

第二步：风险的导入和导出。国家级质量管理员可在全国风险点列表页以 Excel 表格的形式批量导入或者导出风险点信息。省级、地级质量管理员可查看全国风险库风险点信息。

第三步：删除风险点。国家级质量管理员可在列表页删除所选中的风险点。选中要删除的风险点，点击"删除"按钮，弹出提示框"删除的风险点不可恢复，是否要删除当前选择的风险点"，点击"是"确定。质量管理员成功删除风险点，若涉及正在风险评估业务流程中的风险点，则提示"此风险点涉及风险评估无法删除"。

【知识点】
（1）风险库一般包含如下信息：序号、风险编号、装备类型、所属层级、风险点描述、管理类别、要素类型、适用级别、风险应对措施类别、典型的风险应对措施。
（2）选择风险应对措施时应考虑：气象观测的质量方针，相关的法律法规的要求，相关方的要求，社会责任方的要求，成本与收益的平衡，现有的技术、人员、财力等资源，风险应对措施组合，可能引发的新风险。

6.2 满意度调查

54. 满意度调查的业务流程是什么?

满意度调查是用户对气象部门提供气象观测数据或产品的满意程度进行的评价活动,目的是为了准确收集和全面分析气象观测数据是否满足用户的需求和期望,以持续改进气象观测业务数据及其产品的质量,不断提高用户的满意程度。满意度调查分为内部用户满意度调查和外部用户满意度调查。

满意度调查通常每年开展一次,要求在年度管理评审前完成,并将调查结果作为管理评审输入材料之一。全国满意度调查由综合观测司牵头组织,国家级直属单位和各省(区、市)气象局可参加综合观测司组织的全国满意度调查,也可在全国满意度调查组织前单独开展本单位或本省的满意度调查。

全国满意度调查由国家级质量管理员发起,主要流程是国家级质量管理员编制和下发全国满意度调查方案→省级质量管理员下发满意度调查方案→地级质量管理员分发满意度调查问卷→调查用户可基于线上或云端填写调查问卷→地级质量管理员汇总提交调查问卷→省级质量管理员汇总提交调查问卷→省级质量管理员生成和发布本省满意度调查报告→国家级质量管理员办结全国满意度调查活动→国家级质量管理员生成和发布全国满意度调查报告。全国满意度调查流程见图 6.7。

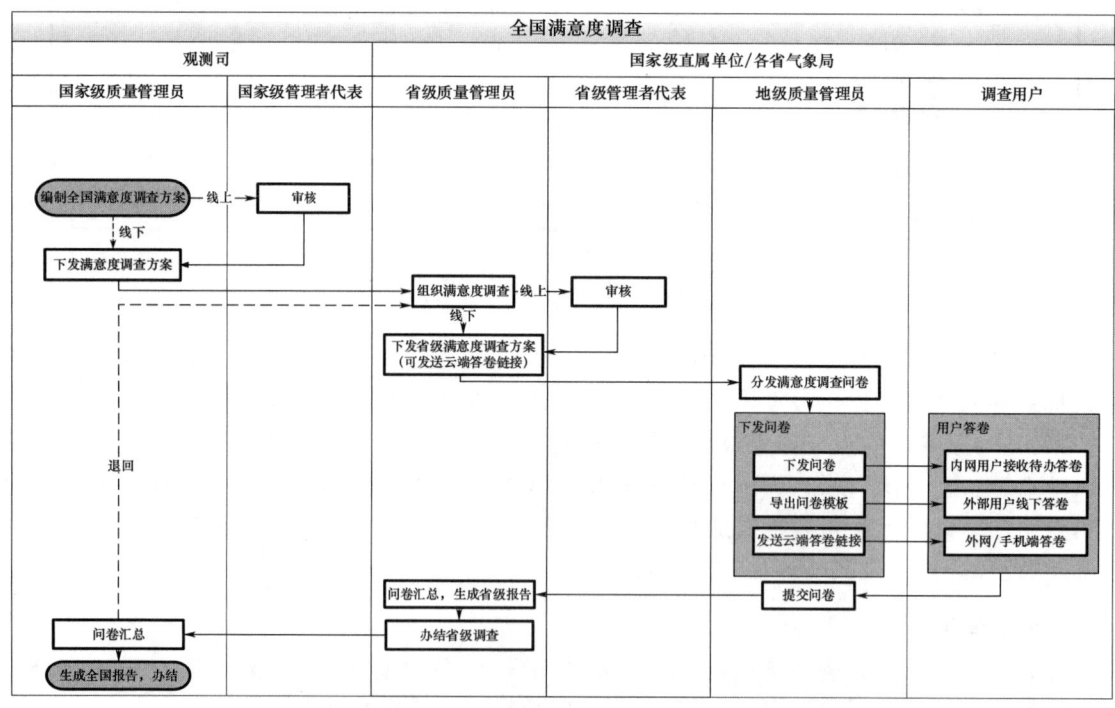

图 6.7 全国满意度调查流程图

国家级直属单位和各省(区、市)气象局自行组织的满意度调查活动由省级质量管理员发起,主要流程是省级质量管理员编制和下发全省满意度调查方案→地级质量管理员分发满意度调查问卷→调查用户基于线上或云端填写调查问卷→地级质量管理员汇总提交调查问卷→省级质量管理员办结满意度调查→省级质量管理员生成和发布本省满意度调查报告。省级满意度调查流程见图6.8。

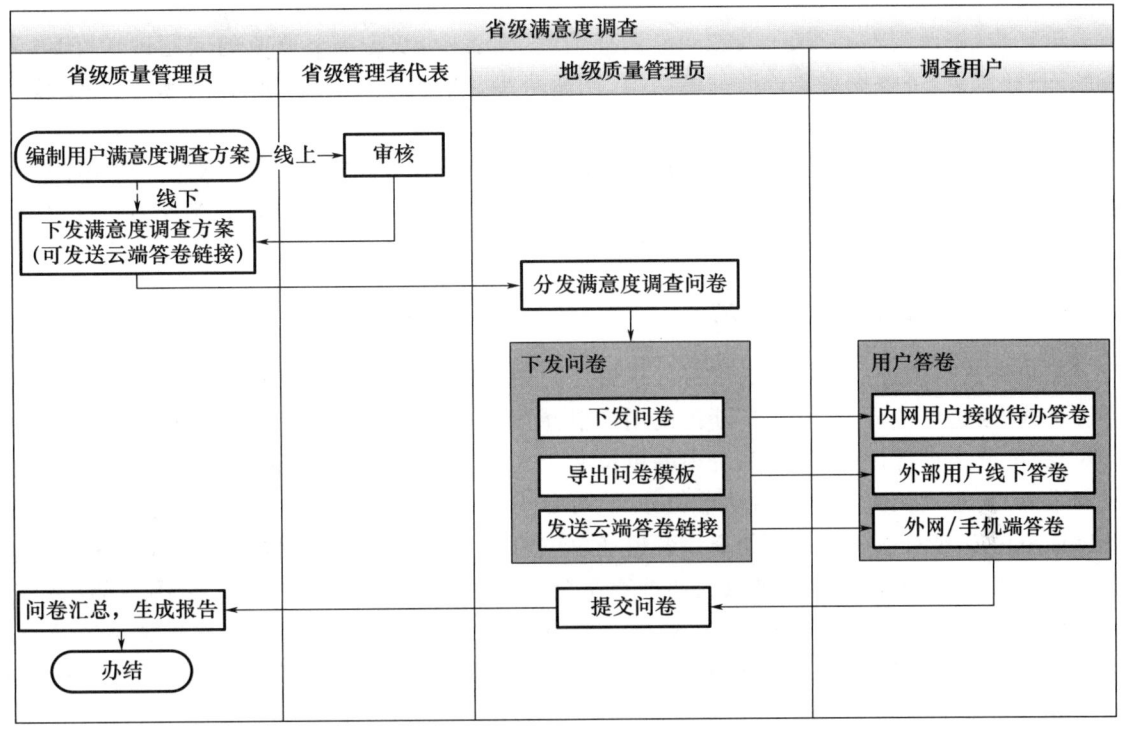

图 6.8　省级满意度调查流程图

55. 如何管理满意度调查问卷题库？

满意度调查问卷题库是用于调查用户满意度调查的问题集，题库按用户类型分为用于调查气象系统的内部用户的内部问卷问题和用于调查非气象系统的外部用户的外部问卷问题两部分，按题型分为单选题、多选题和简答题，通过管理满意度调查问卷题库，可以更加准确收集和全面分析用户的需求和期望，从而持续改进服务质量，不断提高用户的满意程度，促进气象观测业务不断改进完善。

满意度调查问卷题库的维护（增、删、改）应在本年度全国满意度调查和各省级满意度调查开展前进行，以便于省级和国家级满意度调查能按时按需正常开展。

全国满意度调查和省级满意度调查问卷均一致，问卷题库统一由系统管理员负责管理、维护，可增加、删除和修改问卷问题。系统管理员通过左侧菜单栏"基础配置－问卷调查题库管理"进入题库管理页面维护题库，流程如下。

第一步：添加问卷调查题。在"问卷调查题库"列表中，点击"添加"按钮进入"问卷调查题库"页，问卷类型选满意度，问题类型选内部或外部，题型选单项、多选或简答题，录入问题标题、问题简要描述。信息填写完成点击"保存"后进入问题选项栏。录入问题选项（数量一般为4个及以上），每个问题选项含选项内容、分值、排序、是否可录入、是否涉及，其中"是否录入"是指用户选择该选项时可以或无须录入其他内容，如选项内容是"其他"时可要求调查用户录入其他的具体内容;"是否涉及"是指调查用户选择该选项时,该题的分值不纳入统计。添加完成后点击"保存"即可。

第二步:删除问卷调查题。在"问卷调查题库"列表中,勾选所要删除的问卷问题后,点击"删除"即可删除成功。

第三步:修改问卷调查题。在"问卷调查题库"列表中,双击需要修改的问题进入"问卷调查题库"详情页,可根据需要修改问卷类型、问题类型、选择类型、问题标题、问题选项等,修改完成点击"保存"即可。

满意度问卷的分值设置:内部满意度问卷中共设8个计分题(单项选择题),外部满意度问卷中共设6个计分题。每道计分题设置5个选项,总分为100分,其中非常满意100分,比较满意85分,一般60分,不满意0分,不了解不计入统计。

56. 如何启动满意度调查?

用户满意度调查的目的是为了深入了解用户对气象观测业务的评价与反馈,完善服务内容和形式、改进服务质量,从而不断提高用户满意度,促进气象观测业务的改进完善。根据调查对象,可分为内部用户(气象系统内的单位和个人)满意度调查和外部用户(非气象系统的单位和个人)满意度调查。根据启动单位分类,可分为由综合观测司发起的全国满意度调查和由各持证单位发起的省级满意度调查。各持证单位可参与全国满意度调查,也可自行发起本单位满意度调查,但自行发起的满意度调查须在全国满意度调查启动前完成。全国内部用户满意度调查面向全国气象系统单位、个人,全国外部用户满意度调查面向全国非气象系统单位、个人;省级内部用户满意度调查面向全省气象系统单位、个人,省级外部用户满意度调查面向全省非气象系统单位、个人。

全国满意度调查由综合观测司发起,国家级质量管理员编制全国满意度调查方案,经国家级管理者代表审批通过后,由国家级质量管理员下发,每年组织开展一次,要在年度管理评审前完成。若各持证单位自行组织的满意度调查,则由省级质量管理员编制满意度调查方案,经省级管理者代表批准后,由省级质量管理员下发,需在本省管理评审前和全国满意度调查前完成。

全国满意度调查的启动是一个自上而下的过程,具体流程如下。

第一步:编制下发全国满意度调查方案。本环节由国家级质量管理员和管理者代表完成,国家级质量管理员负责方案编制和下发,管理者代表负责方案审批。国家级质量管理员通过系统左侧菜单栏"处置管理－满意度评价－满意度调查"进入满意度调查列表,点击"添加国家级满意度调查"进入满意度调查基本信息页,选择调查范围、开始和结束时间,调查范围是指内部用户和外部用户调查,一般情况下内部用户调查和外部用户调查同时进行,也可只开展内部用户调查或外部用户调查;选择内部用户和外部用户调查单位,调查用户默认显示所需调查单位的省级质量管理员,可修改,用于接收满意度调查方案;录入调查内容、上传调查方案附件;基本信息录入完成后通过"办理菜单－发送"将调查方案提交给管理者代表审批。经管理者代表审批后,由国家级质量管理员通过"办理菜单－发送"将调查方案下发至调查单位的省级质量管理员。全国满意度调查方案编制界面见图6.9。

第二步:省级下发满意度调查方案。全国满意度调查方案下发后,省级质量管理员通过系统首页"满意度调查方案编制"待办进入满意度调查页面,根据本省实际修改调查范围、调查时间、调查内容等,选择本省的调查单位、调查用户,调查用户默认显示所选调查单位的地级质量管理员。基本信息录入完成后通过"办理菜单—发送"将调查方案提交给省级管理者代表审批。经省级管理者代表审批后，由省级质量管理员通过"办理菜单—发送"将调查方案下发至所选调查单位的地级质量管理员。

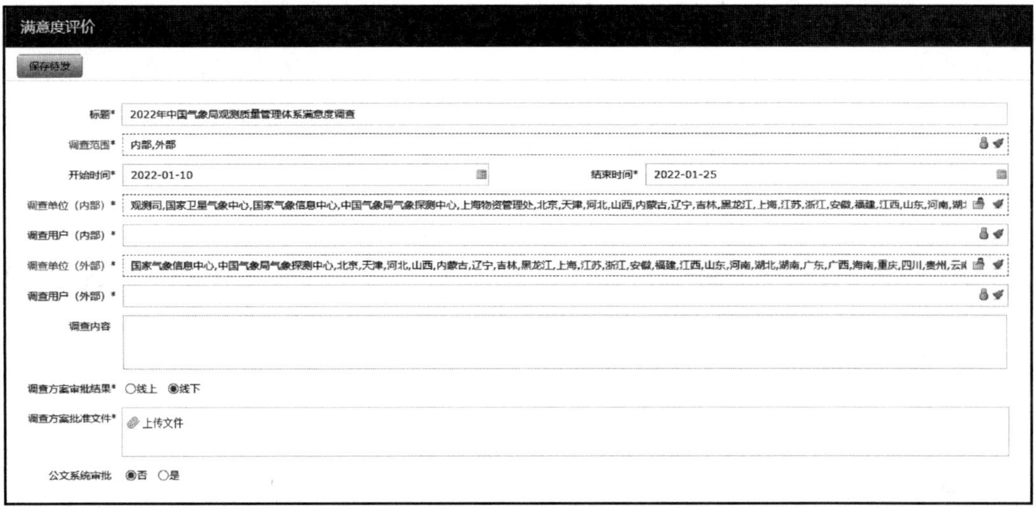

图 6.9　全国满意度调查方案编制界面

第三步：地级分发满意度调查问卷。地级质量管理员通过首页"待办"事项进入满意度调查—下发问卷页面，选择所辖的调查部门、调查用户，调查用户可选所选调查部门下的所有用户（不论角色），调查用户选完后点击"下发问卷"即可完成问卷分发。地级质量管理员还可通过"内部调查问卷记录""外部调查问卷记录"标签页的"外网答卷"按钮生成外网问卷调查地址和微信二维码，由用户基于外网填写问卷。本环节切记不可通过"办理菜单—发送"进入下一环节，此环节的"办理菜单—发送"是用于问卷填写完成后将本地所填的问卷汇总提交至省级，提交后本地的所有用户均不能再填写问卷。问卷下发完成后，用户即可基于系统线上填写满意度调查问卷或基于外网填写调查问卷。地级分发调查问卷界面见图 6.10。

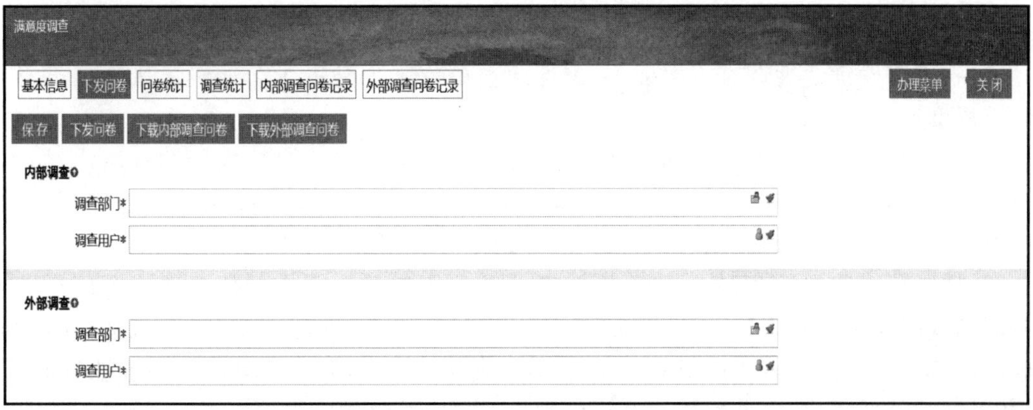

图 6.10　地级分发调查问卷界面

持证单位的省级满意度调查的启动流程如下。

第一步：编制和下发省级满意度调查方案。本环节由省级质量管理员和省级管理者代表完成,省级质量管理员负责方案编制和下发,省级管理者代表负责方案审批。省级质量管理员通过系统左侧菜单栏"处置管理－满意度评价－满意度调查"进入满意度调查列表,点击"添加满意度调查"进入满意度调查基本信息页,选择调查范围、开始和结束时间,调查范围是指内部用户调查和外部用户调查,一般情况下内部用户调查和外部用户调查同时进行,也可只开展内部或外部用户调查;选择内部用户和外部用户调查单位,调查用户默认显示所选调查单位的地级质量管理员,可修改,调查用户用于接收调查方案;录入调查内容、调查方案相关附件;基本信息录入完成后通过"办理菜单－发送"将调查方案提交给省级管理者代表审批。经省级管理者代表审批后,由省级质量管理员通过"办理菜单－发送"将调查方案下发至所选调查单位的地级质量管理员。省级满意度调查方案编制界面见图6.11。

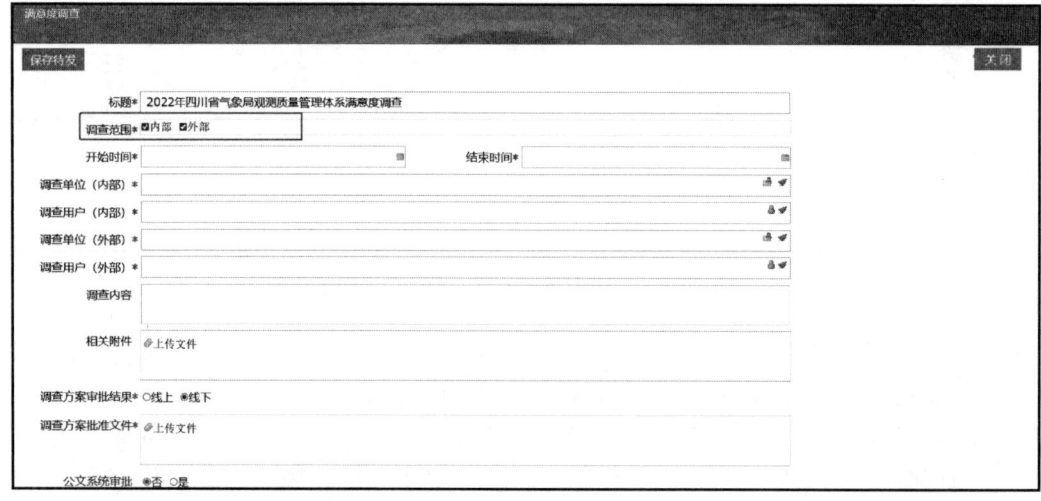

图6.11　省级满意度调查方案编制界面

第二步:地级分发满意度调查问卷。地级分发满意度调查问卷的流程与地级分发全国满意度调查问卷的流程基本一致。地级分发完问卷后,用户即可基于系统线上填写满意度调查问卷或基于外网填写调查问卷。

【注意事项】

(1)省级下发满意度调查方案前,需确保调查单位至少配置1名地级质量管理员,用于接收满意度调查方案和分发调查问卷。

(2)地级质量管理员在分发问卷环节,通过"下发问卷"将问卷分发给调查用户,切不可通过"办理菜单－发送"来分发问卷,此环节中的"办理菜单－发送"是用于问卷填写完成后将本地所填的问卷汇总提交至省级,提交后本地的所有用户均不能再填写问卷。

(3)地级分发问卷环节:外部满意度调查的调查用户每个调查单位只选一个用户即可,因外部调查问卷均是基于外网填写,此用户主要是用于生成外部满意度调查的问卷调查地址和微信二维码。或由地级质量管理员直接生成外部用户满意度调查的调查地址和二维码,并下发给外部用户,由外部用户基于外网或手机端直接填写调查问卷。

(4)省级质量管理员汇总问卷:如果有用户未提交本单位问卷,省级质量管理员进行全省问卷汇总后,未回收的问卷不可再填写,地级质量管理员也将无法分发问卷。

57. 如何填写满意度调查问卷？

满意度调查问卷的填写主要由被调查的用户（被调查对象，分为内部用户和外部用户）完成。填写调查问卷的方式有三种：一是基于信息系统线上填写调查问卷；二是通过系统生成的外网地址或微信二维码基于外网填写调查问卷；三是线下填写调查问卷再批量导入系统。内部用户即可基于信息系统线上填写问卷，也可通过外网问卷调查地址或扫描微信二维码填写问卷；外部用户通常通过外网问卷调查地址或扫描微信二维码来填写问卷。

省级质量管理员、地级质量管理员通过系统将问卷分发给被调查对象后，被调查用户要在截止日期前填写调查问卷。具体操作如下。

第一步：内部用户满意度调查问卷填写。内部用户通常基于系统线上完成问卷填写，也可通过系统生成的外网地址或微信二维码基于外网填写问卷，还可线下填写后批量导入。

一是用户线上填写问卷。用户通过系统"待办"进入满意度调查页面，在内部调查答题记录标签页中，点击"填写问卷"进入内部用户调查问卷页面，逐项填写问卷问题，最后一题无意见也需填写"无"。填写后，点击"提交"即可，提示"提交成功"。内部用户调查每个用户只能填写一份问卷。

二是基于外网填写问卷。用户收到问卷调查的外网链接地址及微信二维码后，在调查时间内，可直接登录答卷地址进入问卷首页，也可用微信识别二维码进入问卷首页（图6.12），选择用户所在工作单位，录入用户所在部门名称、用户姓名，点击"在线答卷"进入答卷页面，逐项填写问卷问题，最后一题无意见也需填写"无"。填写后，点击"提交"即可。每个用户只能填写一份问卷。若超过调查时间，则提示"本次调查已结束，不可答卷"。

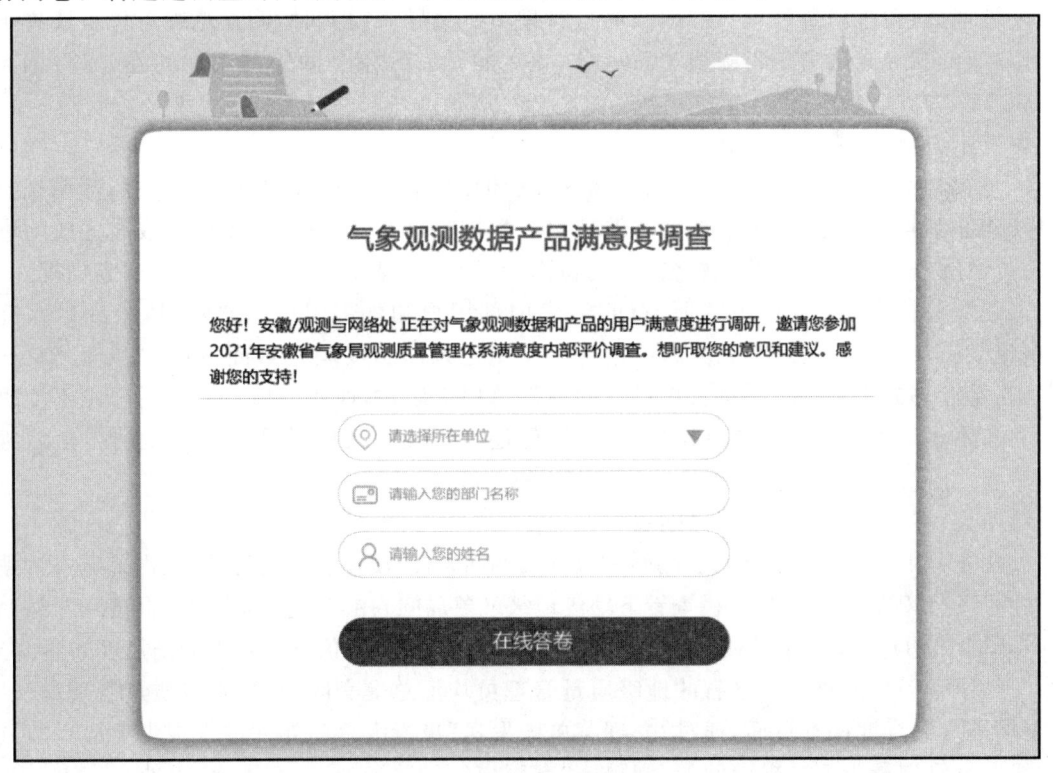

图6.12 外网答卷首页

三是线下填写问卷。用户通过系统"待办"进入满意度调查页面,在基本信息页下载内部调查问卷(Excel版)。线下填写调查问卷:录入单位名称全称、勾选单位级别,否则问卷导入后无法匹配;逐项填写问卷,不能缺项,否则无法成功导入。问卷批量导入:问卷填写完成后,可将多份问卷直接压缩为*.zip格式,无须修改压缩文件名,在满意度调查—内部调查答题记录页面,通过"导入调查问卷"批量导入;导入时,调查组织单位默认是导入人员所在部门。只有国家级质量管理员、省级质量管理员和地级质量管理员批量导入问卷时,调查组织单位能选择下辖的部门,其他用户无法修改。

第二步:外部用户填写调查问卷。外部用户通常通过系统生成的外网地址或微信二维码基于外网填写问卷,也可线下填写问卷后由气象部门批量导入系统。

一是基于外网填写问卷。外部用户收到问卷调查的外网链接地址及微信二维码后,在规定的调查时间内,可直接登录答卷地址进入问卷首页,也可用微信识别二维码进入问卷首页;选择"提供气象数据和产品的单位",录入用户工作单位名称及用户联系方式,点击"在线答卷"进入答卷页面,逐项填写问卷问题,最后一题无意见也需填写"无"。填写后,点击"提交"即可。若超过调查时间,则提示"本次调查已结束,不可答卷"。

二是线下填写问卷。由外部用户调查的问卷接收人(地级分发问卷时所选的外部调查用户)通过首页"待办"进入满意度评价基本信息页,下载外部调查问卷,线下分发给外部用户。待外部用户完成问卷填写并回收后,以单个或者多个Excel文件直接压缩为*.zip格式(不用创建文件夹,直接压缩即可),通过"外部调查答题记录"的"导入调查问卷"进行批量导入。每次导入答题记录均为追加,用户也可删除自己导入的答题记录。导入时要选择调查组织单位再导入。问卷导入时,调查组织单位默认是导入人员所在部门,无法选择其他部门。只有国家级质量管理员、省级质量管理员和地级质量管理员批量导入问卷时,调查组织单位可选择下辖的部门,如问卷导入用户是省级质量管理员,导入的是省气象台的外部用户问卷,需将调查组织单位修改为省气象台。

第三步:地级汇总提交问卷。

一是查看用户提交问卷状态。问卷调查开展期间,地级质量管理员可通过"内部调查答题记录""外部调查答题记录"的状态栏查看用户问卷填写进展,适时督促各用户按时完成问卷调查;还可通过"查询"项的答题人姓名、单位名称、问卷分值等查询本地的满意度问卷情况。

二是汇总提交问卷。待下辖所有问卷(含内部用户和外部用户问卷)均填写或导入完成后,由地级质量管理员通过"问卷分发"的待办事项进入满意度调查页面,通过"办理菜单—发送"将问卷汇总提交至省级质量管理员。问卷汇总提交后,本地所辖单位所有用户将不能再导入问卷和用本地生成的微信二维码填写问卷,但还可通过省级质量管理员下发的微信二维码进行答卷。

第四步:省级质量管理员汇总问卷。

一是查看用户提交问卷状态。问卷调查开展期间,省级质量管理员可通过"内部调查答题记录""外部调查答题记录"的状态栏查看下辖各地级气象局问卷汇总进展,适时督促各用户按时完成问卷调查;还可通过"查询"项的答题人姓名、单位名称、问卷分值查询本省的满意度问卷情况。

二是本省问卷汇总。待本省的地级质量管理员均汇总提交问卷后,省级质量管理员从"待办"事项进入满意度调查页面,通过"办理菜单—发送"进行汇总问卷并进入报告生成环节。若有地级质量管理员未汇总提交问卷,则提示"有用户(××、××)没有提交,不能提交下一步",无法完成汇总提交。

全国满意度调查中,生成报告后还需通过"办理菜单－发送"将问卷及调查报告一并提交国家级质量管理员;省级满意度调查中,生成报告后通过"办理菜单－发送"办结满意度评价。

第五步:国家级质量管理员汇总问卷。此流程仅针对全国满意度调查。

一是查看各省提交问卷状态。问卷调查开展期间,国家级质量管理员可通过"满意度调查"的流程状态栏查看各省满意度调查的进展,适时督促各省完成问卷调查。

二是全国调查问卷汇总。待所有的省级质量管理员均汇总提交问卷后,国家级质量管理员从"待办"事项进入满意度调查页面,通过"办理菜单－发送"汇总调查问卷,进入生成满意度调查报告环节。

【知识点】

问卷分值设置:内部满意度问卷中共设 8 个计分题(单项选择题),外部满意度问卷中共设 6 个计分题。每道计分题设置 5 个选项,总分为 100 分,其中非常满意 100 分,比较满意 85 分,一般 60 分,不满意 0 分,不了解不计入统计。

【注意事项】

(1)内部用户基于微信二维码填写内部满意度调查问卷时,用户在首页勾选的工作所在单位和填写的姓名必须与信息系统中的单位及用户姓名一致,若不一致时系统匹配不成功,则提示"用户不存在"。

(2)内部用户仅能填写一份内部调查问卷,若用户已提交了"内部调查问卷",再填写问卷提交时,则提示"您已经答卷,请勿重复提交"。

(3)线下填写问卷目前仅支持 Word 版问卷填写,不兼容 WPS 版问卷,用户下载问卷后,请用 Word 打开问卷填写内容,勿更改问卷表格格式或字体,注意英文大小写。

(4)批量导入问卷时,线下填写的多个问卷不要放入文件夹再压缩,直接选中多个问卷压缩为 *.zip 格式文件上传,否则会导入失败。

(5)批量导入问卷时,只有国家级质量管理员、省级质量管理员和地级质量管理员有权限将调查组织单位修改为下辖的部门,如导入用户是省级质量管理员,导入的是省气象台的问卷,需将调查组织单位修改为省气象台。导入多个部门问卷时,建议按调查组织单位分批次导入,否则统计评估的问卷数量分布与实际不符。

---

58. 如何生成、发布满意度调查报告?

满意度调查报告是为全面、客观评价气象观测业务数据及其产品的质量并查找存在问题,促进气象观测业务质量不断提升,经调查单位开展气象观测数据产品满意度调查,收集有效用户满意度调查问卷,数据经汇总分析后形成的报告,报告内容包含基本情况、内部用户满意度调查分析、外部用户满意度调查分析、结论和建议、改进措施等。满意度调查报告作为管理评审输入材料之一,要求在本年度的管理评审前完成。

全国满意度调查报告在全国满意度调查问卷完成汇总后,由国家级质量管理员基于系统生成调查报告,可组织相关人员对生成的调查报告进行修改完善后进行发布;各体系持证单位参与综合观测司组织的全国满意度调查或自行组织省级满意度调查,均在省级完成问卷汇总后可由省级质量管理员基于系统生成本单位的满意度调查报告。

第一步:生成满意度调查报告。包含省级满意度调查报告和全国满意度调查报告生成流程。

生成省级满意度调查报告：全国满意度调查和省级满意度调查中，待所有地级质量管理员均完成调查问卷汇总提交后，由省级质量管理员通过"办理菜单－发送"进行问卷汇总，汇总后再从首页待办进入生成满意度报告环节，点击"生成报告"则可在满意度调查报告栏生成全省满意度调查报告。

生成全国满意度调查报告：待所有的省级质量管理员将本单位的问卷汇总提交至国家级质量管理员后，由国家级质量管理员从首页待办事项进入，通过"办理菜单－发送"进入问卷汇总，汇总后再从首页待办进入生成满意度报告环节，点击"生成报告"则可在满意度调查报告栏生成全国满意度调查报告。

第二步：校对和修改调查报告内容。全国满意度调查报告和省级满意度调查报告均是按系统内置模板生成，分基本情况、满意度分析、结论与建议、改进措施四部分内容，其中基本情况含调查对象、调查内容、调查方式、分值设定等；满意度分析含内部满意度、外部满意度分析；结论与建议是对问卷调查结果的总评价，列出各用户提交的意见建议；改进措施由组织单位自行补充。各单位根据需要对生成的满意度调查报告进行人工勘误修正和补充完善。调查报告可基于系统在线编辑修改，也可下载后线下补充完善后上传系统。

第三步：发布满意度调查报告。报告修改完成后，由国家级质量管理员和省级质量管理员基于系统发布调查报告，同时办结满意度调查活动。

【注意事项】
（1）地级和县级只能参与综合观测司组织的全国满意度调查和省气象局组织的省级满意度调查，没有权限组织本地、县的满意度评价。参与全国或全省的满意度评价后，无法基于系统生成本地或县的调查报告，只能由地级质量管理员从列表中进入满意度调查基本信息页，查询本地的满意度结果，或从统计评估－满意度评价模块查询本地的满意度调查结果。

（2）生成满意度调查报告后，要注意校对调查报告中的文本和统计数据，如调查对象、收集的问卷数量、满意度分值、收集的意见建议，根据评价结果和意见建议补充改进措施。

59. 如何查询满意度调查结果统计？

满意度调查结果统计是根据回收的有效调查问卷的题型经过统计学方法计算出的统计结果。在系统的"统计评估－满意度调查"模块中查询。

系统中所有用户均可通过统计评估模块查看本单位参与的满意度调查统计结果，包括内部和外部问卷的数量、各单位调查得分情况以及各分项调查得分情况等。综合观测司用户可查看中国气象局各直属事业单位和各省（区、市）气象局的统计结果；国家级直属单位用户能查看本单位的统计结果；各省（区、市）气象局的所有用户能查看本省满意度调查的统计结果。

满意度调查活动办结后，便可在"统计评估－满意度调查"模块查询到本次满意度调查的统计结果。目前系统中的满意度调查结果按历年趋势变化、组织机构、所属领域、分项统计四方面进行统计评估。具体查询方法如下。

第一类：按历年趋势变化查询。该页面以折线图和表格的方式展示各单位近10年满意度调查结果的趋势变化，默认展示内部满意度调查和外部满意度调查结果的变化趋势。不同用户的查看权限不同，综合观测司用户默认展示全国近10年满意度调查结果的趋势变化，国家级直属单位默认展示的是本单位近10年满意度调查结果的趋势变化，31个省（区、市）气象局的所有用户默认展示的是本省近10年满意度调查结果的趋势变化。各用户还可通过查询项的组织单位、年度选择等查询相关单位历年满意度调查结果的趋势变化。统计结果还可以导出图片或按 Excel 文件形式导出统计报表。满意度调查－历年趋势变化统计界面见图 6.13。

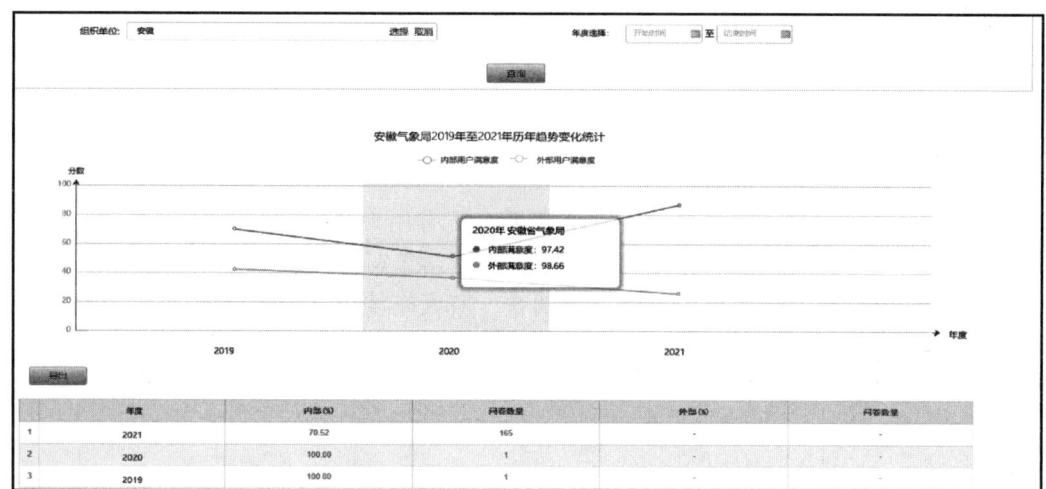

图 6.13　满意度调查－历年趋势变化统计界面

第二类：按组织机构查询。该页面是以柱状图和表格的形式展示各单位的内部用户和外部用户的满意度调查结果，调查结果统计方式为汇总取平均值，问卷数量统计方式为合计值。不同用户的查看权限不同，综合观测司用户默认展示的是综合观测司、国家级直属单位、31 个省（区、市）气象局的本年度内部用户满意度和外部用户满意度的调查结果；国家级直属单位默认展示的是本年度本单位所辖各处室的内部用户满意度和外部用户满意度调查结果；31 个省（区、市）气象局所有用户默认展示本年度本省内设机构、直属部门及所辖地级气象局的内部用户满意度和外部用户满意度调查结果。满意度调查－组织机构统计界面见图 6.14。

用户还可通过单击柱状图的方式到该单位的下一级部门进行统计汇总。所有用户通过查询项的组织单位、调查时间、所属领域、题目等查询分项满意度调查结果。统计结果可以导出图片或按 Excel 文件形式导出统计报表。

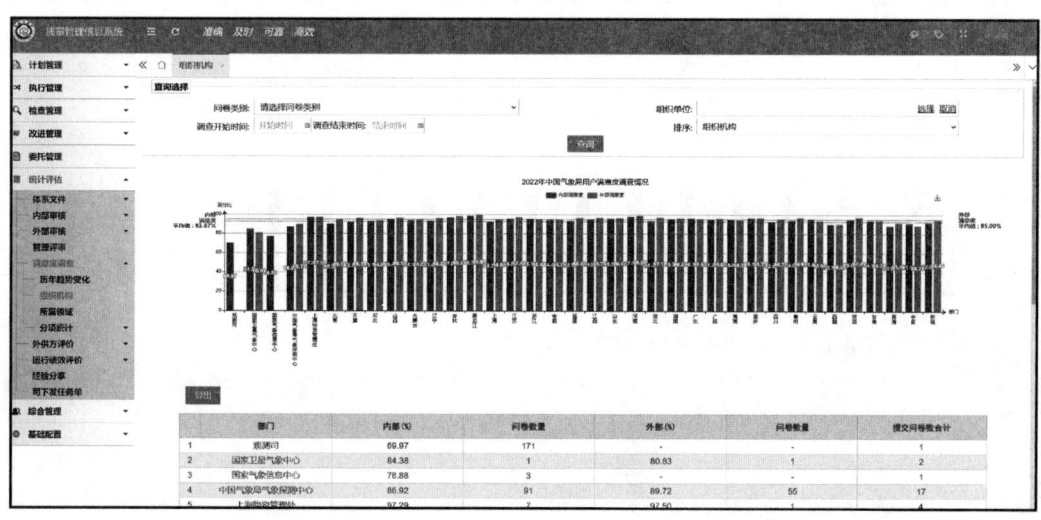

图 6.14　满意度调查－组织机构统计界面

第三类：按所属领域查询。内部用户满意度调查中的所属领域是指用户使用气象观测数据的领域，分为预报、服务、管理、科研、其他5类；外部用户满意度调查中的所属领域是指调查用户所在的行业，分为政府、应急、农业、水利、交通、林业、国土、教育、电力、渔业、畜牧业、服务业、建筑业、科研、其他15类。该页面是以柱状图和表格的形式展示内部用户和外部用户在不同领域的满意度评价结果。综合观测司用户默认展示中国气象局本年度内部用户和外部用户在不同领域的满意度评价结果；国家级直属单位用户默认展示本单位本年度内部用户和外部用户在不同领域的满意度评价结果；31个省（区、市）气象局所有用户默认展示全省本年度内部用户和外部用户在不同领域的满意度评价结果。所有用户通过查询项的组织单位、所属领域查询相关单位在不同领域的满意度评价结果。统计结果可以导出图片或按Excel文件形式导出统计报表。内部用户和外部用户满意度调查－所属领域统计界面见图6.15和图6.16。

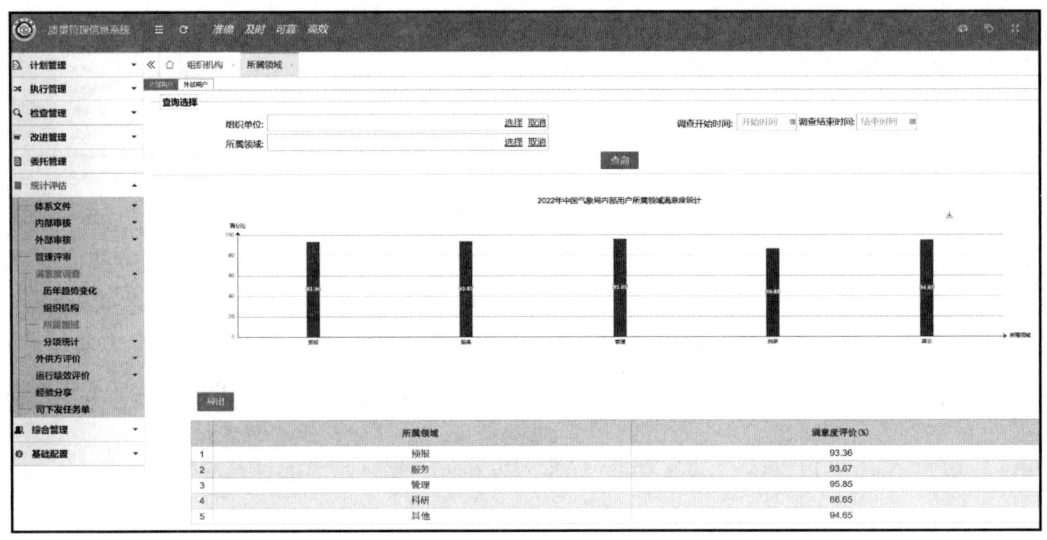

图6.15　内部用户满意度调查－所属领域统计界面

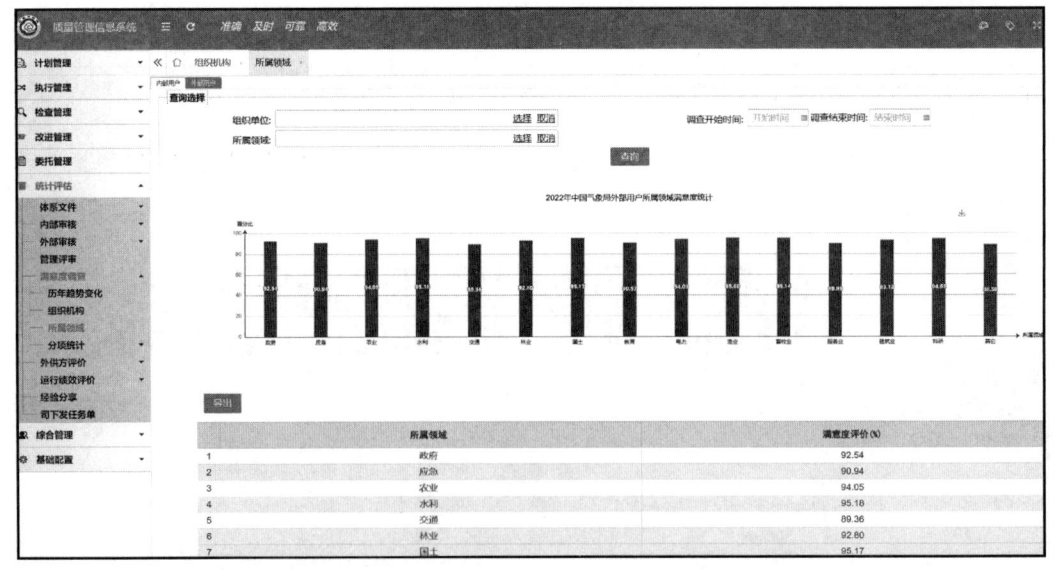

图6.16　外部用户满意度调查－所属领域统计界面

第四类：按分项统计查询。分项统计分为计分题统计和多选题统计，计分题统计是用于统计各单位调查问卷中的每个计分题的评价得分情况，分值取汇总平均值；多选题统计是用于统计调查问卷中多选题选择某选项的用户数占所有选项总数的百分比。该页面是以柱状图和表格的形式展示内部调查和外部调查的计分题、多选题的评价结果。综合观测司用户默认展示中国气象局本年度内部用户和外部用户调查的计分题、多选题的评价结果；国家级直属单位用户默认展示本单位本年度内部用户和外部用户调查的计分题、多选题的评价结果；31个省（区、市）气象局所有用户默认展示全省本年度内部用户和外部用户调查的计分题、多选题的评价结果。所有用户通过查询项的组织单位、调查时间、所属领域查询相关单位的计分题和多选题的评价结果。统计结果可以导出图片或按Excel文件形式导出统计报表。满意度调查－计分题统计界面见图6.17，满意度调查－多选题统计界面见图6.18。

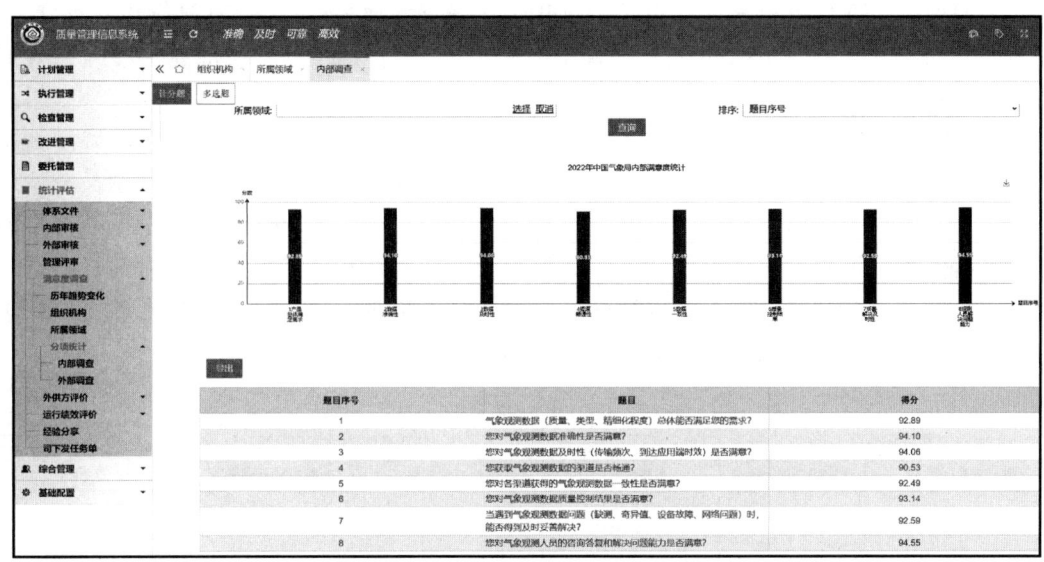

图6.17　满意度调查－计分题统计界面

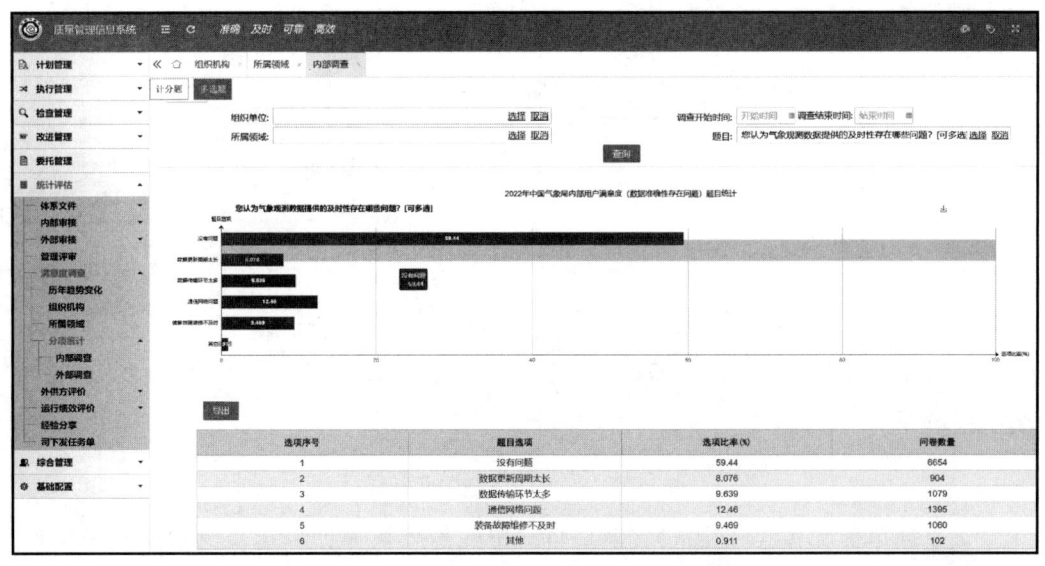

图6.18　满意度调查－多选题统计界面

6.3 外供方评价

60. 外供方评价的业务流程是什么？

外供方评价是为了准确收集和全面分析气象观测外供方的产品和服务是否满足气象系统用户的需求和期望，以持续改进外供方提供的产品和服务质量，促进本单位气象观测产品和服务质量不断提高完善的活动。外供方评价按外供方类别分为设备类、软件类和服务类三大类，按评价范围分为全国外供方评价和省级外供方评价。

外供方评价通常每年开展一次，在管理评审前完成，并将评价结果作为管理评审输入材料之一。全国外供方评价由综合观测司牵头每年组织开展一次，国家级直属单位和各省（区、市）气象局可参加综合观测司组织的全国外供方评价，也可在全国外供方评价前单独组织开展本单位/本省的外供方评价。

全国外供方评价由国家级质量管理员发起，主要流程包含国家级质量管理员编制和下发全国外供方评价方案→省级质量管理员下发省级外供方评价方案→地级质量管理员分发外供方评价问卷→调查用户可基于线上或云端填写评价问卷→地级质量管理员汇总提交评价问卷→省级质量管理员汇总提交评价问卷→省级质量管理员生成和发布本省外供方评价报告→国家级质量管理员办结全国外供方评价活动→国家级质量管理员生成和发布全国外供方评价报告。全国外供方评价流程见图6.19。

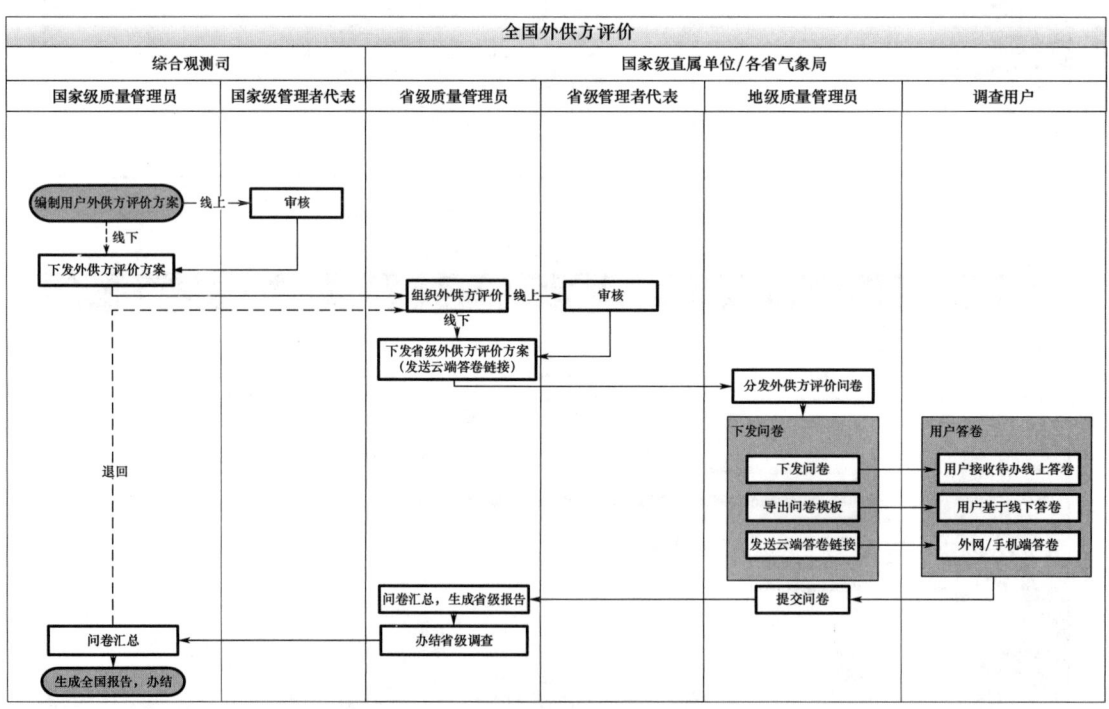

图6.19 全国外供方评价流程

国家级直属单位和各省（区、市）气象局自行组织的外供方评价活动由省级质量管理员发起，主要流程是省级质量管理员编制和下发省级外供方评价方案→地级质量管理员分发外供方评价问卷→调查用户基于线上或云端填写评价问卷→地级质量管理员汇总提交评价问卷→省级质量管理员办结外供方评价→省级质量管理员生成和发布省级外供方评价报告。省级外供方评价流程见图6.20。

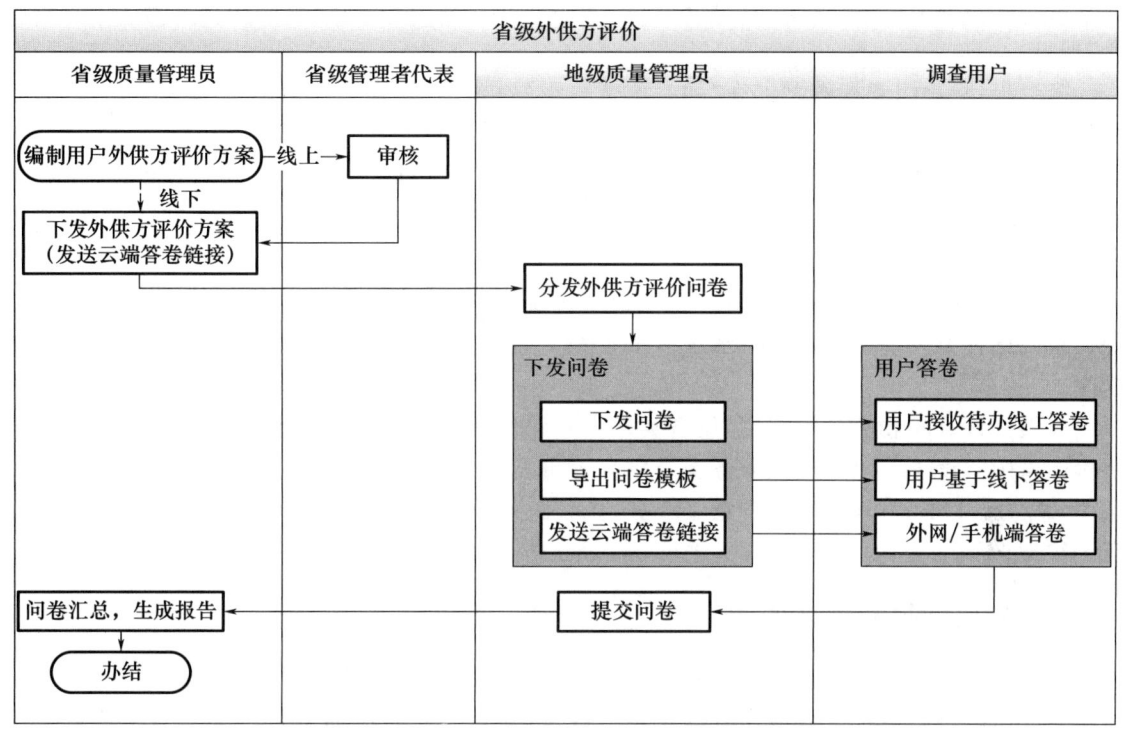

图 6.20　省级外供方评价流程图

61. 如何维护外供方评价问卷题库？

外供方评价问卷题库是用于调查外部供应商的问题集,反映了气象部门对外供方的要求。问卷题库涵盖各种指标及其权重,以评价外供方提供的设备、软件和服务的相关性能、价格,外供方的问题解决能力、响应时效等。

外供方评价问卷的问题类型按外供方类别分为设备类、软件类、服务类、通用类,其中通用类问题适用于设备类、软件类、服务类问卷;按题型分为单选题、多选题和简答题。通过管理外供方评价问卷题库,可以更加准确收集和全面分析用户的需求和期望,从而持续改进外供方产品和服务质量,不断提高用户的满意程度,促进气象观测业务不断改进完善。

外供方评价问卷题库的维护(增、删、改等)应在本年度全国外供方评价和各省级外供方评价开展前完成,以便于国家级和省级外供方评价能按时按需正常开展。

全国外供方评价和省级外供方评价问卷一致,问卷题库统一由系统管理员负责管理维护,可增加、删除和修改问卷问题。系统管理员通过左侧菜单栏"基础配置—问卷调查题库"进入题库管理页面维护题库,流程如下。

第一步:添加问卷调查题。在"问卷调查题库"列表中,点击"添加"按钮进入"问卷调查题库"页,问卷类型选外供方,问题类型选设备、软件、服务或通用部分,题型选单选、多选或简答题,录入问题标题、问题简要描述。信息填写完成点击"保存"后进入问题选项栏,逐条录入问题选项(数量一般为4个及以上),每个问题选项含选项内容、分值、排序、是否录入、是否涉及,其中"是否录入"是指用户选择该选项时可以或无须录入其他内容,如问题选项为"其他",用户选择该选项时还可录入其他内容;"是否涉及"是指用户选择该选项时,该题的分值不纳入统计,如问题选项为"不确定"时,此题不纳入统计基数。添加完成后点击"保存"即可。

第二步:删除问卷调查题。在"问卷调查题库"列表中,勾选所要删除的问卷问题后,点击"删除"即可删除成功。

第三步:修改问卷调查题。在"问卷调查题库"列表中,双击需要修改的问题进入"问卷调查题库"详情页,可根据需要修改问卷类型、问题类型、选择类型、问题标题、问题选项等,修改完成点击"保存"即可。

第四步:题库问题查询和导出。在"问卷调查题库"列表中,可通过查询项"问卷类型"、"问题类型"、选择类型、标题来查询已录入的问题。通过"导出"功能可以分类导出Excel版的题库。

外供方评价问卷的分值设置:设备类外供方评价问卷中共设12个计分题、软件类外供方评价问卷中共设14个计分题、服务类外供方评价问卷中共设11个计分题。每道题设置5个选项,总分为100分,其中非常满意100分,比较满意85分,一般60分,不满意0分,不了解不计入统计。

62. 如何维护外供方名录?

外供方名录也称合格供方名录,指企业规模或相关资质获得中国气象局或省级气象部门认可,并且提供的设备、软件或服务满足用户要求,纳入气象观测质量管理体系对供应商管理的各类企业名录。根据外部供应商提供服务的内容,将外供方分为设备、软件系统/平台、服务三类。按照外部供应商提供服务的范围,分为全国外供方和省级外供方。

外供方名录一般一年维护一次,在每年开展外供方评价前完成。

全国外供方名录由国家级质量管理员负责管理维护,省级外供方名录由国家级直属单位和各省(区、市)气象局的单位质量管理员负责管理维护。国家级质量管理员和省级质量管理员通过"基础配置-外供方管理"进入外供方管理页面,对外供方进行添加、删除等操作,外供方管理维护流程如下。

第一步:外供方类别管理。外供方类别由国家级质量管理员负责管理维护,全国外供方和省级外供方的类别和业务类型均一致。外供方类别分为设备、软件系统/平台、服务三大类。设备类外供方根据供应商提供的设备类型分为地面气象观测设备、高空气象观测设备、新一代天气雷达、风廓线雷达、GNSS/MET水汽观测设备等10类;软件系统/平台类外供方根据现用的业务系统分为综合气象观测业务运行信息化平台、综合气象观测数据质量控制系统等;服务类外供方根据外供方提供的服务内容分为装备社会化保障、业务运行保障、装备计量检定、防雷安全检测、信息网络运维、质量管理体系、后勤保障、其他共8类。外供方类别管理流程如下:国家级质量管理员通过"基础配置-外供方管理"进入"外供方类别管理"标签页→点击"添加"进入"外供方类别管理"页→选择外供方类别,录入外供方业务类型→点击"保存"即可。删除外供方的业务类型时,在列表页勾选所要删除项后点击"删除"即可。外供方类别管理界面见图6.21。

第二步:外供方管理。全国外供方名单由国家级质量管理员管理维护,省级外供方名单由省级质量管理员管理维护。外供方管理流程如下。

一是添加外供方。在"外供方管理"标签页,点击"添加"按钮,填写厂商名称,选择外供方类别(勾选设备、软件系统/平台、服务,可多选),选择对应的业务类型,添加完成后,点击"保存"即可。国家级质量管理员添加的是全国外供方,省级质量管理员添加的是省级外供方,省级不可添加与全国外供方名称一致的外供方(同外供方类别且同业务类型下的同名外供方,如设备类外供方下的地面气象观测类设备外供方)。外供方添加界面见图 6.22。

图 6.21　外供方类别管理界面

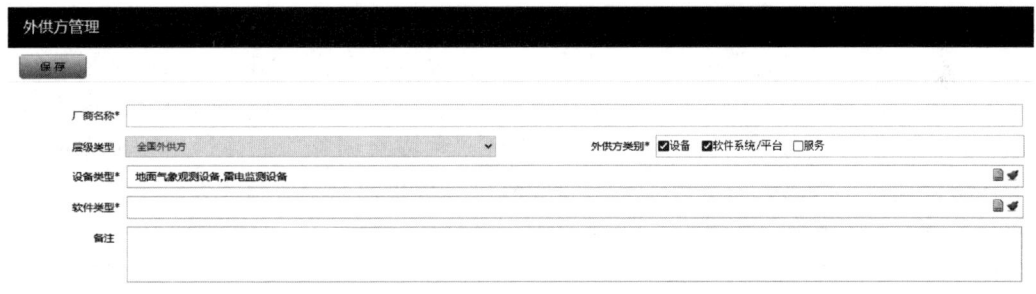

图 6.22　外供方添加界面

二是外供方的修改、删除。在"外供方管理"标签页,可对已添加的外供方进行管理。双击需修改的外供方名称进入"外供方管理"页面,根据实际需要修改外供方类别或业务类型,修改后点击"保存"即可。若需删除某外供方时,勾选该外供方,点击"删除"则提示"是否删除该外供方",点击"确定"即可删除成功。国家级质量管理员不能删除省级外供方。

三是外供方的查询和导出。在"外供方管理"标签页,列表展示已添加的外供方名称,国家级质量管理员和省级质量管理员可根据查询项厂商名称、所属机构、层级类型(全国外供方、省级外供方)、外供方类别、业务类型等查询外供方信息。勾选需导出的外供方,点击"导出"按钮以 Excel 格式导出外供方名录。

【知识点】
(1) 全国外供方名录：全国大部分单位均使用设备、软件系统、服务的供应商，列为全国外供方，由国家级质量管理员添加维护。

(2) 省级外供方名录：国家级外供方名录之外，本省在用设备、系统平台开发及服务类的供应商名单，由本省的省级质量管理员负责添加维护。

(3) 设备类外供方分类：按设备类型分为地面气象观测设备、高空气象观测设备、新一代天气雷达、风廓线雷达、GNSS/MET 水汽观测设备、大气成分观测设备、雷电监测设备、土壤水分观测设备、气象卫星、其他 10 类设备。

(4) 软件类外供方分类：软件类外供方一般指由中国气象局统一全国推广部署运行的软件系统，按系统名称分为综合气象观测数据质量控制系统（天衡）、综合气象观测业务运行信息化平台、综合气象观测产品系统（天衍）、地面综合观测业务软件（ISOS）、地面测报软件（OSSMO）、省级气象计量检定业务系统（3MS）、全国气象计量信息化系统（NMMIS）、气象技术装备动态管理信息系统、省级装备保障业务一体化平台、L 波段高空气象探测系统、台站降水现象仪人工自动平行观测业务软件、雷电数据接收分析系统（ADTD 6.0）、台站日照人工自动平行观测业务软件、农业气象测报软件（AgmoDoS）、其他类软件。

(5) 服务类外供方分类：按外供方提供的服务内容分为装备社会化保障、业务运行保障、装备计量检定、防雷安全检测、信息网络运维、质量管理体系、后勤保障、其他 8 类服务。

(6) 外供方的名录根据实际情况，可由国家级质量管理员根据实际情况动态更新。

63. 如何启动外供方评价？

外供方评价的目的是为了深入了解气象部门用户对气象观测业务外部供应商提供的设备、软件（系统）和服务的质量是否持续满足气象观测业务需要，从而实现对外供方的评估、选定与业绩评价等。根据外供方的类别，外供方评价分为设备类外供方评价、软件（系统）类外供方评价、服务类外供方评价；根据外供方评价范围，可分为由综合观测司发起的全国外供方评价和由各持证单位发起的省级外供方评价。各持证单位可参与全国外供方评价，也可自行组织开展本单位外供方评价，但自行组织的外供方评价须在全国外供方评价启动前完成。全国外供方评价面向全国气象系统单位、个人；省级外供方评价面向全省气象系统单位、个人。

全国外供方评价由综合观测司发起，国家级质量管理员编制全国外供方评价方案，经国家级管理者代表审批通过后，由国家级质量管理员下发，每年组织开展一次，要在管理评审前完成。若各持证单位自行组织本单位的外供方评价，则由省级质量管理员编制外供方评价方案，经省级管理者代表批准后，由省级质量管理员下发，需在本单位管理评审前和全国外供方评价前完成。

全国外供方评价的启动是一个自上而下的过程，具体流程如下。

第一步：编制下发全国外供方评价方案。本环节由国家级质量管理员和管理者代表完成，国家级质量管理员负责方案编制和下发，管理者代表负责审批。国家级质量管理员通过系统左侧菜单栏"处置管理－满意度评价－外供方评价"进入外供方评价列表，点击"添加国家级外供方评价"进入外供方评价基本信息页，选择评价范围、评价开始和结束时间，评价范围是指设备类外供方评价、软件类外供方评价、服务类外供方评价，一般情况下设备类、软件类、服务类外供方评价同时进行，也可只选其中一类进行评价；分别选择设备类外供方评价、软件类外供方评价、服务类外供方评价的调查单位和调查用户，调查用户默认显示所需调查单位的省级质量管理员,可修改,用于接收全国外供方评价方案;录入调查内容、上传调查方案附件;基本信息录入完成后通过"办理菜单－发送"将评价方案提交给管理者代表审批。经管理者代表审批后,由国家级质量管理员通过"办理菜单－发送"将评价方案下发至所选调查单位的省级质量管理员。全国外供方调查方案基本信息页见图6.23。

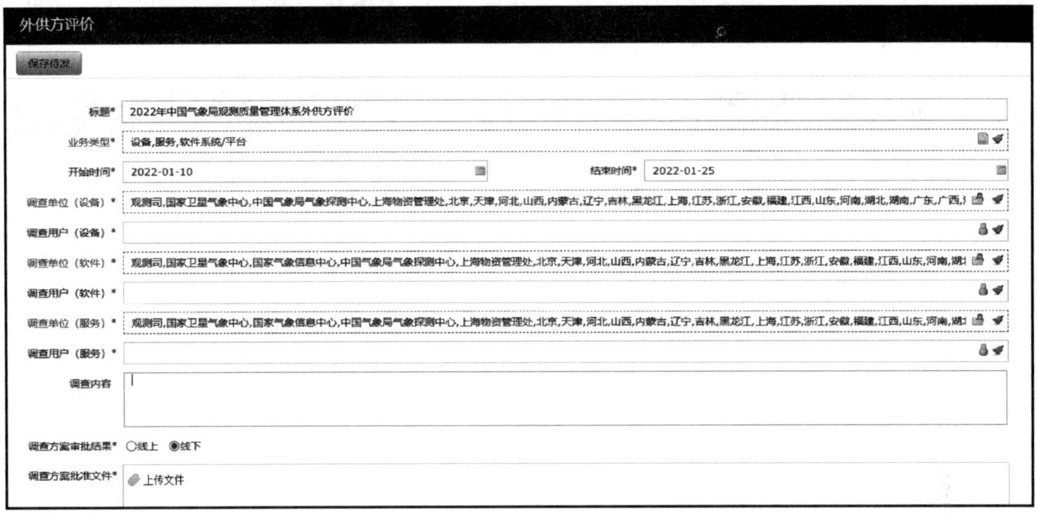

图 6.23　全国外供方调查方案基本信息页

第二步:省级下发外供方评价方案。全国外供方评价方案下发后,省级质量管理员通过系统首页"外供方评价"待办进入外供方评价页面,根据本省实际修改调查范围、调查时间、调查内容等,选择本省的调查单位、调查用户,调查用户默认显示所选调查单位的地级质量管理员。基本信息录入完成后通过"办理菜单－发送"将评价方案提交给省级管理者代表审批。经省级管理者代表审批后,由省级质量管理员通过"办理菜单－发送"将评价方案下发至所选调查单位的地级质量管理员。

第三步:地级分发外供方评价问卷。地级质量管理员通过首页"待办"事项进入外供方评价－下发问卷界面,选择所辖的调查单位、调查用户,调查用户可选所选调查单位下的所有用户(不论角色),调查用户选完后点击"下发问卷"即可完成问卷分发,外供方评价－下发问卷界面见图6.24。地级质量管理员还可通过"外网答卷"按钮生成外网问卷调查地址和微信二维码,由用户基于外网进行问卷填写。本环节切记不可通过"办理菜单－发送"进入下一环节,此环节的"办理菜单－发送"是用于问卷填写完成后将本地所填的问卷汇总提交至省级,提交后本地的所有用户均不能再填写问卷。本环节也可下载外供方问卷通过线下调查的方式开展,线下完成调查问卷后再由地级质量管理员在"设备类问卷记录""软件类问卷记录""服务类问卷记录"标签页批量导入调查问卷。问卷下发完成后,用户即可基于系统线上填写外供方评价问卷或基于外网填写调查问卷。

持证单位的省级外供方评价的启动流程如下。

第一步:编制和下发省级外供方评价方案。本环节由省级质量管理员和省级管理者代表完成,省级质量管理员负责外供方评价方案编制和下发,省级管理者代表负责审批。省级质量管理员通过系统左侧菜单栏"处置管理－满意度评价－外供方评价"进入外供方评价列表,点击"添加外供方评价"进入外供方评价基本信息页,选择调查范围、调查开始和结束时间,调查范围是指设备类外供方评价、软件类外供方评价、服务类外供方评价,一般情况下设备、软件、服务类外供方评价同时进行,也可只选其中一类进行评价;选择调查单位和调查用户,调查用户默认显示所需调查单位的地级质量管理员,可修改,调查用户用于接收外供方评价方案;录入调查内容、调查方案相关附件;基本信息录入完成后通过"办理菜单一发送"将评价方案提交给省级管理者代表审批。经省级管理者代表审批后,由省级质量管理员通过"办理菜单一发送"将评价方案下发至调查单位的地级质量管理员。

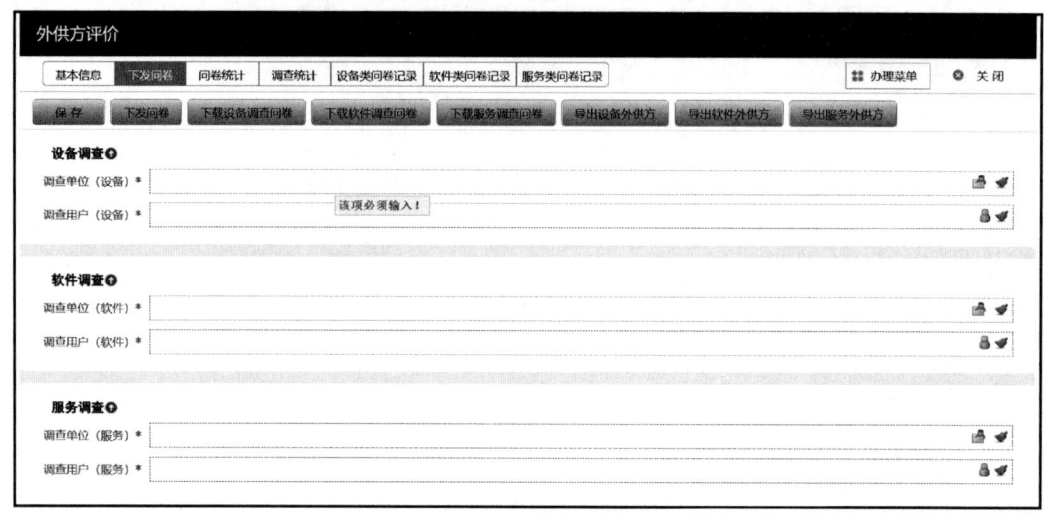

图 6.24 外供方评价一下发问卷界面

第二步:地级分发省级外供方评价问卷。地级分发省级外供方评价问卷流程与地级分发全国外供方评价问卷的流程基本一致。地级分发完问卷后,用户即可基于系统线上填写满意度调查问卷或基于外网填写调查问卷。

【注意事项】

(1)省级下发外供方评价方案前,需确保调查单位至少配置1名地级质量管理员,用于接收外供方评价方案和分发调查问卷。

(2)地级质量管理员在分发问卷环节,通过"下发问卷"将问卷分发给调查用户,切不可通过"办理菜单一发送"来分发问卷,此环节中的"办理菜单一发送"是用于问卷填写完成后将本地所填的问卷汇总提交至省级,提交后本地的所有用户均不能再填写问卷。

64. 如何填写外供方调查问卷?

外供方调查问卷的填写主要由调查用户完成,填写调查问卷的方式有三种:一是基于信息系统线上填写调查问卷;二是通过系统生成的外网地址或微信二维码基于外网填写调查问卷;三是线下填写调查问卷再批量导入系统。

单位质量管理员、地级质量管理员通过系统将问卷分发给调查用户后,调查用户要在调查结束日期前填写调查问卷。具体流程如下。

第一步:用户填写调查问卷。

一是用户线上填写问卷。用户通过系统"待办"进入外供方评价界面(图6.25),在"设备问卷记录""软件问卷记录""服务问卷记录"标签页中,点击"填写问卷"进入外供方评价问卷页面,逐项填写问卷问题,最后一题无意见也需填写"无",填写完成后,点击"提交"即可。填写问卷时,先选择外供方名称,该外供方所属的业务类型则会从外供方管理模块中自动获取,用户可根据实际进行修改;外供方评价问卷每个问卷只能评价一个外供方,若本部门有多个外供方,则由用户多次点击"填写问卷"生成多份问卷,见图 6.26。

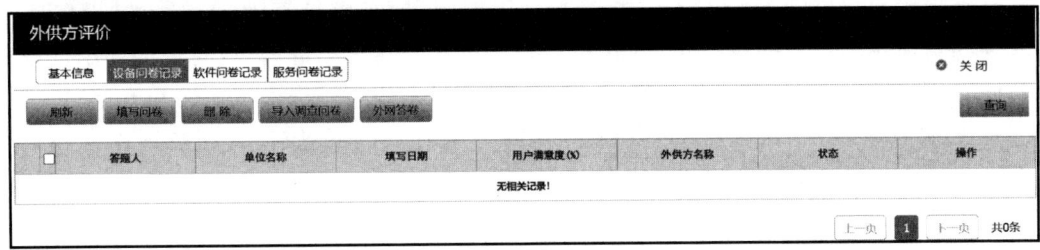

图 6.25　外供方评价—线上答卷界面

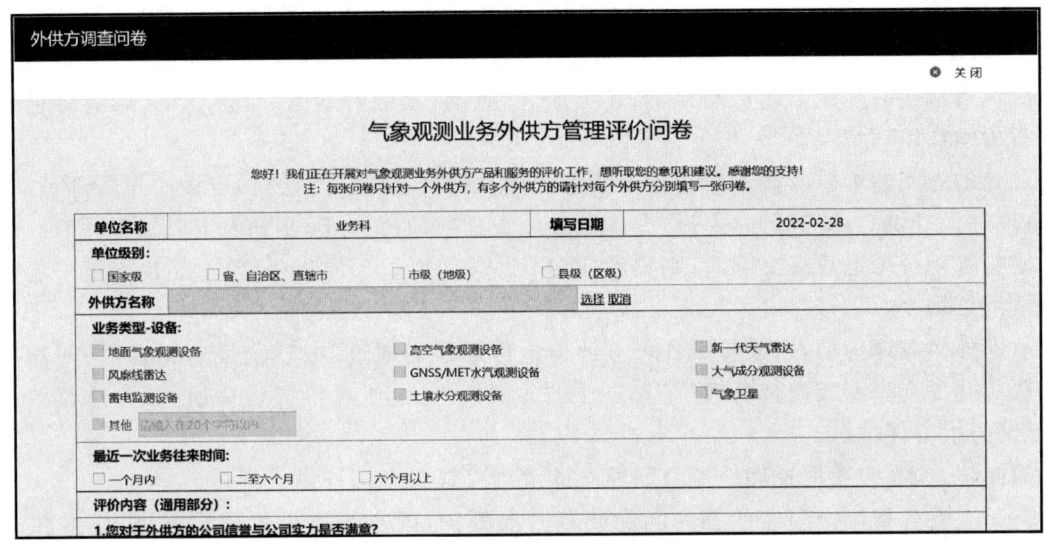

图 6.26　外供方调查问卷界面

二是基于外网填写问卷。用户收到问卷调查的外网链接地址及微信二维码后,在调查时间内,可直接登录答卷地址进入问卷首页,或用手机识别微信二维码进入问卷首页。先选择外供方评价类别(设备类、软件类、服务类),再选择调查用户所在工作单位,录入用户所在部门名称、用户姓名,点击"在线答卷"进入答卷页面。逐项填写问卷问题,最后一题无意见也需填写"无",填写后,点击"提交"即可。每个用户可填写多份问卷。若超过调查时间,则提示"本次调查已结束,不可答卷"。

三是线下填写问卷。用户通过系统"待办"进入外供方评价页面,在基本信息页下载不同类别的外供方评价问卷(Excel 版),需同时下载外供方名单。

线下填写问卷:录入单位名称全称,勾选单位级别,否则问卷导入后无法匹配;根据下载的外供方名单录入正确的外供方名称,勾选业务类型,外供方名称及业务类型须与下载的外供方名单中的名称及业务类型完全一致,否则无法成功导入;逐项填写问卷后保存,不能缺项,否则无法成功导入。

问卷批量导入:问卷填写完成后,可将多份问卷直接压缩为 *.zip 格式,无须修改压缩文件名,在外供方评价－答题记录页面,通过"导入调查问卷"批量导入;导入时,调查组织单位默认是导入用户所在部门。只有国家级质量管理员、省级质量管理员和地级质量管理员批量导入问卷时,调查组织单位能选择下辖的部门,其他用户导入时只显示本部门且无法修改。

第二步:地级汇总提交问卷。

一是查看用户提交问卷状态。问卷调查开展期间,地级质量管理员可通过"设备问卷记录""软件问卷记录""服务问卷记录"的状态栏查看用户问卷填写进展,适时督促各用户按时完成问卷调查;还可通过"查询"项的答题人、单位名称、问卷分值等查询本地的问卷填写情况。

二是汇总提交问卷。待下辖所有问卷均填写完成后,由地级质量管理员通过"问卷分发"的待办事项进入外供方评价页面,通过"办理菜单－发送"将问卷汇总提交至省级质量管理员。问卷汇总提交后,本地所辖单位所有用户将不能再导入问卷和用本地生成的微信二维码填写问卷,但还可通过省级质量管理员下发的微信二维码进行答卷。

第三步:省级汇总提交问卷。

一是查看用户提交问卷状态。问卷调查开展期间,省级质量管理员可通过"设备问卷记录""软件问卷记录""服务问卷记录"的状态栏查看下辖各地级气象局问卷汇总进展,适时督促各地级气象局按时完成问卷汇总提交;还可通过"查询"项的答题人、单位名称、问卷分值等查询本省的问卷填写情况。

二是本省问卷汇总。待本省的地级质量管理员均汇总提交问卷后,省级质量管理员从"待办"事项进入外供方评价页面,通过"办理菜单－发送"进行汇总问卷进入生成报告环节。若有地级质量管理员未汇总提交问卷,则提示"有用户(××、××)没有提交,不能提交下一步",无法完成汇总提交。

全国外供方评价中,生成省级外供方评价报告后还需通过"办理菜单－发送"将问卷及评价报告一并提交国家级质量管理员;省级外供方评价中,生成评价报告后通过"办理菜单－发送"办结外供方评价。

第四步:国家级质量管理员汇总问卷。此流程仅针对全国外供方评价。

一是查看各省提交问卷状态。问卷调查开展期间,国家级质量管理员可通过"外供方评价"的流程状态栏查看各省外供方评价的进展,适时督促各省完成问卷调查。

二是全国调查问卷汇总。待所有的单位质量管理员均汇总提交问卷后,国家级质量管理员从"待办"事项进入外供方评价页面,通过"办理菜单－发送"汇总调查问卷,进入生成外供方评价报告环节。

【知识点】

问卷分值设置:设备类外供方评价问卷中共设 12 个计分题、软件类外供方共设 14 个计分题、服务类外供方共设 11 个计分题。每道题设置 5 个选项,总分为 100 分,其中非常满意 100 分,比较满意 85 分,一般 60 分,不满意 0 分,不了解不计入统计。

【注意事项】

(1)用户基于微信二维码填写外供方评价问卷时,在首页勾选的工作单位和填写的姓名必须与信息系统中的单位及用户姓名一致,若不一致系统匹配不成功则提示"用户不存在"。

(2)线下填写问卷目前仅支持 Word 问卷填写,不兼容 WPS 问卷,用户下载问卷后,请用 Word 打开问卷填写内容,勿更改问卷表格格式或字体,注意英文大小写。

(3)批量导入问卷时,线下填写的多个问卷不要放入文件夹再压缩,直接选中多个问卷压缩为*.zip格式文件上传,否则会导入失败。

(4)批量导入问卷时,只有国家级质量管理员、单位质量管理员和地级质量管理员有权限将调查组织单位修改为下辖的部门,如导入用户是单位质量管理员,导入的是气象探测中心的问卷,需将调查组织单位修改为气象探测中心。导入多个部门问卷时,建议按调查组织单位分批次导入,否则,统计评估的问卷数量分布与实际不符。

65. 如何生成、发布外供方评价报告?

外供方评价报告是对外供方评价活动收集的有效数据进行汇总分析所形成的报告,报告包含调查时间、调查范围、外供方评价分析、报告结论、改进措施等内容。外供方评价报告作为管理评审输入材料之一,要求在本年度的管理评审前完成。

全国外供方评价报告在全国外供方评价问卷完成汇总后,由国家级质量管理员基于系统生成,可对生成的评价报告进行修改完善后发布;各体系持证单位参与综合观测司组织的全国外供方评价时,由省级质量管理员完成本省的问卷汇总后,可生成本省的外供方评价报告;若各体系持证单位自行组织省级外供方评价,在省级完成问卷汇总后可由省级质量管理员基于系统生成本单位的外供方评价报告。

第一步:生成外供方评价报告。含省级外供方评价报告和全国外供方评价报告。

生成省级外供方评价报告:全国外供方评价和省级外供方评价中,待地级质量管理员均完成调查问卷汇总提交后,由省级质量管理员通过"办理菜单-发送"进行问卷汇总,汇总后再从首页待办进入生成外供方评价报告环节,点击"生成报告"则可在外供方评价报告栏生成全省外供方评价报告。

生成全国外供方评价报告:待所有的省级质量管理员将本单位的问卷汇总提交至国家级质量管理员后,由国家级质量管理员从首页待办事项进入,通过"办理菜单-发送"进入问卷汇总,汇总后再从首页待办进入生成外供方评价报告环节,点击"生成报告"则可在评价报告栏生成全国外供方评价报告。

第二步:校对和修改评价报告内容。全国外供方评价报告和省级外供方评价报告均是按系统内置模板生成,分基本情况、评价结果分析、报告结论、改进措施四部分内容,其中基本情况含调查对象、调查内容、调查方式、分值设定等;评价结果分析含设备类外供方、软件类外供方、服务类外供方评价结果分析;报告结论是对问卷调查结果的总评价,列出各用户提交的意见建议;改进措施是根据本次评价结果建议采取的改进措施,由组织单位自行补充。各单位根据需要对生成的外供方评价报告进行人工勘误修正和补充完善。评价报告可基于系统在线编辑修改,也可下载后线下补充完善后上传系统。

第三步:发布外供方评价报告。报告修改完成后,由国家级质量管理员和省级质量管理员基于系统发布评价报告,同时办结外供方评价活动。

【注意事项】

(1)地级和县级只能参与综合观测司组织的全国外供方评价和省气象局组织的省级外供方评价,没有权限组织本地、县的外供方评价。参与全国或全省的外供方评价后,无法基于系统生成本地或县的评价报告,只能由地级质量管理员从列表中进入外供方评价基本信息页,查询本地的调查结果,或从"统计评估-外供方评价"模块查询本地的调查结果。

(2)生成外供方评价报告后,要注意校对评价报告中的文本和统计数据,如调查对象、收集的问卷数量、满意度分值、收集的意见建议,根据评价结果和意见建议补充改进措施。

(3)全国外供方评价报告中不含各省的外供方名录的评价数据。

66. 如何查询及统计外供方评价结果?

外供方评价结果统计是根据回收的有效调查问卷的题型经过统计学方法计算出的统计结果,在系统的"统计评估－外供方评价"模块中查询。

系统中所有用户均可通过统计评估模块查看本单位的外供方评价统计结果,包括设备类外供方、软件类外供方、服务类外供方评价的问卷数量、评价得分情况以及问卷每题评价得分、每个外供方评价得分等。综合观测司用户可查看中国气象局各直属事业单位和各省(区、市)气象局的统计结果;国家级直属单位用户能查看本单位的统计结果;各省(区、市)气象局的所有用户能查看本省满意度调查的统计结果。

外供方评价活动办结后,便可在"统计评估－外供方评价"模块查询到本次外供方评价的统计结果。目前系统中的外供方评价结果按历年趋势变化、业务类型、组织机构、分项统计四方面进行统计评估。具体查询方法如下。

第一类:按历年趋势变化查询。该页面以折线图和表格的方式展示各单位近10年外供方评价结果的趋势变化,默认展示设备类外供方、软件类外供方、服务类外供方评价结果的变化趋势。不同用户的查看权限不同,综合观测司用户默认展示全国近10年外供方评价结果的趋势变化,国家级直属单位默认展示的是本单位近10年外供方评价结果的趋势变化,31个省(区、市)气象局的所有用户默认展示的是本省近10年外供方评价结果的趋势变化。各用户还可通过查询项的组织单位、业务类型、外供方名称、年度范围查询历年相关外供方评价结果的趋势变化。统计结果还可以导出图片或按Excel文件形式导出统计报表。外供方评价－历年趋势变化统计界面见图6.27。

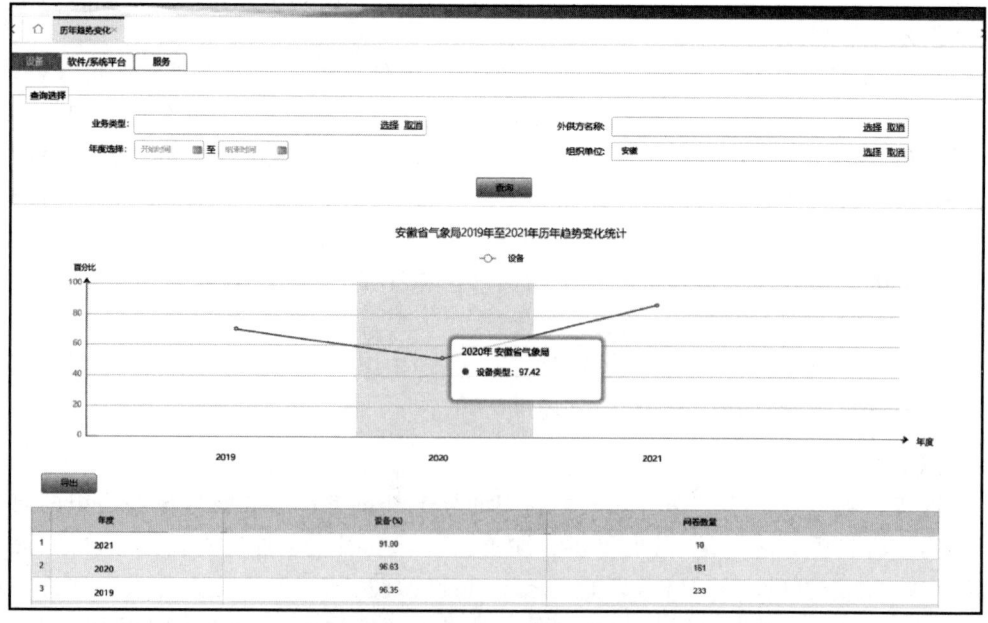

图6.27 外供方评价－历年趋势变化统计界面

第二类：按业务类型查询。按设备类、软件类、服务类三个外供方类别分页展示评价结果。

一是设备类外供方评价。以柱状图和表格的形式展示地面气象观测设备、高空气象观测设备、新一代天气雷达、风廓线雷达、GNSS/MET水汽观测设备、大气成分观测设备、雷电监测设备、土壤水分观测设备、气象卫星、其他10类设备的外供方评价结果及问卷数量。评价结果统计方式为汇总取平均值，问卷数量统计方式为合计值。综合观测司用户默认展示中国气象局本年度的10个设备类型的问卷数量和评价结果；国家级直属单位用户默认展示本单位本年度的10个设备类型的问卷数量和评价结果；31个省（区、市）气象局所有用户默认展示全省本年度的10个设备类型的问卷数量和评价结果。外供方评价－设备类外供方评价统计界面见图6.28。

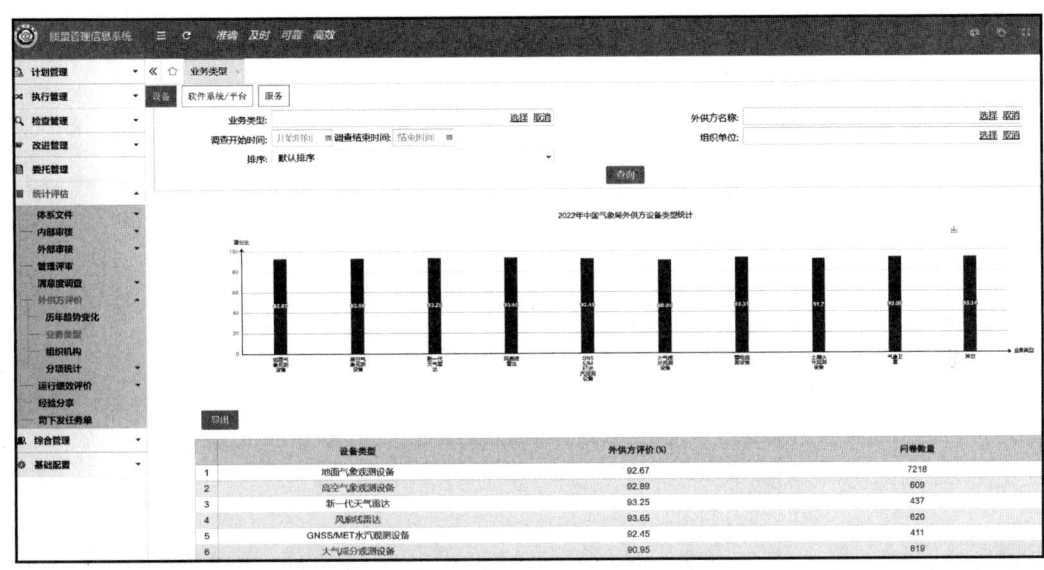

图6.28　外供方评价－设备类外供方评价统计界面

用户可查询某业务类型下的外供方评价结果，柱状图只按降序或升序显示前15个外供方的评价结果。所有用户还可通过查询项的业务类型、外供方名称、调查时间、组织单位等查询相关外供方的评价结果。统计结果可以导出图片或按Excel文件形式导出统计报表。

二是软件系统/平台外供方评价。以柱状图和表格的形式展示综合气象观测业务运行信息化平台、质量管理体系信息系统、综合气象观测数据质量控制系统（天衡）、综合气象观测产品系统（天衍）、地面综合观测业务软件（ISOS）、农业气象测报软件（AgmoDoS）等软件的外供方评价结果及问卷数量。评价结果统计方式为汇总取平均值，问卷数量统计方式为汇总值。综合观测司用户默认展示中国气象局本年度的各类软件系统/平台的问卷数量和评价结果；国家级直属单位用户默认展示本单位本年度的各类软件系统/平台的问卷数量和评价结果；31个省（区、市）气象局所有用户默认展示全省本年度的各类软件系统/平台的问卷数量和评价结果。所有用户还可通过查询项的调查时间、组织单位等查询相关外供方的评价结果。外供方评价－软件类外供方统计界面见图6.29。

三是服务类外供方评价。以柱状图和表格的形式展示装备社会化保障、业务运行保障、设备计量检定、防雷安全检测、信息网络运维、质量管理体系、后勤保障、其他8类服务的外供方评价结果及问卷数量。评价结果统计方式为汇总取平均值，问卷数量统计方式为汇总值。综合观测司用户默认展示中国气象局本年度的8个服务类型的问卷数量和评价结果；国家级直属单位用户默认展示本单位本年度的8个服务类型的问卷数量和评价结果；31

个省（区、市）气象局所有用户默认展示全省本年度的 8 个服务类型的问卷数量和评价结果；用户可查询某业务类型下的外供方评价结果，柱状图只按降序或升序显示前 15 个外供方的评价结果。所有用户还可通过查询项的业务类型、外供方名称、调查时间、组织单位等查询相关外供方的评价结果。统计结果可以导出图片或按 Excel 文件形式导出统计报表。外供方评价－服务类外供方统计界面见图 6.30。

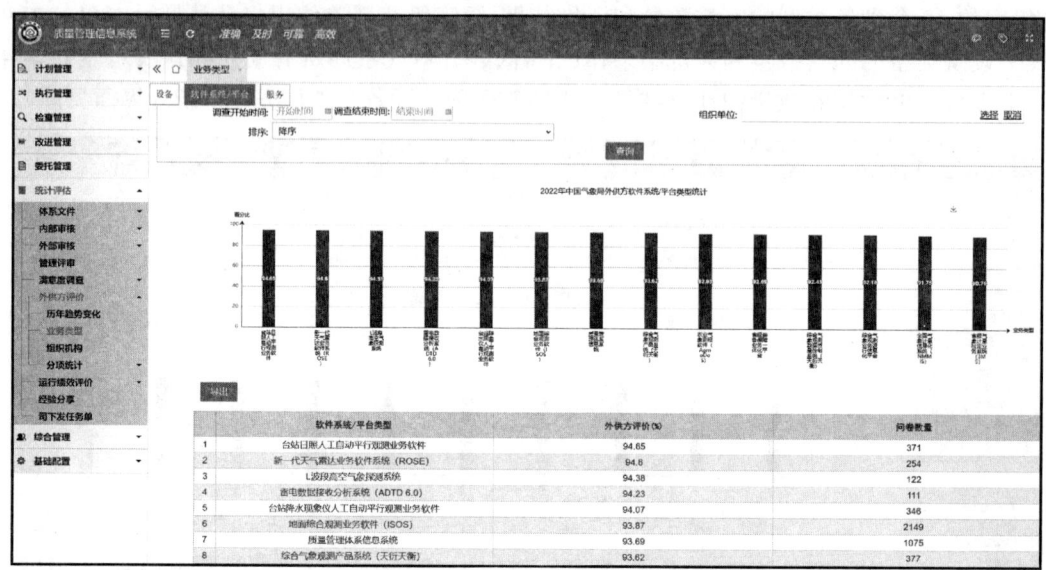

图 6.29　外供方评价－软件类外供方统计界面

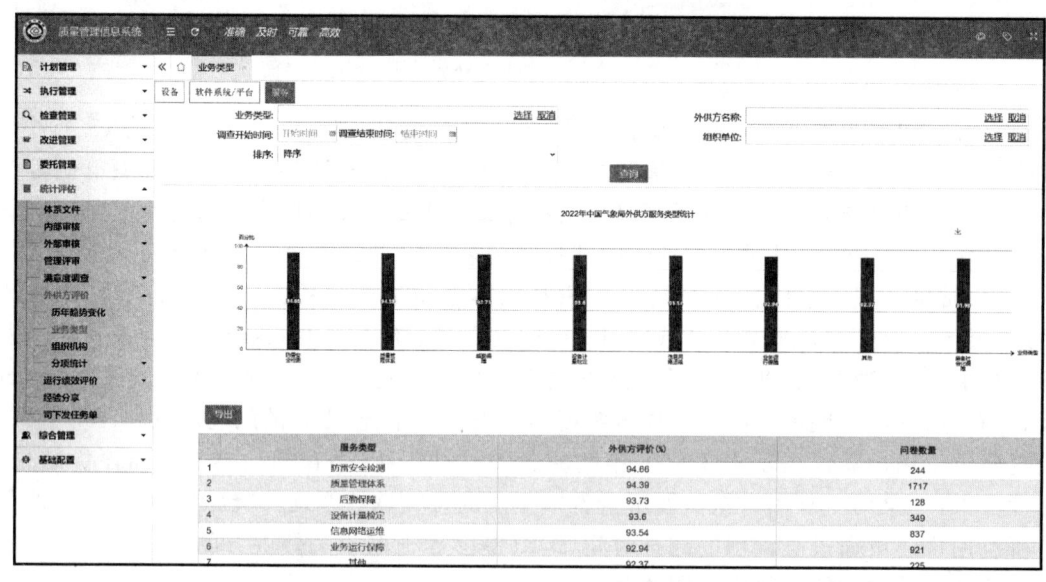

图 6.30　外供方评价－服务类外供方统计界面

第三类：按组织机构查询。该页面是以柱状图和表格的形式分别展示各单位的设备类、软件类、服务类的外供方评价结果，评价结果统计方式为汇总取平均值，问卷数量统计方式为合计值。综合观测司用户默认展示的是综合观测司、国家级直属单位、31 个省（区、市）气象局的本年度设备类、软件类、服务类的外供方评价结果；国家级直属单位默认展示的是本年度本单位所辖各处室的设备类、软件类、服务类的外供方评价结果;31个省(区、市)气象局所有用户默认展示本年度本省内设机构、直属部门及所辖地级气象局的设备类、软件类、服务类的外供方评价结果。

用户还可通过单击柱状图的方式到该单位的下一级部门进行汇总统计。所有用户通过查询项的组织单位、业务类型、外供方名称、调查时间等查询相关外供方的评价结果。外供方评价－组织机构统计界面见图6.31。

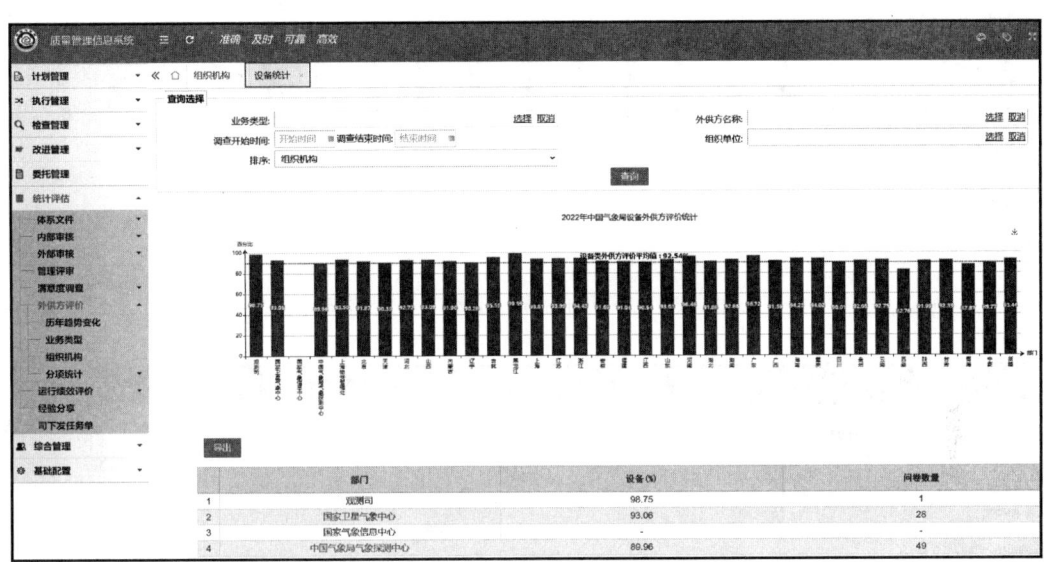

图6.31 外供方评价－组织机构统计界面

第四类:按分项统计查询。分项统计分为外供方统计、单项统计两类,用户通过"统计评估－外供方评价－分项统计"进入统计界面。

一是外供方统计。该项用于对比分析同业务类型下各外供方的同一个计分题的评价结果,展示每个计分题的评价得分最高的15个外供方和评价得分最低的15个外供方,分设备类、软件类、服务类三个标签页分页展示外供方评价结果。

设备类标签页可统计某业务类型下的每个计分题评价得分最高的15个外供方和得分最低的15个外供方;软件类标签页可统计每个计分题得分最高的15个业务系统和得分最低的15个业务系统;服务类标签页可统计某业务类型下的每个计分题评价得分最高的15个外供方和得分最低的15个外供方。评价结果统计方式为汇总取平均值,问卷数量统计方式为取合计值,也可通过查询项的组织单位、调查时间查询某一外供方在相关单位的评价结果。外供方评价－外供方统计界面见图6.32。

二是单项统计。该项用于统计某业务类型或某一外供方的计分项的评价结果,分设备类、软件类、服务类三个标签页展示。

设备类标签页默认展示设备类外供方的所有计分题的评价结果,软件类标签页默认展示软件类外供方的所有计分题的评价结果,服务类标签页默认展示服务类外供方的所有计分题的评价结果,均可通过查询项的业务类型、外供方名称等查询某一外供方的所有计分题的评价结果。评价结果统计方式为汇总取平均值,问卷数量统计方式为取合计值。外供方评价－单项统计界面见图6.33。

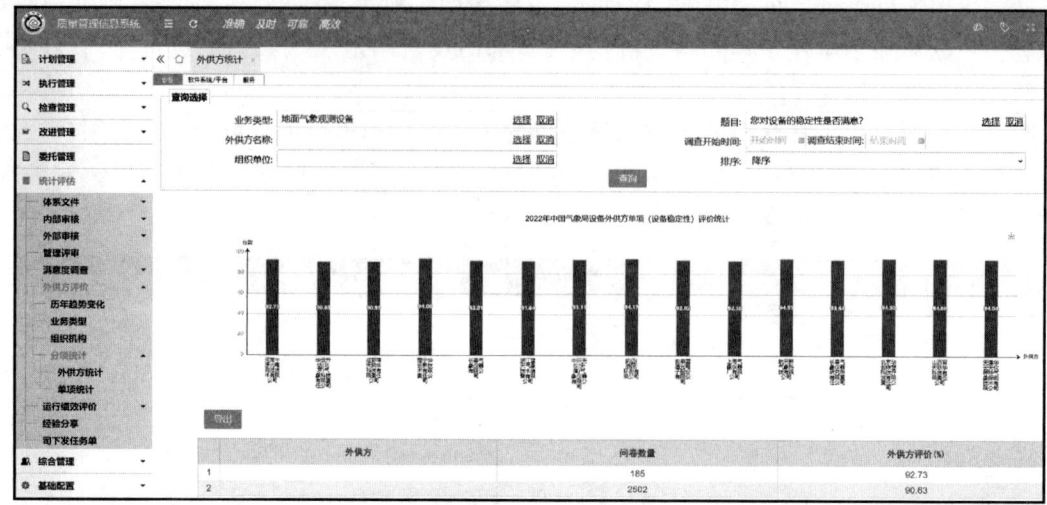

图 6.32　外供方评价－外供方统计界面

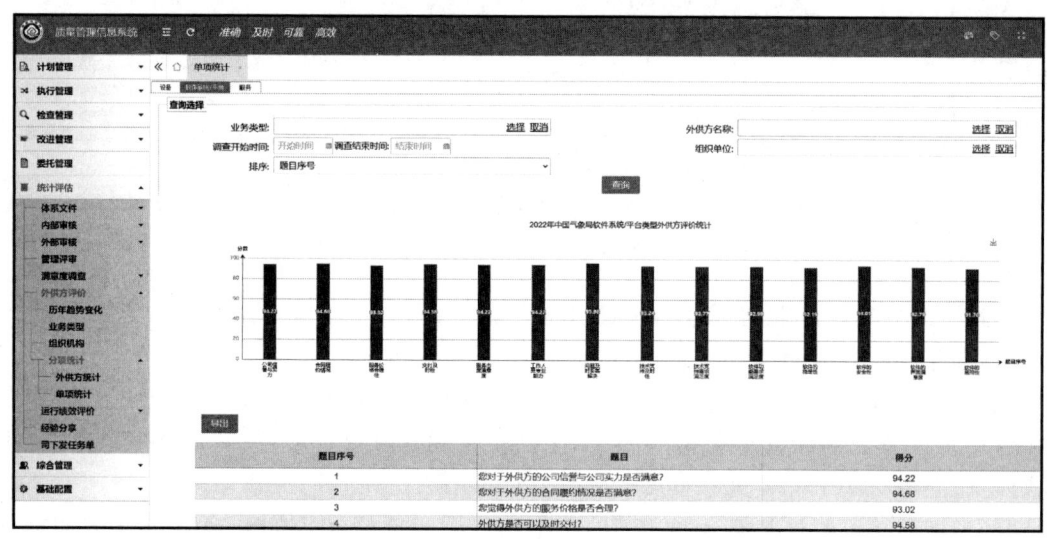

图 6.33　外供方评价－单项统计界面

6.4　体系运行绩效评价

67. 体系运行绩效评价业务流程是什么？

体系运行绩效评价是综合观测司为推进气象观测质量管理体系有效运行和持续改进,对全国 2 个国家级直属单位和 31 个省(区、市)气象局的体系运行情况评价考核,以促进体系和业务的高度融合,进一步发挥体系效益。

体系运行绩效评价一般一年开展一次,年初下发年度运行绩效评价方案,年底前完成评价工作。全国体系运行绩效评价由综合观测司牵头组织,2 个国家级直属单位和 31 个省(区、市)气象局按评价方案实施,在规定的时间节点提交本单位的评价材料,年底前由综合观测司委托第三方机构进行评价考核,考核后综合观测司下发评价结果。

全国体系运行绩效评价由国家级质量管理员发起,国家级管理者代表审批,国家级直属单位和各省(区、市)气象局的省级质量管理员提交评价材料,第三方机构组织专家组基于系统进行考核评价,最后综合观测司发布第三方机构提交的评价结果和评价报告。全国体系运行绩效评价流程见图6.34。

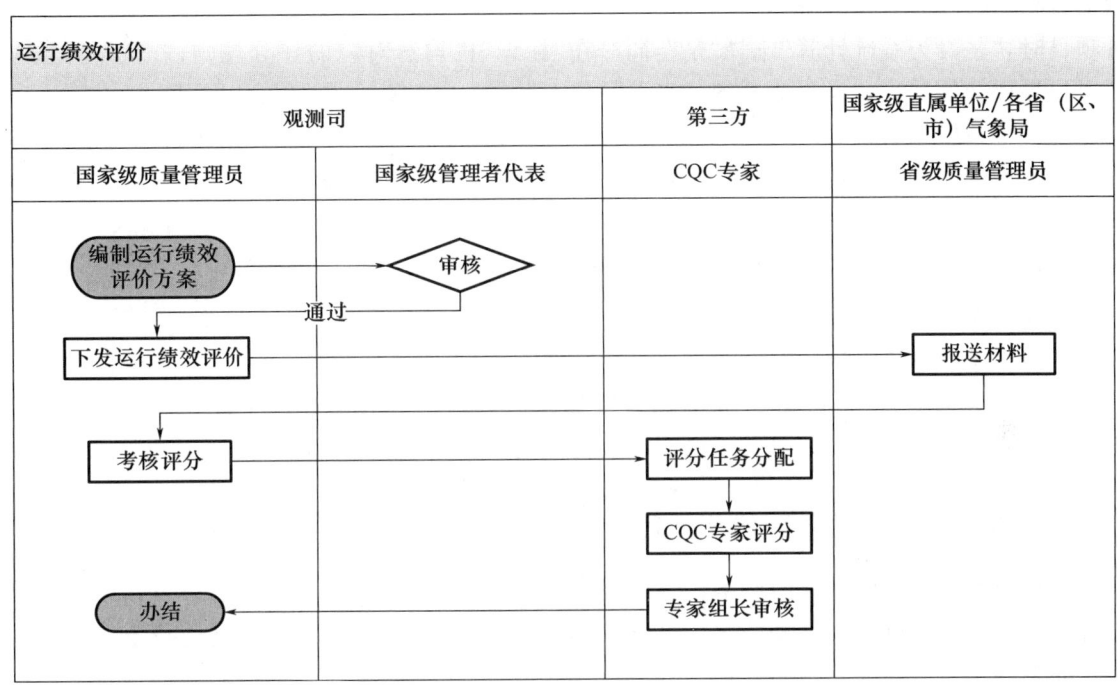

图6.34 全国体系运行绩效评价流程图

68. 如何开展体系运行绩效评价基础配置?

为推进全国气象观测质量管理体系有效运行并持续改进,促进体系效益发挥,综合观测司每年组织修订完善气象观测质量管理体系运行绩效评价指标,并依托质量管理体系信息系统开展考核评价。

综合观测司每年修订绩效评价指标后,由国家级质量管理员通过信息系统"基础配置"的"运行绩效评价配置"功能完成绩效评价指标的配置,为下发年度绩效评价指标奠定基础。具体配置方法如下。

第一步:添加评价类型。通过信息系统左侧菜单栏"基础配置—运行绩效评价配置—评价类型"进入绩效评价类型添加界面,通过"添加"按钮逐条添加绩效评价的类型,添加时在顺序框中标好序号,便于评价类型的排序。注:评价类型名称不能重复。

第二步:添加评价项目。评价类型添加完成后,通过信息系统左侧菜单栏"基础配置—运行绩效评价配置—评价项目"进入绩效评价项目添加列表,点击"添加"进入评价项目详细页:在"评价类型"框中选择已添加的评价类型,录入评价项目,并在"顺序"文本框输入序号,保存后即按序号显示在列表中。评价项目需逐条添加。

第三步:添加评价内容。评价项目添加完成后,通过信息系统左侧菜单栏"基础配置—运行绩效评价配置—评价内容"进入评价内容添加列表,点击"添加"进入评价内容详细页:在"评价项目"栏选择已录入的评价项目,在"评价内容"栏录入评价内容,按顺序进行编号,保存后即按序号显示在评价内容列表中。评价内容需逐条添加。

第四步:管理评价库(添加评价说明)。评价内容添加完成后,通过信息系统左侧菜单栏"基础配置－运行绩效评价配置－评价库"进入评价说明列表,点击"添加"进入评价内容详细页:选择需添加的评价说明对应的"评价内容",自动获取对应的评价类型、评价项目;录入评价说明、评分条件细化情况、分值;若评价说明为扣分项时,"扣分项"选择"是";若该项为系统评分项目时,"是否为系统计算"选择"是",同时在"标识"栏勾选对应的评分规则;若该项为被考核单位自评分的项目,"是否为系统计算"选择"否"。录入完成,点击"保存"即可。

第五步:每年更新评价库。综合观测司根据体系运行情况调整每年体系运行评价指标时,国家级质量管理员需根据评价指标的调整更新评价库的内容。为能使用历年运行评价结果进行对比分析,不建议删除已录入的评价类型、评价项目,若评价类型和评价项目有变更时,可直接添加新的评价类型、评价项目,评价说明若有调整可直接进行修改或添加。

【注意事项】
(1)在添加评价类型、评价项目时,名称不能重复,否则无法保存。
(2)评价类型、评价项目、评价内容等要删除时,若评价类型、评价项目、评价内容下有关联的内容,需先删除该项关联的下一级的数据,才可删除本条数据。

69. 如何编制下发全国体系运行绩效评价方案?

每年根据年度评价指标的调整,完成评价库更新后,由国家级质量管理员下发体系运行绩效评价方案。年内可多次下发绩效评价方案,但已下发的评价指标不能重复选择下发。具体操作如下。

第一步:录入绩效评价基本信息。国家级质量管理员在"处置管理－运行绩效评价"中,点击"添加"即可进入"运行绩效评价"基本信息页(图 6.35):年度、名称、分发单位、分发人员均自动生成,国家级质量管理员可根据实际进行修改,分发单位默认是 31 个省(区、市)气象局和 2 个国家级直属单位,国家级质量管理员可根据实际考核单位进行修改;分发人员默认是分发单位的省级质量管理员,与分发单位一一对应,可根据实际调整省级质量管理员,当分发单位增加、删除后,分发人员会自动增加、删除。保存后即进入"评价内容"添加页面。

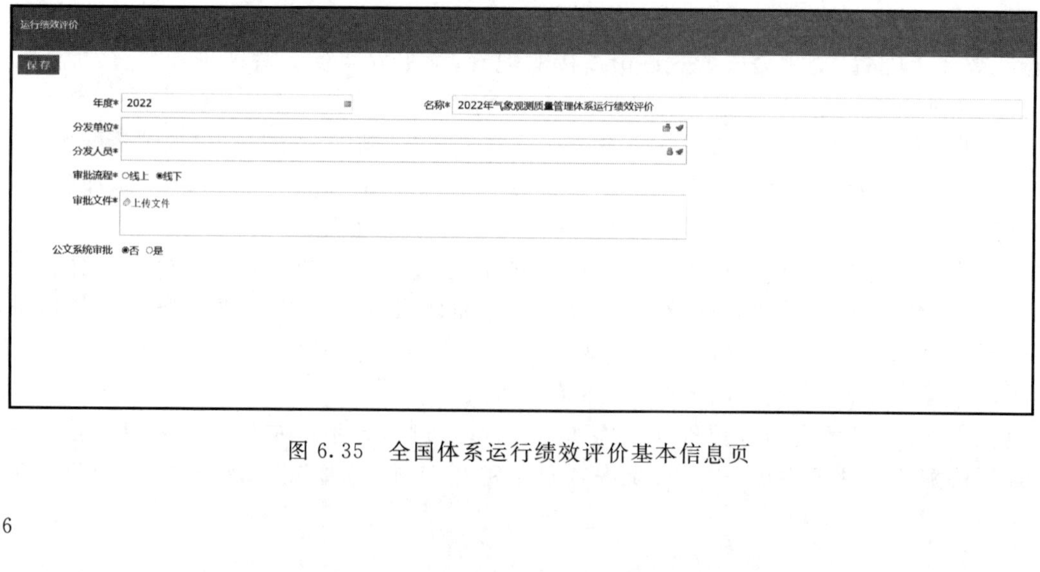

图 6.35 全国体系运行绩效评价基本信息页

第二步：选择所需评价内容。进入“评价内容”添加页面后，点击“添加”进入“运行绩效评价库”，勾选所需考核的评价内容，保存后显示已勾选的评价内容列表。每条评价内容均需选择“上报截止时间”，根据考核时段(如第一季度、第二季度、第三季度、第四季度考核项)明确每条评价内容的考核材料上报截止时间。超过上报截止时间后，考核单位则不能再上报该条评价内容的佐证材料。评价内容界面见图 6.36。

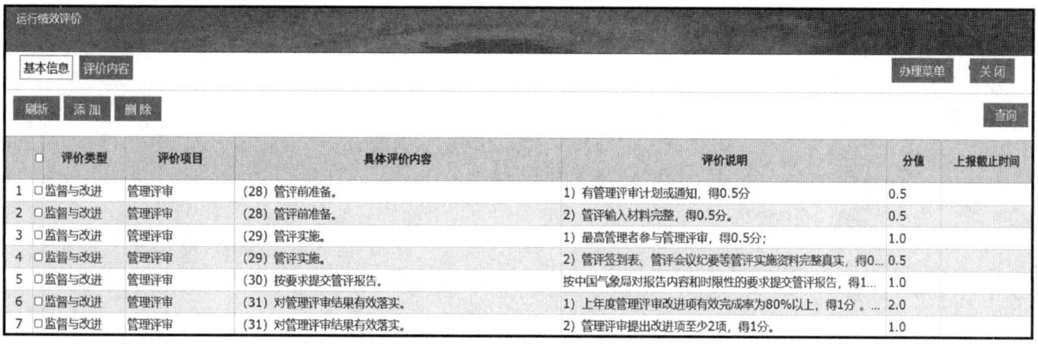

	评价类型	评价项目	具体评价内容	评价说明	分值	上报截止时间
1	监督与改进	管理评审	(28) 管评前准备。	1) 有管理评审计划或通知，得0.5分	0.5	
2	监督与改进	管理评审	(28) 管评前准备。	2) 管评输入材料完整，得0.5分。	0.5	
3	监督与改进	管理评审	(29) 管评实施。	1) 最高管理者参与管理评审，得0.5分；	1.0	
4	监督与改进	管理评审	(29) 管评实施。	2) 管评签到表、管评会议纪要等管评实施资料完整真实，得0...	0.5	
5	监督与改进	管理评审	(30) 按要求提交管评报告。	按中国气象局对报告内容和时限性的要求提交管评报告，得1...	1.0	
6	监督与改进	管理评审	(31) 对管理评审结果有效落实。	1) 上年度管理评审改进项有效完成率为80%以上，得1分。...	2.0	
7	监督与改进	管理评审	(31) 对管理评审结果有效落实。	2) 管理评审提出改进项至少2项，得1分。	1.0	

图 6.36　评价内容界面

第三步：下发绩效评价方案。绩效评价基本信息、评价内容均录入完成后，通过“办理菜单—发送”报国家级管理者代表进行审核(或选择线下审批程序)，审批通过后，由国家级质量管理员通过“办理菜单—发送”将绩效评价内容下发至各被考核单位。

【注意事项】

(1)若年内多次下发体系运行绩效评价方案，第二次下发绩效评价方案时不能再次勾选第一次已下发的评价内容。

(2)每条评价指标均需录入上报截止时间，该时间是评价指标佐证材料提交的最后期限，逾期后将不能再录入相关信息。

70. 如何报送体系运行绩效评价材料？

体系运行绩效评价材料是指体系建设单位通过信息系统上传绩效评价指标的完成情况、自评得分及佐证材料。绩效评价指标分为自评分项和系统评分项，自评分项指标由体系建设单位填写自评分、完成情况并上传佐证材料；系统评分项则由系统根据评分规则，对各体系建设单位在系统相关模块中的留痕信息来计算该指标的得分值。自评分和系统评分均仅供参考，绩效评价最终以第三方专家评分为准。

本项工作由省级质量管理员完成。国家级质量管理员下发体系运行绩效考核方案后，在信息系统每条评价指标的上报截止时间之前，由体系建设单位的省级质量管理员通过信息系统上报体系运行绩效评价材料。具体报送要求如下。

第一步：评价项目逐条录入报送。省级质量管理员通过“首页—待办”事项进入运行绩效评价材料提交页面，选择需要上报材料的评价项目，点击“材料上报”进入上报详细页面。

自评分项：由省级质量管理员在“上报截止时间”前根据工作完成情况，填写自评分、完成情况，上传证明材料(证明材料文件大小小于 5 M)，点击“保存”后点击“发送”即可报送至综合观测司。自评分项报送界面见图 6.37。

系统评分项：系统评分项中的“自评分”“完成情况”“证明材料”均为灰显状态，无须填写相关信息。系统根据评分规则对各体系建设单位在系统相关模块中的留痕信息来计算该指标的分值,写入"自评分"栏;证明材料无须体系建设单位上传,系统从其他模块自动获取相关证明材料以超链接形式显示在基本信息页右侧的标签页中。若有补充说明的,可在备注栏填写。针对系统自评分项目上报,在上报截止时间之前,勾选该评价内容点击"报送"即可。系统评分项报送界面见图 6.38。

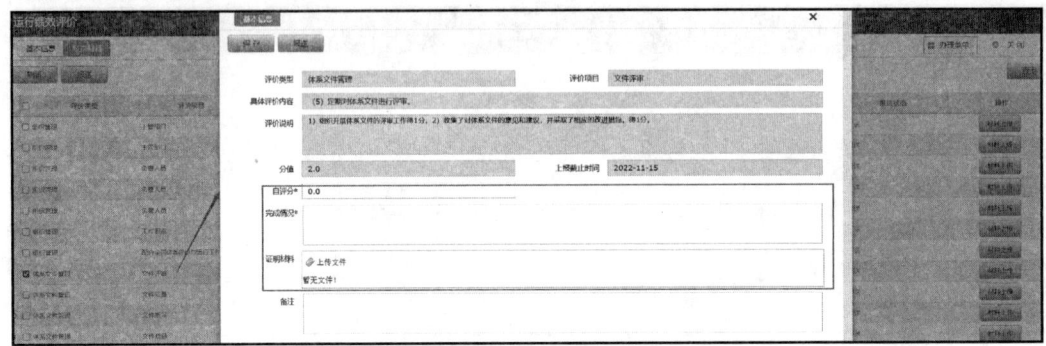

图 6.37 自评分项报送界面

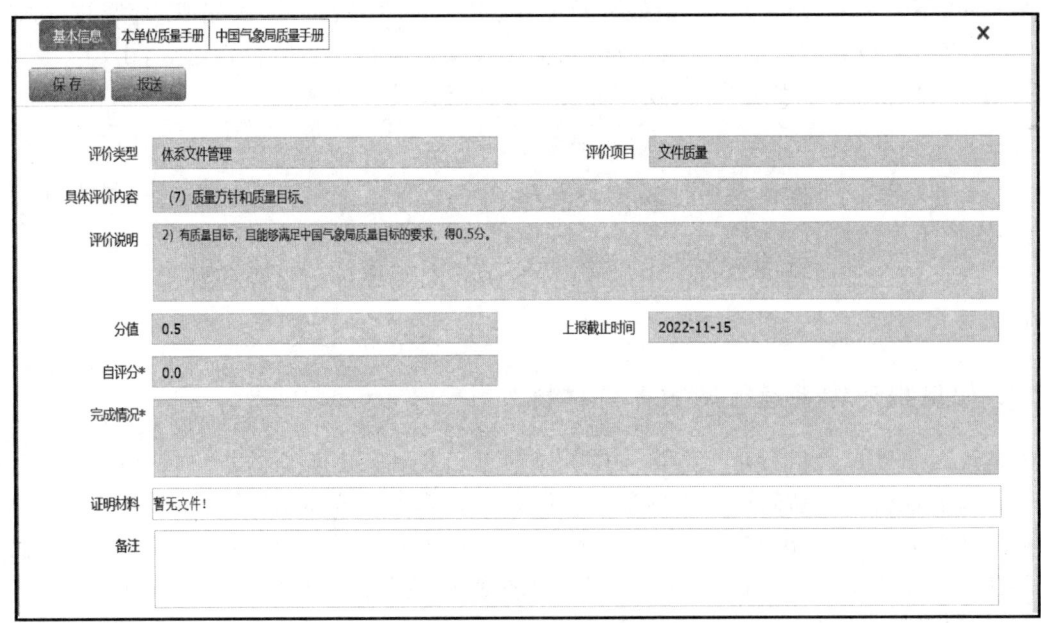

(a) 基本信息界面

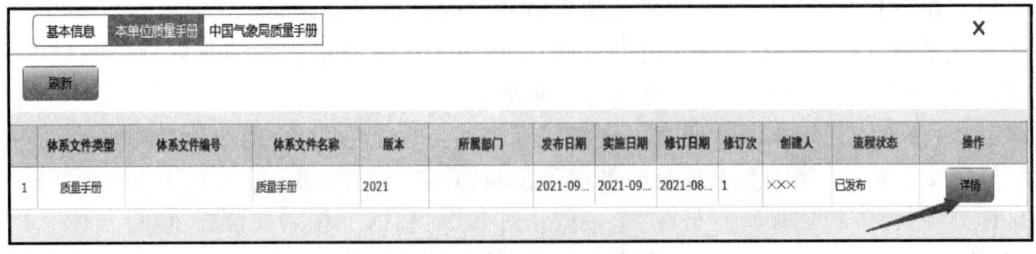

(b) 本单位质量手册界面

图 6.38 系统评分项报送界面

第二步：评价项目批量报送。可待需要报送的评价项目均填写完成后，在"报送材料"列表内勾选需要上报的评价内容，点击"报送"可一次性批量报送多条评价内容。

已完成报送的评价项目，在列表界面的报送时间显示成功报送的时间，未显示报送时间的评价项目，则代表该评价项目未报送。

第三步：办结本次绩效评价报送任务。待所有评价项目都填写完成且通过"报送"按钮完成报送后，在最后的报送截止时间之前，通过"办理菜单－发送"完成本次绩效评价材料提交任务。若还有未"报送"的评价项目，则会提示"报送材料中有材料未报送，请先报送"。

【注意事项】

（1）所有评价项目均需在要求的上报截止时间之前报送材料，否则超过截止时间，该评价项目将不能录入自评分、完成情况、证明材料等信息。

（2）在上报截止时间之前，评价项目在点击"报送"后，仍可进行修改，修改后点击"报送"即可，报送时间记录的是第一次报送的时间。

（3）系统评分项，若"证明材料"栏为可操作状态，体系建设单位可根据需要补充上传相关证明材料，若系统所给链接中的证明材料已完整，也可不补充上传。

（4）系统评分项目中的"自评分"分值，是系统依据评分规则对信息系统相关模块中的留痕信息进行初步评判得分，仅供参考。最终评价得分仍以第三方机构专家的评分分值为准。

（5）通过"办理菜单－发送"办结本次报送任务后，所有评价项目将无法再修改。各单位可在所有项目的最后报送截止时间之前点击"办理菜单－发送"办结任务即可。

71. 如何依托信息平台进行绩效评价考核评分？

全国气象观测质量管理体系运行绩效评价由中国气象局综合观测司委托第三方机构依据《气象观测质量管理体系运行绩效评价指标表》对全国 31 个省（区、市）气象局和 2 个国家级直属单位进行体系运行绩效评价。第三方机构依托信息系统对各单位上报的证明材料进行考核评分。

考核评分环节由国家级质量管理员和第三方机构专家开展。待全国各体系建设单位的绩效评价材料全部提交完成后，国家级质量管理员负责将全国各体系建设单位提交的材料汇总发送至专家组，同时负责第三方机构绩效评价结果的发布；第三方机构专家组根据《气象观测质量管理体系运行绩效评价指标表》的要求，对全国各体系建设单位提交的材料进行考核评价，形成绩效评价报告提交国家级质量管理员。具体操作流程如下。

第一步：绩效评价材料汇总。全国各体系建设单位的绩效评价材料提交完成后，国家级质量管理员通过"首页－待办"进入运行绩效评价界面，可查看各单位报送材料提交情况。通过"办理菜单－发送"进入第三方机构专家考核评分环节，将各省提交的材料发送至考核评分专家组组长。

第二步：第三方机构考核评分。本环节由第三方机构专家组完成，设 1 名组长、多名评价专家。因信息系统是基于气象部门内网运行，专家组需集中到气象部门完成考核评分工作，信息系统已配置第三方机构专家组的用户，专门用于绩效评价考核评分。考核分配共分三个步骤：组长分配任务、专家评分、生成绩效评价报告提交综合观测司，具体操作如下。

（1）专家组组长分配评分任务。专家组组长用专用账户登录，通过"首页－待办"进入运行绩效评价页面,在"基本信息"页面的"第三方机构专家"栏选择本次负责评分的专家,点击"保存"后即在页面底部显示第三方机构专家列表,在列表中通过"评分任务分配"按钮为每名专家分配评分任务。评分任务按评价内容进行分配,每个评价指标只能分配给一个专家进行评分。所有的评价指标全部分配完成后,通过"办理菜单－发送"下发至各专家。若有指标未分配的则会提示"还有评价项未分配,需全部分配完成后才能发送下一步"。评价指标任务分配界面见图6.39。

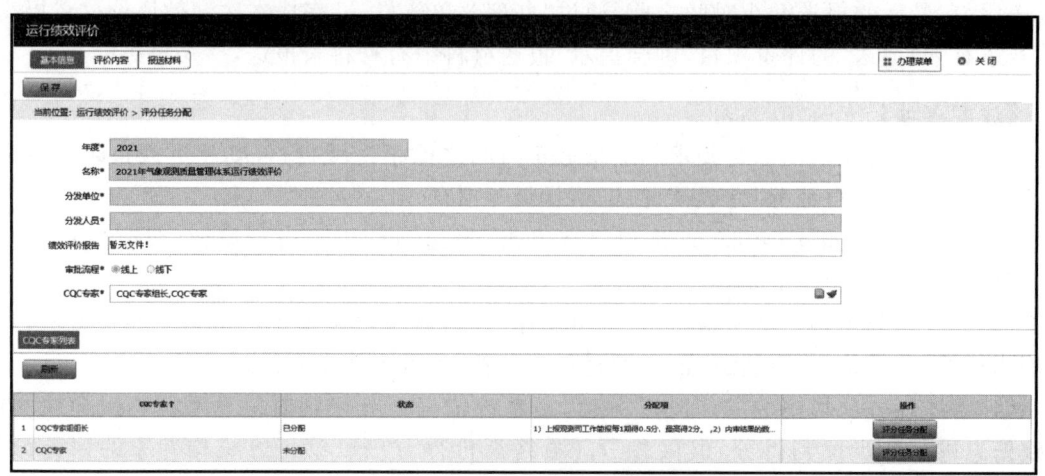

图 6.39 评价指标任务分配界面

(2)第三方机构专家评分。组长完成任务分配后,各专家通过"首页－待办"进入运行绩效评价页面,在"报送材料"列表中展示的是各单位绩效评价材料提交情况。专家点击"评分"按钮,即可进入该单位的材料报送详情界面,页面中显示的是该单位提交的所有评价项目,由本人负责评分的项目显示蓝色字体。专家可在列表中查看所有评分情况,但只能对蓝色字体的项目进行评分。专家评分界面见图6.40。

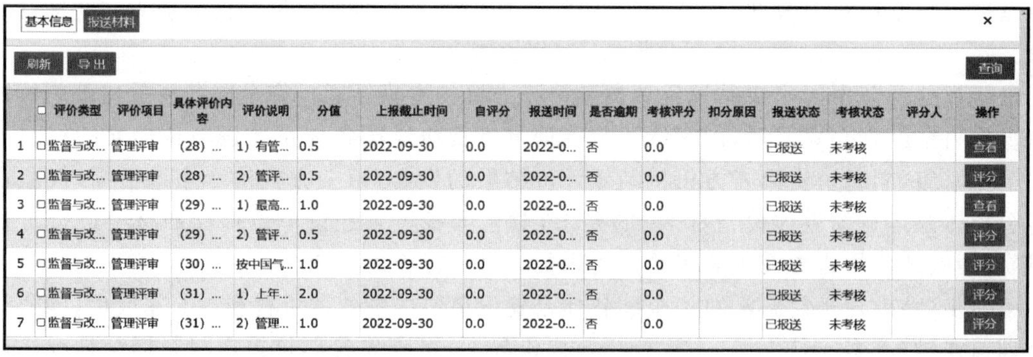

图 6.40 专家评分界面

专家通过"评分"按钮即可进入评分详情页面,针对自评分项,专家可根据单位提交的自评分、完成情况、证明材料等进行评价打分;针对系统评分项,专家可根据系统提供的"超链接"进入系统的相关模块,根据系统中该单位录入的材料情况进行评价打分。

专家将分值录入"考核评分"文本框,若有扣分时,在"扣分原因"栏注明扣分原因,评分后,点击"保存"即可。已评分的项目,在列表中显示考核评分分值、评分人,这两项内容是空白的,则代表本项目还未评分。

所有评分项目完成后,通过"办理菜单－发送"将评分情况上报组长审核。

(3)审核评分结果、生成绩效评价报告并提交。所有评价专家提交评分情况后,专家组组长通过"首页－待办"进入"运行绩效评价"页面,在"报送材料"页面对所有项目的评分情况进行审核后,在"基本信息"页面单击"生成绩效评价报告",在"绩效评价报告"文本框中即显示已生成的绩效评价报告,点击"编辑"按钮,可根据需要在线编辑绩效评价报告,报告修改后保存。报告确定无误后,通过"办理菜单－发送"将本次评分结果提交综合观测司国家级质量管理员。

第三步:发布绩效评价结果。国家级质量管理员通过"首页－待办"进入运行绩效评价页面,可查看专家组的评分情况、绩效评价报告,确定无误后,通过"办理菜单－发送"办结本次绩效评价工作。办结后,各单位的省级质量管理员可在信息系统的左侧"处置管理－运行绩效评价"进入运行绩效评价页面查看本次评价结果。

72. 如何查询体系运行绩效评价结果?

体系运行绩效评价结果是指对 2 个国家级直属单位和 31 个省(区、市)气象局的年度体系运行绩效评价的结果进行统计分析,评价结果含评价报告、统计分析数据,统计维度分组织机构、评价类别、评价说明等。评价结果可在系统"统计评估－运行绩效评价"模块中查询。

国家级质量管理员办结本次绩效评价流程后,各级用户才可查询到本次体系运行绩效评价结果。国家级质量管理员和省级质量管理员在"运行绩效评价"基本信息页下载评价报告。国家级、省级、地级、县级用户在"统计评估－运行绩效评价"模块中查询本次评价结果的统计数据。具体查询办法如下。

第一步:下载绩效评价报告。国家级质量管理员办结绩效评价后,2 个国家级直属单位和 31 个省(区、市)气象局通过"处置管理－运行绩效评价"进入运行绩效评价页面,在基本信息页可下载第三方机构提交的绩效评价报告,在报送材料页面可查看或导出本单位绩效评价得分情况。国家级质量管理员在基本信息页可下载评价报告,在报送材料页面可分单位导出各单位的绩效评价评分情况。

第二步:查看评价结果的统计评估。综合观测司用户、国家级直属单位、各省(区、市)所有用户可通过"统计评估－运行绩效评价"模块查询评价结果统计数据。统计评估按组织机构、评价项目进行分类展示。

第一类:按组织机构查询。仅综合观测司用户查看按组织机构维度进行统计的评价结果,通过首页左侧菜单栏"统计评估－运行绩效评价－组织机构"进入统计界面,该页面以线状图和表格的方式展示参与考核的 2 个国家级直属单位和 31 个省(区、市)气象局的绩效评价结果,线状图以 JPG 格式导出,表格内的数据还可以 Excel 格式导出。线状图的横坐标是参与考核的 33 个单位名称,线状图上显示每个单位的评价总分。用户还可通过查询项按年度、单位、评价类别、评价说明等查询历年的绩效评价总分,按评价类别、评价内容的维度查询各单位的评价结果。运行绩效评价－组织机构统计界面见图 6.41。

第二类:按评价项目查询。"评价项目"查询是按评价类别、评价内容的评价结果总分进行统计展示,以柱状图及表格的形式展示分值。综合观测司用户查询:默认展示八大评价类别的评价结果,评价结果统计方式为 33 个体系建设单位在不同评价类别的评价总分的汇总取平均值。国家级直属单位和省(区、市)气象局用户查询:默认显示本单位的八大评价类别的评价结果,评价结果是各评价项目的汇总值。用户可通过查询项按评价类别、评价说明来查询具体的评价项目分值。运行绩效评价－评价项目统计界面见图 6.42。

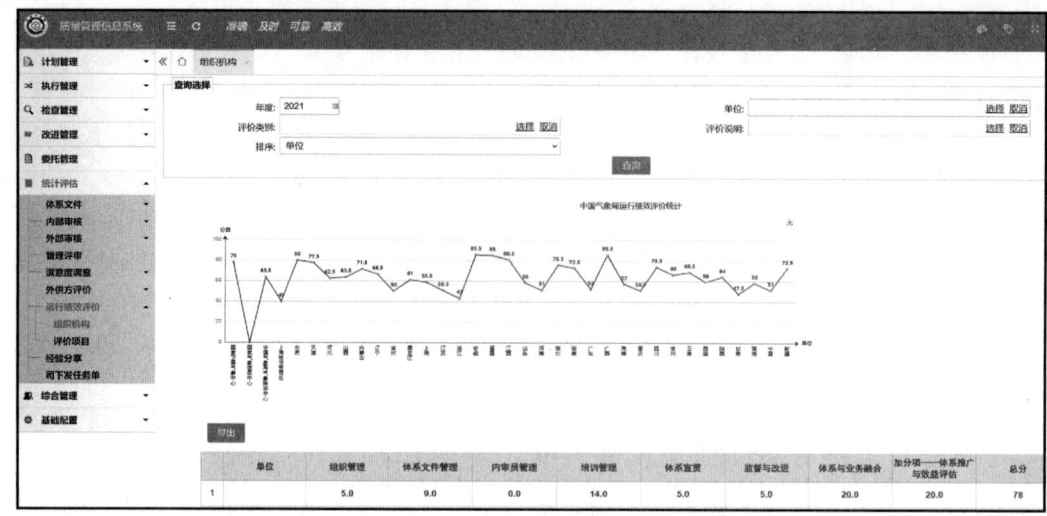

图 6.41　运行绩效评价－组织机构统计界面

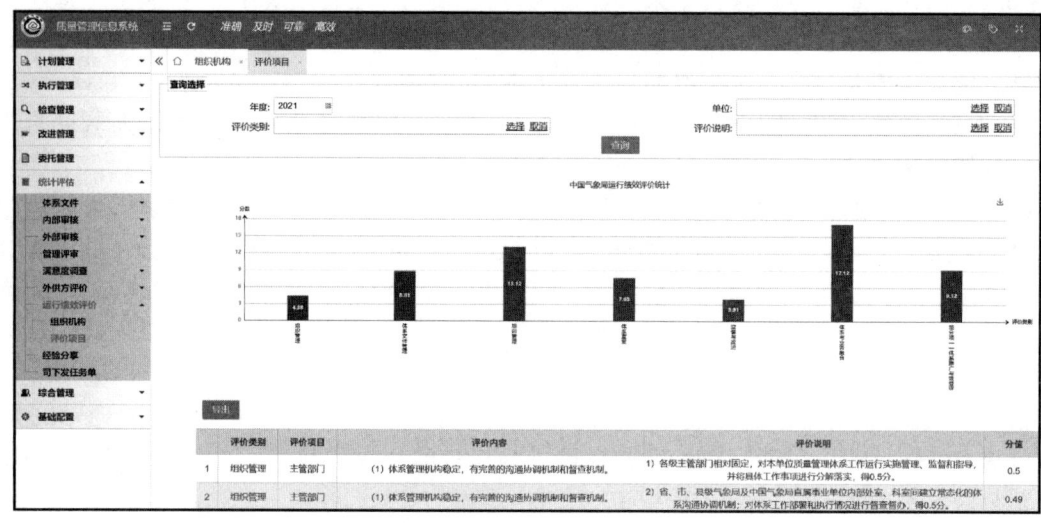

图 6.42　运行绩效评价－评价项目统计界面

第 7 章　综合管理

73. 如何发布通知公告？

通知公告是上级部门向特定受文对象告知或转达有关事项或文件，让对象知悉或执行的公文。系统中可由国家级质量管理员、省级质量管理员或系统管理员针对接收单位/部门或者接收人下发通知公告。通知或公告下发后，通知公告接收人在系统首页中的通知公告栏中接收。

第一步：添加通知公告。由国家级质量管理员、省级质量管理员或系统管理员负责，通过菜单栏"综合管理－通知公告"进入通知公告列表，点击"添加"按钮新建通知公告；录入通知公告标题、内容，上传附件；选择接收类型（人员/单位），若接收类型选单位，通知公告则下发给该单位的所有用户；若接收类型选人员，通知公告则下发给所指定的人员，信息录入完成后点击"保存"。通知公告－发布界面见图 7.1。

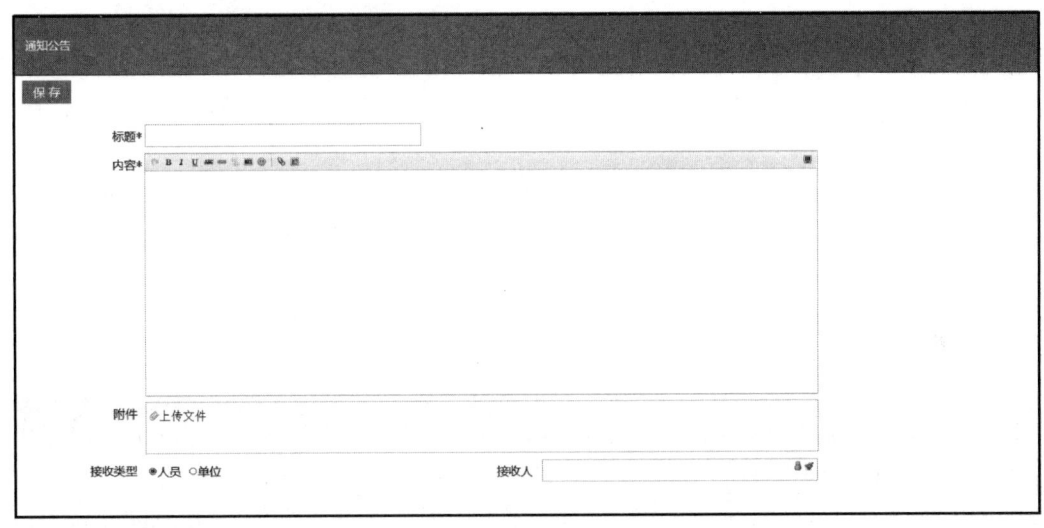

图 7.1　通知公告－发布界面

第二步：发送通知公告。通知公告信息保存后，点击"发送"，将通知公告发送给所选的接收人或接收部门的所有用户。"通知公告"页的"通知公告记录"显示已阅读该通知公告的用户等信息。

第三步：接收通知公告。"接收人"或者"接收部门"的所有用户登录系统后，可直接在首页的"通知公告"查看最新的公告信息，点击"更多"查看公告列表信息，或在综合管理的通知公告列表页查看所有通知公告信息。首页通知公告列表中未阅的通知公告用红色字体标识，已阅的通知公告用蓝色字体标识，见图 7.2。

第四步：通知公告查询。用户在通知公告列表，可查询已下发或接收到的通知公告，可通过查询项"通知公告标题""创建时间""发布人""状态"来详细查询。

图 7.2 通知公告查阅列表

74. 如何实施培训管理？

培训管理是基于系统对体系宣贯培训、内审员培训、观测业务培训、综合培训实施培训过程管理和培训效果评估。国家级、省级和地级单位在开展培训后，根据体系运行管理规定录入培训计划、培训记录、培训评价，内审员培训还需上传参加内审员培训的名单。

国家级组织的培训由国家级质量管理员添加维护；省级组织的培训由省级质量管理员添加维护；地级培训由地级质量管理员添加维护。录入时间是在培训结束后。

第一步：录入计划和培训记录。培训结束后，由国家级质量管理员/省级质量管理员/地级质量管理员通过菜单栏"综合管理－培训管理"进入培训列表，点击"添加"新建培训管理。培训管理基本信息页见图 7.3。

录入培训计划。填写培训标题，选择培训类型、培训开始和结束时间，录入培训方式、培训老师、培训对象、培训人数、课时、举办单位、考核方式及培训内容，上传培训计划附件。

录入培训记录信息。录入培训记录，包括培训开始和结束时间、培训方式、培训人数、培训地点、培训老师、考核合格率，上传培训签到表、培训课件、培训记录名单及培训评价等，录入完成后，保存提交培训基本信息。

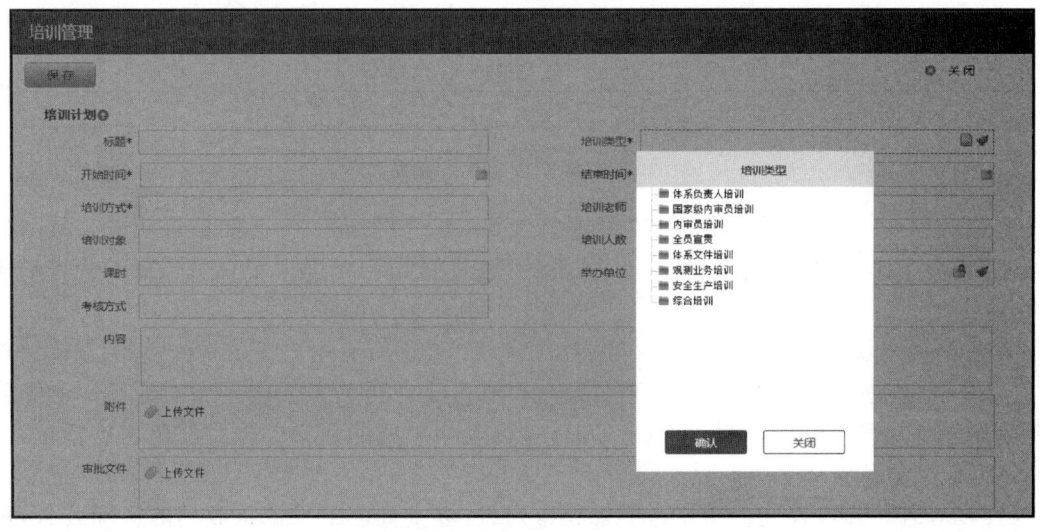

图 7.3 培训管理基本信息页

第二步:录入/批量导入培训人员名单。若录入培训计划时,"培训类型"选择国家级内审员培训(仅国家级质量管理员可选择)或内审员培训,培训基本信息保存后,需录入参加培训记录名单(参培人员名单)。

点击"添加"按钮添加培训人员信息,选择培训人员后,账号及部门自动带入,选择培训状态(通过/不通过),若培训结束、考试后,录入培训考核分数(0~100,小数长度不超过两位的有效数字)后保存,见图7.4。

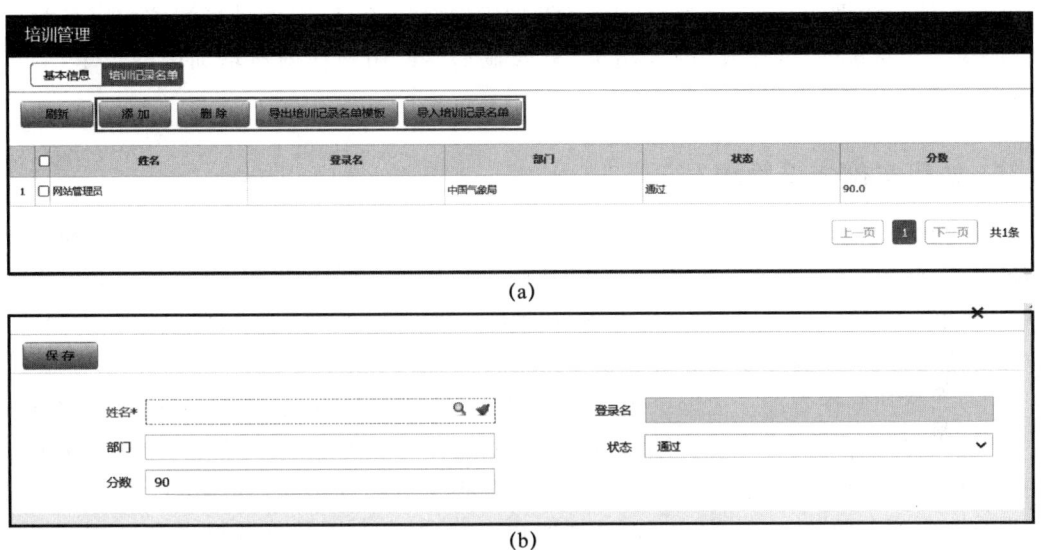

图 7.4　培训管理-培训记录名单添加界面

批量导入培训人员名单。点击"导出培训记录名单模板"按钮,下载培训人员名单模板(Excel格式)。下载后,使用模板录入培训人员信息,姓名和登录名必填,且必须是系统中已有的用户姓名及登录名,若登录名与系统中的登录名不一致,内审员管理模块则无法关联到该内审员的培训记录。部门、状态和分数为非必填项。填写完成后,点击"导入培训记录名单",将填写的培训人员名单批量导入系统,系统中不存在录入的登录名或者分数范围超出0~100的数值,会提示该条数据导入失败。培训管理-批量导入培训人员名单模板见图 7.5。

图 7.5　培训管理-批量导入培训人员名单模板

【知识点】

（1）培训类型：培训类型包括体系负责人培训、国家级内审员培训、内审员培训、全员宣贯、体系文件培训、观测业务培训、安全生产培训及综合培训。

（2）培训类型为国家级内审员培训或内审员培训时，需录入或导入培训记录名单及培训分值。使用模板批量导入培训人员信息时，清单中填写的用户名和登录名必须与系统中已有的用户名及登录名完全匹配，否则内审员管理模块则无法关联到该内审员的培训记录。

（3）在综合管理的"内审员管理"中，已参加国家级内审员/内审员培训的内审员且已将培训记录录入系统的，可在其"内审培训"列表显示当前用户在内审培训中的记录，双击列表数据可查看内审培训详细信息。

75. 如何实施知识管理？

知识管理主要是将全国、省内通用的规章制度、标准法规、业务规定、规划设计、科技成果、培训材料等通过电子版的形式上传至系统，让国、省、地、县用户可查看、共享或下载国家级、省级分享的知识产品。知识管理按发布范围分国家级知识、省级知识。国家级知识由国家级质量管理员发布维护，省级知识由省级质量管理员发布维护。

第一步：添加知识管理。由国家级质量管理员/省级质量管理员负责，通过"综合管理－知识管理"进入知识管理列表，点击"添加"新建知识，选择知识类别，录入名称，选择发布范围，描述知识主要内容，上传附件后保存。国家级质量管理员添加知识时，发布范围选择国家级，可在全国范围内共享知识；省级质量管理员添加知识时，发布范围仅能选择省级，在本省范围内共享知识，见图7.6。

图7.6　知识管理－添加界面

第二步：知识管理查看下载。系统用户可在"知识管理"列表页查看所有已发布的知识管理信息。双击列表项，可在知识管理页查看详细信息，在附件栏下载相关知识附件。在查询项通过"知识类别""名称""发布范围""所属机构"等查询已发布的知识。

76. 如何实施经验分享？

经验分享功能主要是用于分享全国体系业务运行中的好经验和好做法。经验的类别分为技术发展质量管理、装备业务质量管理、数据业务质量管理、综合管理、行政管理、装备计量检定、标准规范、准入和退出管理、人才培养九方面。经验分享由质量员添加，自下而上经省级质量管理员、国家级质量管理员审核通过后向全国发布，经验分享流程见图7.7。

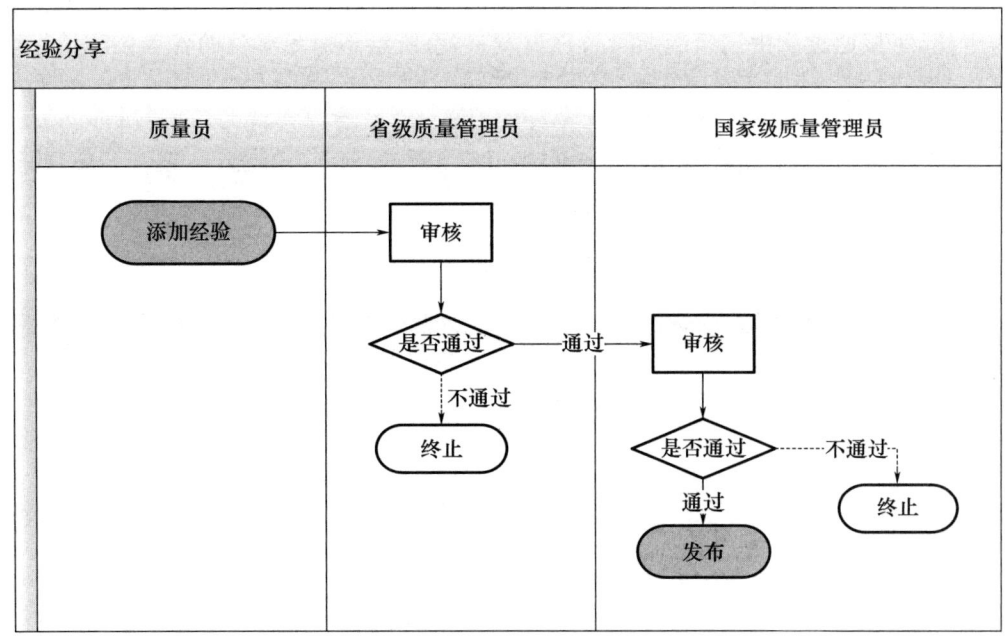

图 7.7 经验分享流程图

第一步：添加经验分享。由质量员通过"综合管理－经验分享"进入经验分享列表，点击"添加"新建经验分享，选择经验类别，录入标题、简述内容，上传附件后保存，在通过"办理菜单－发送"提交省级质量管理员审核，见图 7.8。

图 7.8 经验分享－添加界面

第二步：审核。由省级质量管理员进行审核，审核通过后提交国家级质量管理员审批。

第三步：审批发布。由国家级质量管理员审批，审批通过则向全国发布，全国所有用户均可通过"综合管理－经验分享"列表进行查看和下载。审批不通过则终止分享。

77. 如何实施负面清单管理？

负面清单管理主要是统计管理各体系建设单位在体系业务化运行中出现的未满足 ISO 9001 标准、体系运行规定和业务规定的情况。负面清单事项包含体系文件不符合现有观测业务、未按时间要求开展内审及管理评审、不符合项问题逾期未整改、未按照要求上传管理评审报告或整改未完成、未开展满意度评价、未定期开展培训等。

负面清单由国家级质量管理员编制,选择考核的事项及对应的备选单位,发送国家级管理者代表审核,审核通过后由国家级质量管理员发布,系统给不满足单位的各单位质量管理员发送待阅信息。

第一步:编制负面清单。由国家级质量管理员负责,在系统首页左侧菜单栏"综合管理—发布负面清单"模块,编制负面清单,录入负面清单标题、选择考核事项(可多选)、选择年份,上传附件后保存;下方根据选择的事项自动显示对应标签项,点击事项对应标签项的"备选清单",在弹出页面中,可查看事项的单位及未完成情况等信息,见图7.9。

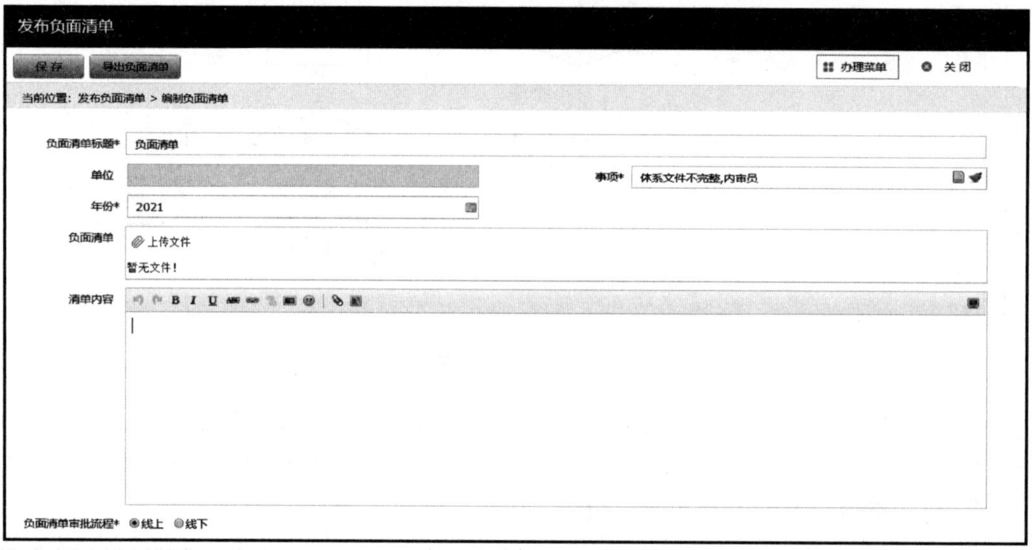

(a)

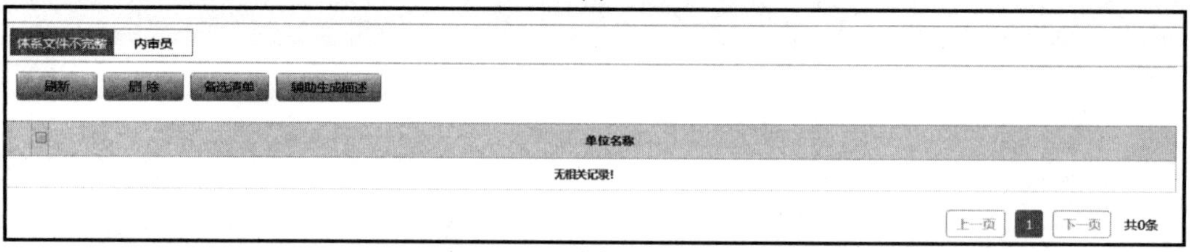

(b)

图 7.9 发布负面清单界面

选择负面清单的单位,点击"确定"提交。点击"辅助生成描述",当前列表中的单位自动显示在基本信息的"单位"及清单内容中。通过"办理菜单—发送"提交国家级管理者代表审核。

第二步:审核。由国家级管理者代表负责,点击负面清单待办信息,在详细页中,审核不通过则退回上一步,审核通过则通过"办理菜单—发送"提交给国家级质量管理员发布。

第三步:发布。由国家级质量管理员负责,接收到审核通过的待办信息,在信息页选择"办理菜单—发送"发布本次负面清单。该负面清单发布后,在列表中流程状态为"已发布",系统给不满足单位的各单位质量管理员发送"待阅"信息。

第四步:负面清单查询。国家级质量管理员在负面清单列表可根据负面清单标题、单位、考核事项等查询已发布的负面清单;可在"未满足事项"列表页,根据时间、事项、单位查询各单位未满足事项的已完成和未完成数量。

78. 如何实施模板管理?

模板管理是将系统中的各类通用的文档模板通过电子版的形式上传至系统,让国、省、地、县用户可查看、共享或下载。

模板管理由国家级质量管理员/省级质量管理员添加维护。其他的用户仅可进行浏览和下载模板。

第一步:添加模板。由国家级质量管理员/省级质量管理员负责,选择菜单栏"综合管理－模板管理"进入模板列表,点击"添加"新建模板;录入标题、上传附件,添加描述信息,选择状态("未发布"为草稿,添加模板的用户可查看编辑;"发布"为有访问权限用户可查看),填写完成点击"保存"提交,列表中的"模板发布部门"为当前质量管理员所属单位,国家级质量管理员为国家级,省级质量管理员为省级,见图7.10。

图 7.10 模板管理－添加界面

第二步:模板的浏览和下载。国家级质量管理员可在模板列表查看国家级的所有模板数据及各省(区、市)气象局已发布的所有模板数据。省级质量管理员可在列表查看国家级已发布的模板数据及本省的所有模板数据。其他用户在"综合管理－相关下载"列表中,所属模块选择模板模块,列表中显示已发布的国家级和本省级发布的模板,通过"下载"功能下载。

79. 如何开展制度树管理?

制度树管理包含制度文件的添加、查询、作废、下载以及制度清单和制度树图的导出等。全国的制度文件按统一的分类进行管理,制度文件的分类由国家级质量管理员负责维护管理。国家级发布的制度文件由国家级质量管理员维护管理,省级发布的制度文件由本省质量管理员维护管理,地县级发布的制度文件由本地地级质量管理员进行维护管理。具体流程如下。

第一步:添加制度文件。质量管理员在信息系统的"综合管理－制度文件库"进入制度文件列表页(图7.11),通过"添加"逐条添加制度文件,选择文件类型(若该文件符合多个文件类型时可逐条增加)、层级,录入文件名称、文号、发文单位、发文时间、实施时间,上传文件正文及附件等,保存后点击"发布"即可。已发布的文件不可删除,只能作废,编辑状态的文件可删除。

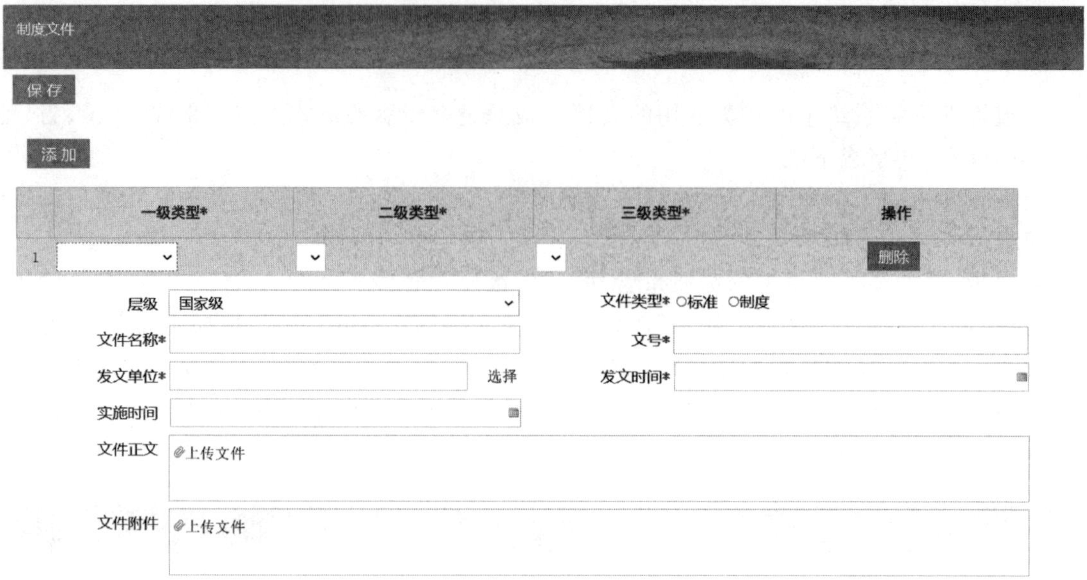

图 7.11 制度文件－添加界面

第二步：查阅下载制度文件。在制度文件列表页，通过查询层级、文件名称、文号、发文单位、文件类型查阅相关制度文件，还可通过左侧文件树状结构选择所需要的类型的文件（图 7.12）。勾选所需下载的制度文件，通过"打包下载"可批量下载所需的制度文件。

图 7.12 制度文件－查阅下载界面

第三步：导出制度文件清单或制度树图。在制度文件列表页，通过查询条件或左侧文件树状结构选择所需类型的文件。通过"导出"功能可导出所筛选的制度文件清单或制度树图（图 7.13）。

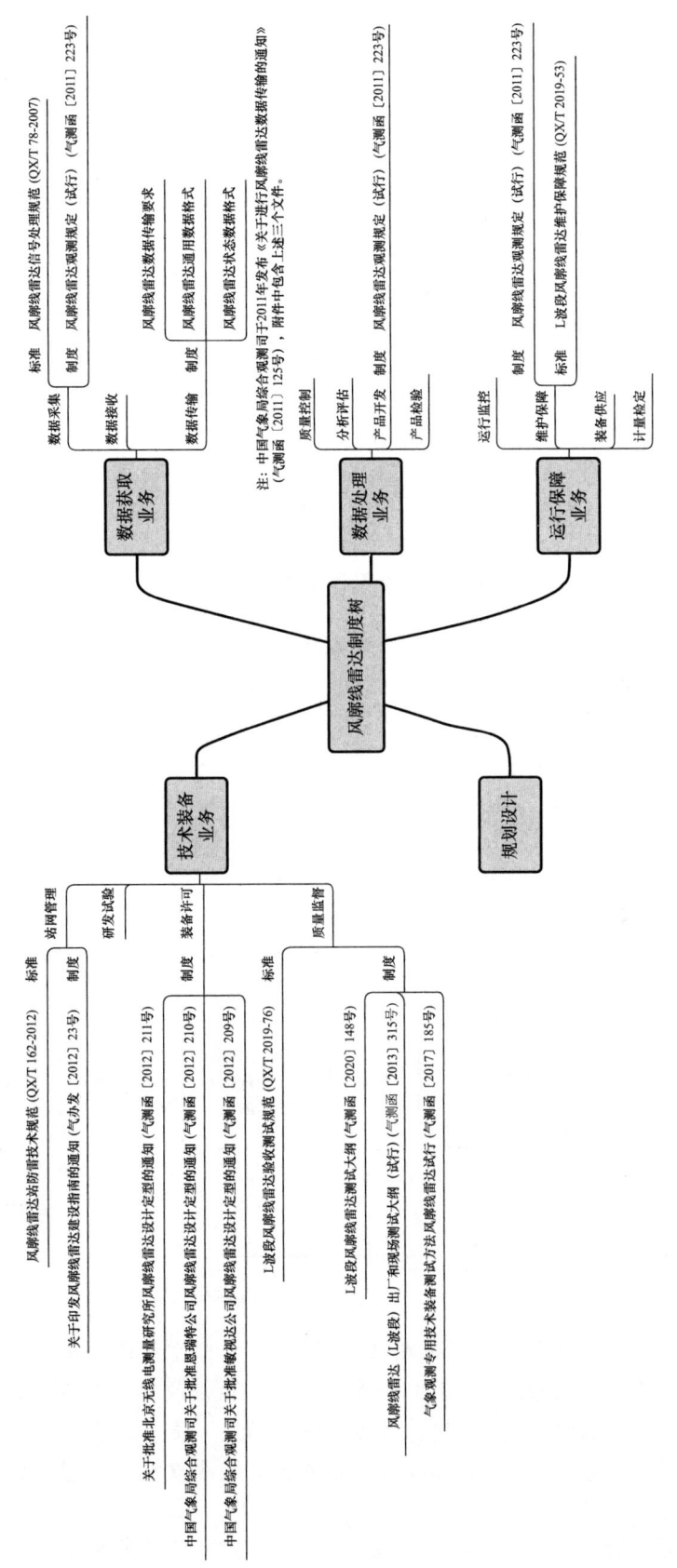

图 7.13 制度文件—导出的制度树图

【知识点】
(1)制度树是指将全国气象观测业务相关的标准(含规范,编码为 B)和制度(含规章,编码为 Z)按照树状结构整理展示的一种方式。

(2)制度树的分类:综合气象观测业务规章制度和标准规范按照技术装备业务(编码为 A)、数据获取业务(编码为 B)、数据处理业务(编码为 C)和运行保障业务(编码为 D)四个业务维度以及规划设计(编码为 E)进行梳理,包含观测业务全生命周期中的规划设计(E1)、站网管理(A1)、研发试验(A2)、装备许可(A3)、质量监督(A4)、数据采集(B1)、数据接收(B2)、数据传输(B3)、质量控制(C1)、分析评估(C2)、产品开发(C3)、产品检验(C4)、运行监控(D1)、维护保障(D2)、储备供应(D3)和计量检定(D4)共 16 个环节。

(3)制度树涵盖的观测业务有:气象卫星观测(MS)、空间天气观测(SM)、天气雷达观测(RD)、高空气象观测(UP)、地面气象观测(GD)、大气成分观测(AC)、风廓线雷达观测(LD)、GNSS/MET 观测(GM)、农业气象观测(AM)、雷电观测(LT)和海洋气象观测(MM)和其他观测业务(OT)共 12 种。

80. 如何提交制度文件"废改立"清单?

制度文件"废改立"清单功能是实现对制度文件废改立清单的管理、提交,为体系建设单位开展制度文件管理提供支撑,主要包括清单的添加、上报、汇总等。

废改立清单自下而上逐级提交,由各部门的质量员形成本单位废改立清单提交至地级质量管理员,由地级质量管理员进行汇总、修改并提交省级质量管理员,由省级质量管理员进行汇总、修改提交至国家级质量管理员,国家级质量管理员汇总、修改并形成全国废改立清单,业务流程见图 7.14。

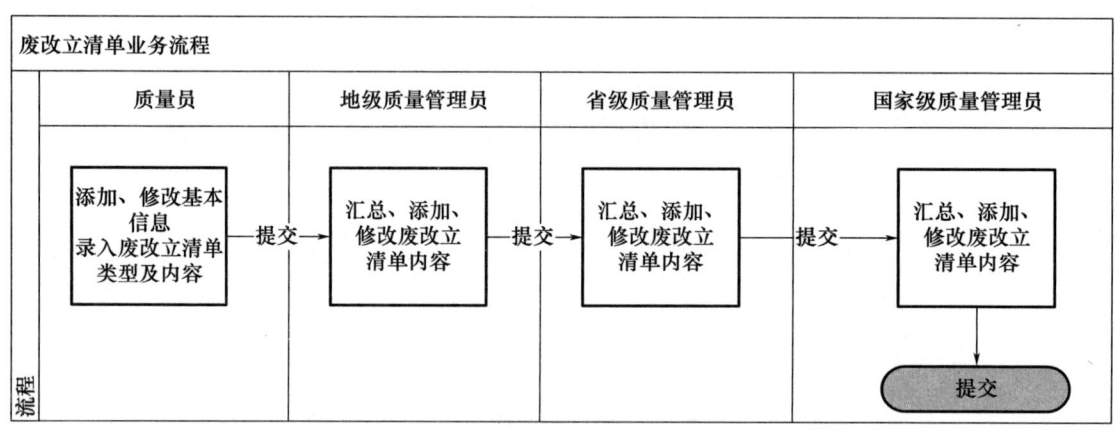

图 7.14 废改立清单业务流程图

第一步:添加"废改立"清单。质量员在"综合管理－制度文件库－废改立清单"进入列表页,点击"添加"进入废改立清单页(图 7.15),在基本信息页修改年份等内容,保存后进入废改立清单标签页,逐条添加,选择建议废改立的文件级别、类型、录入文号、文件名、理由等。清单录入完成后,点击基本信息页的"提交"按钮,提交本次的废改立清单信息,默认提交至地级质量管理员。

第二步:地级质量管理员汇总、修改、提交。系统自动在"综合管理－废改立清单"列表中创建一个地级废改立清单,状态为未办结。质量员提交废改立清单后,系统自动将所辖质量员提交的废改立清单信息汇总入系统生成的地级废改立清单中,本单位"地级质量管理员"均可在"综合管理－废改立清单"列表中查看该条地级废改立清单,还可自行根据需要添加、修改废改立清单信息。地级质量管理员修改清单的基本信息和废改立信息后,点击"提交"按钮,默认提交至省级质量管理员。

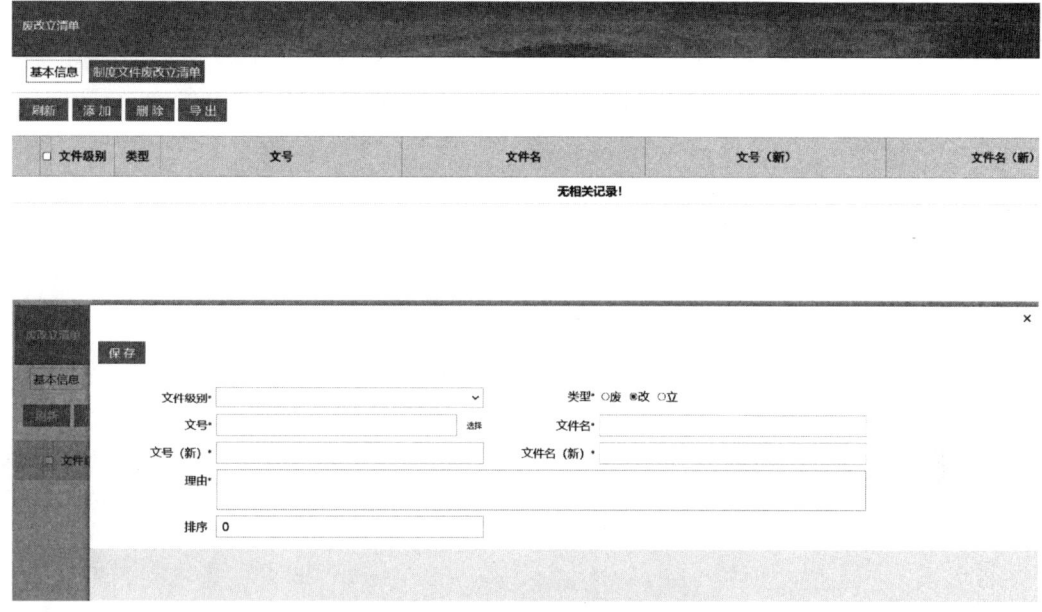

图 7.15　废改立清单添加界面

第三步:省级质量管理员汇总、修改、提交。系统自动在"综合管理－废改立清单"列表中创建一个省级废改立清单,状态为"未办结"。地级质量管理员提交废改立清单后,系统自动将地级质量管理员提交的废改立清单信息汇总入系统生成的省级废改立清单中,所有省级质量管理员均可在"综合管理－废改立清单"列表中查看该条省级废改立清单,还可自行根据需要添加、修改废改立清单信息。省级质量管理员修改清单的基本信息和废改立信息后,点击"提交"按钮,默认提交至国家级质量管理员。

第四步:国家级质量管理员汇总、修改、提交。系统自动在"综合管理－废改立清单"列表中创建一个省级的废改立清单任务,状态为"未办结"。省级质量管理员提交废改立清单后,系统自动将省级质量管理员提交的废改立清单信息汇总入系统生成的国家级废改立清单中,所有的国家级质量管理员均可在"综合管理－废改立清单"列表中查看并编辑该条国家级废改立清单。国家级质量管理员可进入系统自动生成的国家级废改立清单,对基本信息页内容进行修改,再对已汇总的制度文件废改立清单中的信息进行添加、修改、删除,修改后点击"提交"按钮,办结此项清单任务。

【注意事项】

(1)只要有一个地级质量管理员提交的此清单任务,其他的地级质量管理员则无法再进行添加、修改该废改立清单信息。提交后,系统会在列表中再次自动创建一条废改立清单任务,状态为"未办结",创建后质量员提交的废改立清单信息将自动汇总入该条地级废改立清单中。

（2）只要有一个省级质量管理员提交的此清单，其他的省级质量管理员则无法再进行添加、修改该清单信息，只能查看。提交后，系统会在列表中再次自动创建一条省级废改立清单任务，状态为"未办结"，创建后，地级质量管理员提交的废改立清单信息将自动汇总入该条省级废改立清单中。